气象观测质量管理体系建设丛书

气象观测质量管理体系信息系统技术手册

李 雁等 编著

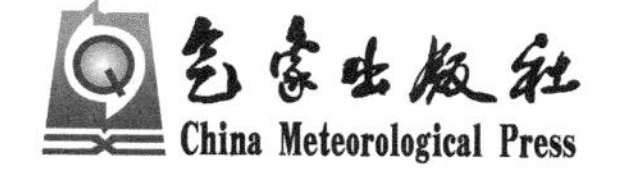

内容简介

质量管理体系信息系统是支撑我国气象部门观测领域质量管理体系业务运行的信息平台。本书是一本气象观测质量管理体系信息系统使用的技术指导手册，书中介绍的气象观测质量管理体系信息系统为1.0版本。全书分上、下两篇，上篇为系统介绍篇，共4章，主要介绍信息系统的建设背景、目标、总体设计和功能设计；下篇为系统使用篇，共7章，主要内容包括系统使用前的准备工作以及系统各功能模块功能和操作介绍。

本书不仅可以作为气象观测领域质量管理体系培训教材，还可为气象部门其他领域质量管理体系建设提供借鉴，同时也可作为相关领域质量管理体系建设的参考用书。

图书在版编目(CIP)数据

气象观测质量管理体系信息系统技术手册/李雁等编著. —北京：气象出版社，2020.8

ISBN 978-7-5029-7255-4

Ⅰ.①气… Ⅱ.①李… Ⅲ.①气象观测—质量管理体系—管理信息系统—技术手册 Ⅳ.①P41-62

中国版本图书馆CIP数据核字(2020)第155754号

气象观测质量管理体系信息系统技术手册

QIXIANG GUANCE ZHILIANG GUANLI TIXI XINXI XITONG JISHU SHOUCE

李 雁等 **编著**

出版发行：气象出版社

地　　址：北京市海淀区中关村南大街46号　　**邮政编码**：100081

电　　话：010-68407112(总编室)　010-68408042(发行部)

网　　址：http://www.qxcbs.com　　**E-mail**：qxcbs@cma.gov.cn

责任编辑：蔺学东　　**终　　审**：吴晓鹏

责任校对：张硕杰　　**责任技编**：赵相宁

封面设计：楠竹文化

印　　刷：北京建宏印刷有限公司

开　　本：787 mm×1092 mm　1/16　　**印　　张**：12

字　　数：320千字

版　　次：2020年8月第1版　　**印　　次**：2020年8月第1次印刷

定　　价：90.00元

《气象观测质量管理体系信息系统技术手册》

编委会

主　　任：梁海河

编　　委：邵　楠　赵培涛　施丽娟　雷　勇　张建磊　姬　翔　冯冬霞

编写组

主　　编：李　雁

副 主 编：张　鹏

参编人员：李艳萍　姚鹏义　李　静　郭海平　李　磊

前　　言

近年来，我国“地、空、天”立体观测业务全面覆盖，综合气象观测体系基本形成，亟需进一步提升气象观测管理水平，完善观测管理制度、规范和标准等。建设气象观测质量管理体系可全面提升观测业务发展质量和科学管理水平，优化岗位职责和资源配置、提高管理效率，并提升我国在国际气象观测领域合作发展中的认可度和影响力。为此，2017 年，中国气象局启动了观测质量管理体系建设工作，计划到 2020 年，在整个气象观测领域建立质量管理体系，形成全系统抓质量的强大合力。

质量管理体系覆盖我国气象观测部门的国家、省、地(市)、县(台站)四级，在建设过程中我们发现，需要编制成套的体系文件，在实际运行过程中也会产生大量“留痕”信息，这些文件或信息有很大一部分为纸质文件，这些不能满足气象现代化中信息共享、及时调阅、过程监视等的需求。因此，从体系建设期间就提出了开展质量管理体系信息化建设的构想。

2017 年 5 月，中国气象局启动全国气象观测质量管理体系试点建设工作，2018 年 9 月试点建设工作结束，2019 年初启动了推广建设工作，同时启动了气象观测质量管理体系信息化平台开发工作，成员由前期试点建设单位骨干人员组成。我国气象观测业务规模化运行了 70 余年，已经形成了气象部门各级业务和管理人员习惯的运行规则，让大家重新适应国际标准化组织质量管理体系这种新的规则存在一定的困难。作为这个信息化平台的建设团队而言，要开发出各级质量管理体系人员爱用、愿意用的信息化系统，其难度更大：团队人员首先要充分掌握 ISO 9001 质量管理体系的理论知识，还得将这些生硬的标准条款转化成气象部门的语言，并且将这些规则信息化，体现其逻辑性和各自之前的关联关系。为此，在系统设计之初建设团队花了近半年时间进行系统调研和设计工作，而且在开发过程中不断进行磨合，经过前前后后近 1 年时间的开发、测试工作，系统 1.0 版本开发完成。本书中介绍的即是气象观测质量管理体系信息系统 1.0 版。

按照 ISO 9001 质量管理体系基本方法及观测质量管理体系信息化建设需求，本信息系统核心功能包含计划(Plan)、执行(Do)、检查(Check)和处置(Act)四个子系统。正因为上述介绍的种种原因，系统 1.0 版本中不含执行管理子系统的功能设计。另外，策划管理子系统中针对体系文件的管理、质量目标和过程绩效的管理功能也不尽完善，尽管从系统测试版开发完成到正式版运行，开发团队修改完善的功能点大大小小近 1000 个，但仍然有部分功能存在需要进一步优化的地方。

本书总结了信息系统设计及建设中的部分成果，对当前系统中已有功能的操作进行了详细的介绍，归纳了国家、省、地(市)、县(台站)四级单位需要在本系统中进行的操作，同时梳理了前期系统试点及第一阶段推广时各级用户提出的问题，形成了问题答疑手册，供参考使用。

全书共 11 章，分上、下两篇，上篇为系统介绍篇，下篇为系统使用篇。参加编写的人员有中国气象局气象探测中心李雁，北京市气象探测中心张鹏，北京华云东方探测技术有限公司刘银锋、张光磊和朱虹霓，广西壮族自治区气象技术装备中心李艳萍，山西省大气探测技术保障中心李静，安徽省亳州市气象局姚鹏义，以及内蒙古新巴尔虎左旗气象局李磊。

本书在编写过程中参考了较多的资料和有关文献，在此对有关机构、作者表示衷心的感谢！

在本书编写过程中，编者们都尽了最大的努力，但由于水平所限，可能仍有欠妥之处，敬请广大读者批评指正！

作　者

2020 年 5 月

目　　录

前　言

上篇　系统介绍篇

下篇　系统使用篇

附 录

上　篇

系统介绍篇

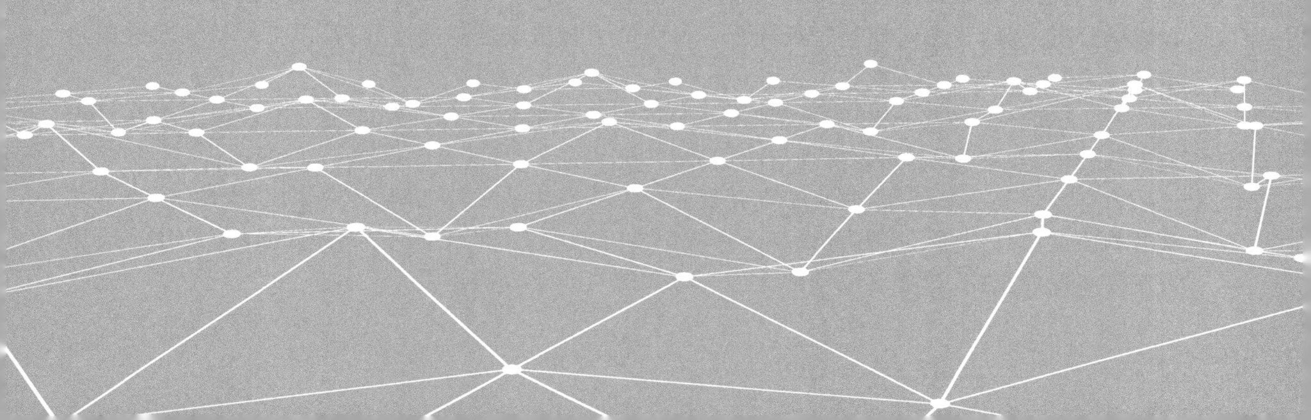

第1章　系统概述

推进气象领域质量管理体系建设工作是中国气象局落实党中央、国务院战略部署及党的十九大精神的重要举措，也是我国气象事业对标国际、提高国际话语权的必然要求。

2017年中国气象局局长会议文件明确提出，要“推进以质量管理为核心的观测业务技术体制改革”（气发〔2017〕1号），并以气象观测质量管理体系为抓手，推进观测各项工作的标准化、规范化和制度化。按此要求，2018年9月，前期试点的五家单位（中国气象局气象探测中心、国家卫星气象中心、陕西省气象局、上海市气象局及上海物资管理处）均完成了体系建设，通过了ISO 9001质量管理体系认证。在前期试点建设基础上，2019年“全面推进观测质量管理体系建设工作”（气发〔2019〕1号），并分两批次启动了全国观测质量管理体系的建设。

为配合全国观测领域质量管理体系工作的高效运转，切实发挥体系建设效益，亟需以信息化手段作为支撑，通过对观测业务全链条的计划管理、过程管理、风险管理、绩效评价管理、监督检查管理及体系文件控制、改进管理等，实现全国观测质量管理体系的一体化运行，最终为观测业务工作的高质量发展提供软性支撑。

1.1　需求分析

1.1.1　业务需求

通过各试点单位前期建设过程中归纳总结发现，观测质量管理体系建设和试运行过程中普遍存在如下问题。

（1）无法共享质量管理信息资源。常规的、已经固化的体系文件以纸质版或在公文系统中的电子文档为主，此种形式的文件一方面查询利用效率低，另一方面对体系文件的修订不便捷；除此之外，质量管理文件、作业指导书、过程监控及各种质量工作记录信息无法及时共享，给质量管理体系各级的一体化运行带来障碍。

（2）无法及时监控各单位质量管理情况。由于缺乏有效的监控平台和工具，要想准确掌控各单位质量管理工作的实施和进展，必须按照传统方式实地检查或者开展内审，工作繁重，执行效率低。

（3）无法有效体现质量管理体系基于事实的决策优势。现阶段，没有有效的质量信息采集和数据分析工具，无法对质量管理体系运行中的大量事实数据进行处理，以支撑持续改进质量管理体系。

（4）没有一个有效支撑质量管理体系运行的信息系统平台。大量的质量管理工作都是人工进行处理，效率低下，问题发现与响应滞后。

为有效解决上述问题，防止实际开展业务工作与体系文件之间的“两张皮”现象，避免信息孤岛和质量信息传递、处理、统计与分析效率低等问题，质量管理体系运行须以信息化手段作为支撑实现数据流、业务流驱动的全程高时效的管控及分析体系。

1.1.2 功能需求

气象观测质量管理体系信息系统以业务过程质量管理为根本出发点，采用B/S架构设计与发布，基于ISO 9001体系业务过程及条款要求，以观测质量管理体系文件为载体，基于信息化手段实现对观测各业务环节的“留痕”管理、过程风险管理、过程绩效评价管理、体系文件的管理及内审、管理评审、外部审核等环节的管理等，针对各项业务过程进行梳理形成产品化平台，将ISO体系的PDCA模型(Plan—计划，Do—执行，Check—检查，Act—处置)支持改进机制融合到系统业务逻辑中，实现全流程过程管理及ISO体系持续改进机制。系统中主要功能模块或子系统按照PDCA的理念进行设计。基本功能如下。

(1)业务过程的“留痕”管理。气象观测质量管理体系信息系统实现与现有气象观测相关业务系统的对接，能够调取对质量管理活动有关的数据、图表、文件等功能，并能够提供支持业务系统应用所需的相关质量管理信息。

(2)体系文件管理。建立支持各级气象部门与各地区气象局之间的质量管理体系所需文件、手册和作业指导书查询框架；建立基于认证管理系统，可以按照设定参数或配置表，支持对各级各类用户添加、删除、修改和授权；支持有权限的质量管理者代表、内审员对手册、作业指导书进行建议、修改和审批。

(3)质量管理体系评价管理。在总体质量目标的大框架下实现各业务过程绩效评价结果的统计分析，提供分析评价报告。

(4)质量管理体系的内审、管理评审、外部审核等管理。实现内审员管理；支持质量管理体系活动开展所需的信息发布、信息汇交、信息传递等功能，为领导、决策层及时进行质量管理活动判断和决策提供了全面信息支持。

(5)质量管理工作监控、日志记录功能和质量管理信息管理。便于问题分析查找和检查体系实施符合性，掌控体系运行情况。支持个性化设置系统采用自定义的工作台界面，用户可以根据自己的需要自定义设置质量管理平台内容，界面友好、操作便捷，功能合理、实用，减少重复工作量、提高工作效率。

系统实现质量管理体系分级管理，建立职能管理部门、国家级、省级及省以下的权限分级管理，各级不同的业务模型的配置管理，实现分级集中统一部署与个性化兼顾的应用模型。

1.1.3 非功能需求

响应速度：系统一般的页面用户响应时间应小于3秒，超过3秒的操作应该给出等待提示。

数据存储：系统具备对超过大数据进行层次化规范管理的能力，系统应在10秒内完成数据寻址，返回检索数据库表的部分结果。

用户并发量：系统设计支持最大的用户并发量为3000。

资源利用率：资源利用率即CPU使用率不超过85%，内存使用率可接受上限为85%。

稳定性：系统支持7×24小时实时运行及双机热备，系统年故障总时间小于12小时，故障恢复时间小于1小时，平均故障间隔时间不小于1个月。

易用性：除少量的配置参数需要人工修改外，所有功能软件无需人工干预。系统具备完备的用户操作手册，备有联机帮助(help或manual)命令，操作界面是图形化的，操作命令或菜单选择可导引。

扩展性：系统能够适应将来可能出现的质量管理系统认证单位的接入需求，根据预留接口和业务参数驱动，能实现新业务功能模块的接入和整体移植。系统具备良好的开放性，在标准接口和组件的支撑下，支持国家级、省级、地(市)级、县(台站)级等第三方用户的快速开发接入和功能扩展。

维护性：系统提供详细的维护性手册。系统能够捕获到计算机系统故障或应用软件错误并发送错误状态与报告；处理软件的任务及其任务环境参数可从外部配置和修改；系统拥有离线的维护环境，以便在不影响正常业务的情况下进行软件的维护工作。

安全性：系统应达到三级等级保护要求。防火墙保护，未经授权用户无权登录系统；保证用户个人信息安全；对数据分级管理；具备抵御网络病毒、黑客攻击的措施与隔离攻击、快速恢复机制，具备多种、分级别的数据安全保护措施并形成有效运行机制。

界面要求：系统界面设计需要简洁、便于使用、便于理解，并能减少用户发生错误选择的可能性。

1.2 范围介绍

1.2.1 业务和管理活动范围

系统中涉及的业务和管理活动范围是依据观测质量管理体系流程梳理出的与质量管理体系工作相关的所有的质量管理活动，包括业务过程中的装备业务质量管理、数据业务质量管理和技术发展质量管理，技术支撑中的计量检定、标准规范以及管理过程中的综合管理和行政管理等相关内容。

通过建设统一门户的应用系统，实现目标管理、体系文件管理、绩效考核、检查改进、内审、外部审核、管理评审等一系列质量活动的信息化管理。通过对业务数据的标准化收集处理、自动处理、自动业务进度及质量参数匹配、质量评价、自动质量完成度评估统计等技术手段，完成对全业务、全过程的质量活动监管与评估，使质量业务管理工作实现可视化、可管理、可考核、可监控、可跟踪。

1.2.2 数据范围

系统涉及体系认证单位质量管理活动数据包括：各单位质量方针、目标、体系文件数据，业务、支撑、管理三大过程执行的监控数据，绩效考核、检查改进、内审管理评审等质量过程数据，相关统计数据、风险点、改进措施等数据。

1.2.3 用户范围

气象观测质量管理体系信息系统的定位为：该系统是一个供国家、省、地(市)、县(台站)四级从事气象观测质量管理工作的业务人员和管理人员使用的“管理”系统，非“业务”系统，更确切地说是一个“业务管理”系统。

当前阶段用户主要为：各级质量管理体系管理层、质量管理体系主管部门人员、质量办成员、各级内审员，以及部分质量管理体系建设领导组、工作组和技术组成员。

各级用户职责通过权限控制实现灵活分配与管控。其中，国家级用户可对所有体系认证单位的质量工作完成情况进行监控、监督，可以组织全国性的质量管理活动。

各级人员职责请见附录A。

第2章　建设目标与原则

2.1　总体目标

基于PDCA循环理念，从业务、支撑、管理三大过程建立相互关联关系，进行梳理、分析和设计，明确系统运行环境及业务数据的对接方式，构建全国一体的气象观测质量管理体系信息化系统，解决质量管理信息资源无法及时共享与传递、无法及时监控各单位质量管理情况及留痕信息、无法有效体现质量管理体系基于事实决策优势等方面的问题，实现隐性质量问题的显性化、可视化，满足质量体系的持续改进要求，进而提高过程质量和工作质量，达到“有流程走、按流程办、绕开流程行不通”的管理效果，最终实现质量改进，提高顾客满意度。

气象观测质量管理体系的主要角色包括：各级最高管理者、各级管理者代表、日常质量管理体系相关工作组织者（如观测处、体系办、质量办等相关人员）、体系高层管理人员（如中国气象局综合观测司相关人员）、各级内审员、各过程负责人、主要相关方人员等。

气象观测质量管理体系的日常工作（主要指体系运行阶段）有：目标管理、体系文件修订等管理、内审、管理评审、外部审核、体系运行情况的日常检查、过程痕迹的日常管理、风险规避情况检查、绩效管理、内审员管理等。

系统根本任务为：基于信息化手段，将质量管理体系各项工作中的各主要角色分配工作场景，实现角色和工作类别的一一对应，并将其信息化。

系统的建设以过程管理为纽带，以绩效管理为导向，融入风险管理理念和方法，构建基于SOA（Service-Oriented-Architecture）体系结构的质量管理体系信息化平台，最终实现中国气象局垂管体制的质量管理信息业务互联互通。

2.2　建设原则

（1）需求牵引，集约规范

以提高气象观测质量管理水平为驱动力，按照质量管理体系总体要求，制定质量管理标准规范，推动质量管理工作标准化进程。

（2）顶层设计，整体推进

围绕国家级、省级、地（市）级和县（台站）级气象观测质量管理工作开展需求，统筹规划，集约实施，促进各级质量管理工作同步规划、同步建设、协调发展。

（3）科技创新，提质增效

依据创新发展理念，积极应用先进信息技术，提高平台建设的质量及发挥驱动质量管理工作进步效益。

此外，平台在设计建设过程中还需要重点考虑平台其他的原则，包括：

① 先进性原则：本系统的设计将全面采用成熟的系统软件平台产品及先进的应用软件产品，充分保证系统的先进性。

② 系统性原则:本系统的设计充分考虑到与中国气象局各气象观测质量管理体系建设单位后期建设工程的需求;同时,考虑与现有办公管理系统和其他业务系统的无缝衔接。

③ 安全性原则:本系统的设计注重信息共享的同时,更注重系统和信息的安全。

④ 易用性原则:本系统的设计力求界面友好,操作简单实用,易学易懂。充分考虑到可维护性、信息可读性、可修改性、可测试性。

⑤ 开放性原则:本系统的设计采用各种国际通用标准接口,可连接各种具有标准接口的设备,能够支持多种网络操作系统和多种网络协议,并能实现异种网络和不同操作系统的互联。本系统具有很强的可移植性。

⑥ 可扩展性原则:本系统的设计具有良好的扩展性和升级能力,具备随着应用规模的扩大而不断扩充的能力,并具有良好的兼容性。

⑦ 稳定性原则:本系统的设计确保运行的稳定性;同时,兼顾容错性,发生错误时可恢复性强,出现故障时,正在处理的数据能自动保护。

第3章 总体设计

气象观测质量管理体系信息系统作为一体化平台的一个功能模块;系统统一部署在一体化平台,并基于其进行发布;观测各业务环节中留痕信息采用一体化平台向本系统模块“被动推”或本系统从一体化平台中“主动拉”的方式获取;另外,依据各级体系文件中的信息源,质量管理体系信息系统从办公网OA系统、各体系建设单位的业务或管理系统中,在一体化平台的技术框架下主动或被动获取所需的信息。但目前一体化平台尚未完成全国推广工作,所以气象观测质量管理体系信息系统中与一体化平台中相关的功能模块暂未开启,包括执行管理子系统、计划管理子系统里的目标管理、检查管理子系统里的绩效考核等功能模块。

3.1 设计思路

ISO 9001质量管理体系的核心理念为过程方法、基于风险思维以及PDCA循环。气象观测质量管理体系信息系统以过程方法为根本出发点,以观测质量管理体系文件为载体,基于信息化手段实现对观测各业务环节的“留痕”管理、过程风险管理、过程绩效评价管理、体系文件的管理以及内审、管理评审、外部审核等环节的管理。

系统以“管理”为导向,其基本功能框架涵盖气象观测业务和管理的全生命周期。系统功能结构遵循ISO 9001中PDCA循环,涵盖了体系文件管理、过程管理(业务、支撑、管理三大过程)、内审、外部审核、管理评审、风险管理和用户满意度评价等模块。通过建立质量管理信息系统平台,优化现有的管理组织结构,调整管理体制,在提高效率的基础上,增加协同管理能力,强化决策的一致性,进而实现质量管理体系的提升和优化。

通过业务、支撑、管理三大过程的数据信息采集及质量目标执行情况的监控,实现质量工作状况的“可知”;通过对质量管理三大业务过程流程的标准化梳理,实现质量过程管理的“可控”;通过对质量管理计划、质量目标的层层分解、达成率统计、监控以及重大质量问题整改的监控管理等,实现质量管理工作的全面“可管”;通过对质量目标业绩指标的全面量化,为管理层决策提供量化的数据支持,实现质量管理“可谋”。

充分融合先进的管理模型及标准的分析方法,实现隐性质量问题的显性化、可视化,帮助管理人员快速了解体系状况,支撑管理决策。

3.2 总体架构

气象观测质量管理体系信息系统基于气象观测一体化信息平台(简称“一体化平台”)部署安装,系统采用B/S结构,“一级部署、多方应用”。系统逻辑架构图如图3-2-1所示。

(1)数据管理层

气象观测质量管理体系信息系统依托气象业务操作平台(如一体化平台、OA办公系统等),应用其提供的数据资源,为系统的业务应用提供数据基础。

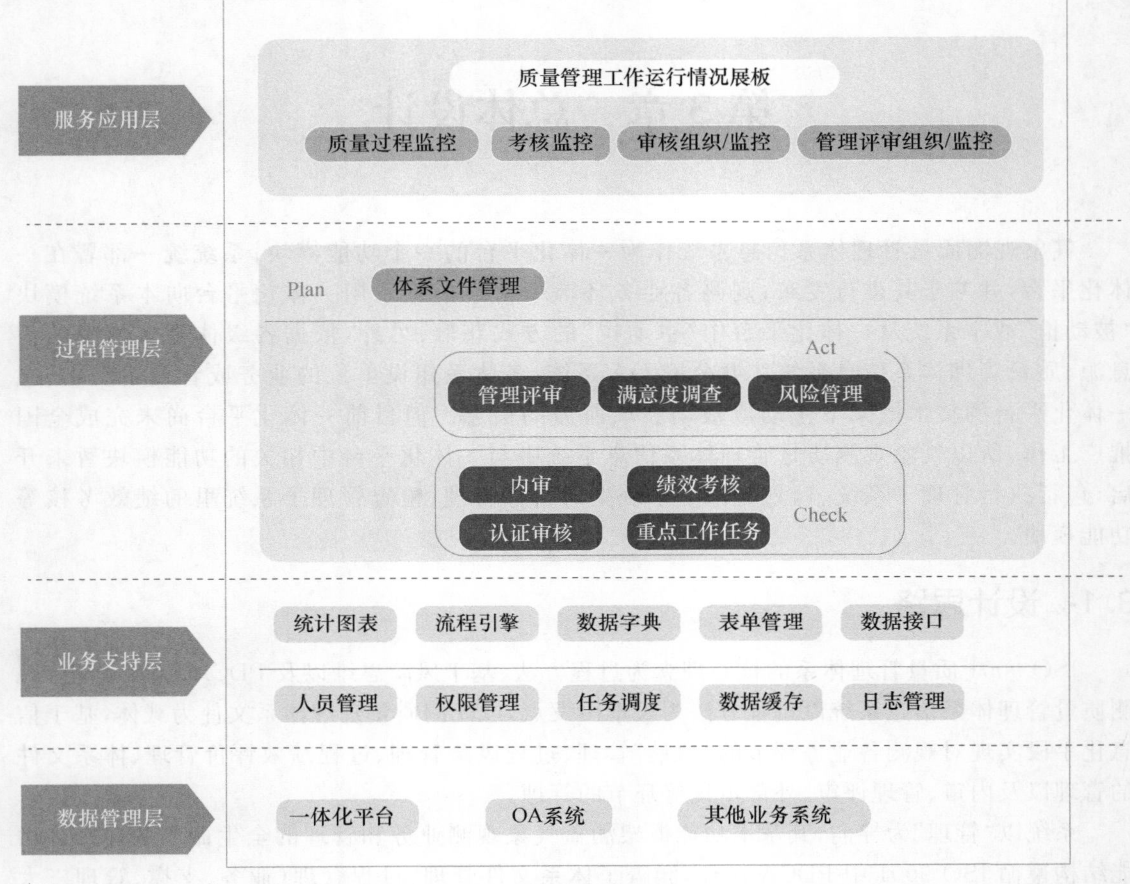

图 3-2-1　系统逻辑架构图

(2)业务支持层

基础设施作为系统的业务支持层,提供:用户管理、权限管理、配置管理、工作流管理、表单管理、统计图表管理等功能,为气象观测业务质量管理工作流程提供技术支持。

(3)过程管理层

气象观测质量管理体系信息系统的业务过程遵循 PDCA 循环,实现了从目标管理、质量体系文件的编制发布到具体的业务过程质量控制管理以及考核、审核、改进的全过程控制。

(4)服务应用层

针对国家、省级业务过程管理需求建设全业务过程监控、信息统计与报表展示,包括质量管理工作过程监控、考核监控、审核组织监控、管理评审组织监控,为管理部门提供服务。

3.3　系统部署

气象观测质量管理体系信息系统是基于中国气象局业务系统一体化平台的部署安装,该系统基于“PDCA”循环理念组织各项工作,包含体系文件管理、内审管理、外部审核、管理评审、风险管理等全部过程,并收集和整理全部过程的各类质量信息,开展用户满意度评价。全流程跟踪过程管理模块,可查阅执行文件,监控催办督办情况。信息系统的部署逻辑结构和物理架构如图 3-3-1 和图 3-3-2 所示。

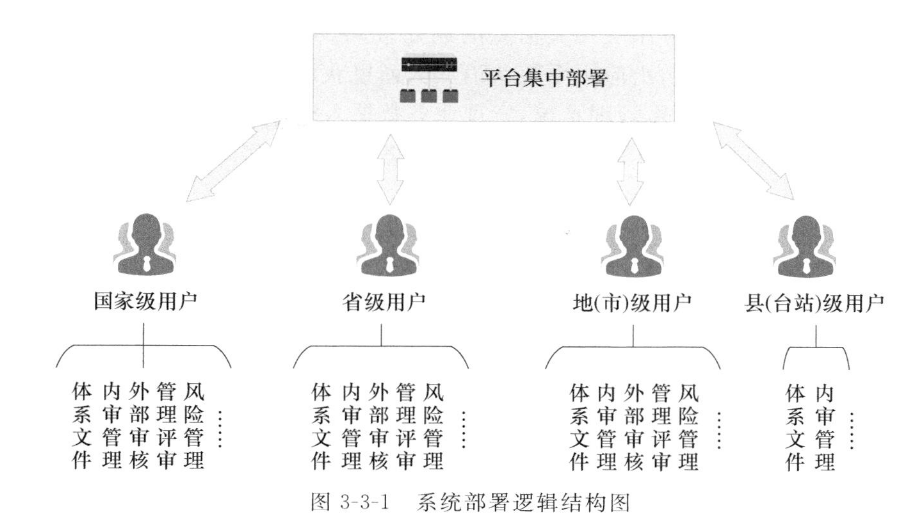

图 3-3-1　系统部署逻辑结构图

质量管理体系（QMS）平台
一体化平台
用户
代理服务器（备用）
Nginx
代理服务器
Nginx
一体化AOBOIP
应用服务器
应用、接口服务器
resin
+RabbitMQ
应用、接口
服务器
resin
+RabbitMQ
一体化AOBOIP
网站服务器
只读
只读
读写
读写
从数据库服务器
主数据库服务器
一体化AOBOIP
消息服务器

图 3-3-2　气象观测质量管理体系信息系统物理架构

代理服务器将请求通过轮询的方式分别发送到两台应用服务器上，确保其中一台应用宕机后其他应用可以顺利接管(资源允许提供独立的物理设备，如无法提供独立物理设备可采用软件中间件实现)。

2 台应用服务器部署于质量管理体系(QMS)系统，用于处理相关业务；对接数据库服务器与接口服务器，用于获取第三方系统相关信息的通知；部署 RabbitMQ 消息中间件，由第三方系统将数据推送到消息队列里，由应用系统从消息队列里获取这些数据。

主数据库服务器部署数据库管理系统，实现业务数据入库存储、管理功能。从数据库服务器部署数据库管理系统，通过 MySQL 主从同步机制将业务数据实时备份到本地。

3.4 总体功能

系统各项功能如图 3-4-1 所示。

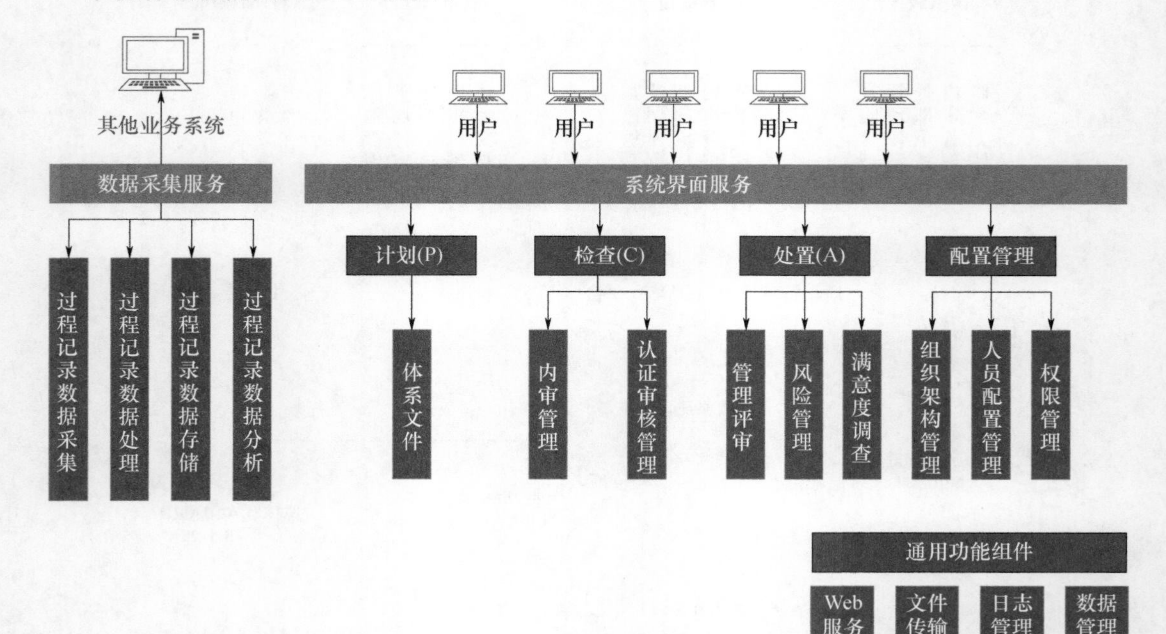

图 3-4-1 系统功能结构示意图

各子系统详细功能如图 3-4-2 所示。

① 数据采集：为实现质量管理体系的有效运行和持续改进，信息系统协助完成各项工作的计划、执行、检查、改进，并收集和自动处理全过程的各类质量信息。由于其他业务系统中已经存在观测业务记录数据，因此为了避免系统使用人员的重复工作，系统提供数据采集服务，将已有系统中存在的业务流程数据通过数据采集的方式采集到本系统中作为系统的基础数据，采集过程中对数据进行自动维度匹配和转化。

② 体系文件管理：体系办(质量办)/观测处根据业务过程编写质量体系文件并发布。

③ 内审管理：体系办(质量办)/观测处定期对指定单位组织内审，制定内审计划，下发受审单位，由审核组成员录入核查记录，审核组长在现场审核结束后，召开会议，编写审核报告并将审核报告上传到系统。在内审结束后召开末次会议，向受审核单位反馈审核结果及不符合项信息，并将审核结果上传到系统。如存在不符合项，则编制不符合项报告，提交整改措施。

④ 外部审核：由体系办(质量办)/观测处上传审核计划，将审核计划进行公示，受审单位可查看公示的审核计划。审核结束后，体系办(质量办)/观测处上传审核报告。

⑤ 管理评审：体系办(质量办)/观测处编制管理评审计划，录入信息审批后上传评审材

图 3-4-2　系统详细功能结构图

料，提交管理者代表并发起管理评审的实施，管理评审的实施以会议形式进行，根据管理评审计划创建评审会议，在会议结束后，由体系办（质量办）/观测处用户上传管理评审报告。管理者代表组织有关人员对措施的实施情况和效果进行跟踪验证。

⑥ 风险管理：主责部门负责人根据业务从风险库选取风险点，由主责部门负责人对风险点做等级评估，录入风险应对措施，评价人对风险点做出有效性评价。

⑦ 满意度评价：由体系办（质量办）/观测处/办公室等相关用户根据当年实际工作和调查的需要，编制用户满意度调查方案，定制调查问卷后分发，并将最终的调查结果上传到系统。

3.5 流程设计

气象观测质量管理体系信息系统基于“PDCA”循环理念组织各项工作，包含目标管理、体系文件管理、业务过程管理、内审管理、外部审核、绩效考核管理、管理评审和风险管理全部过程，并收集和整理全过程的各类质量信息，开展用户满意度评价。全流程跟踪过程管理模块可查阅执行文件，监控催办督办情况。整体业务流程如下。

从计划阶段（P）的目标管理开始，由体系办（质量办）/观测处编制总体质量目标，经审批后下发至各职能部门。各职能部门根据目标和业务过程，编制本部门的质量目标和重点工作实施方案，经审批后选择业务过程。体系文件管理，由相关用户编写体系文件并提交审批，审核通过后发布体系文件，发布后的体系文件关联业务过程，进入执行阶段（D）。

执行阶段从创建业务过程流程开始，根据体系文件配置业务过程生成结果的节点，配置完成后在该业务流程下创建业务模板，系统根据创建的业务模板标识与子系统同步节点的执行结果数据或文件；执行完结后汇总，进入检查阶段（C）。

检查阶段分为内审管理、外部审核管理和绩效考核。内审管理指体系认证单位定期对指定单位组织内审，制定内审计划，下发受审单位，由审核组成员录入核查记录，审核组长在现场审核结束后，召开会议，编写审核报告并将审核报告上传到系统。审核组长在内审结束后召开末次会议，向受审核单位反馈审核结果及不符合项信息，并将审核结果上传到系统。如存在不符合项，则编制不符合项报告，提交整改措施。外部审核管理指体系认证单位上传审核计划，将审核计划进行公示，上传审核报告。绩效考核由依据指标库制定绩效考核计划，经过审批后，分发受审单位上传材料，上传绩效考核报告，再次审批，最后形成绩效考核结果；检查完成后进入处置阶段（A）。

改进包括管理评审、风险管理和满意度评价管理。管理评审是编制管理评审计划，提交审批。由体系办（质量办）/观测处用户上传评审材料，提交管理者代表并发起管理评审的实施，根据管理评审计划创建评审会议，在会议结束后，上传管理评审报告并提交审批。管理者代表组织有关人员对措施的实施情况和效果进行跟踪验证。风险管理是主责部门负责人根据业务从风险库选取风险点，提交审批。对风险点做等级评估，提交审批后由主责部门负责人录入风险应对措施，由评价人对风险点做出有效性评价。满意度评价管理由体系办（质量办）/观测处/办公室等相关用户根据当年实际工作和调查的需要，编制用户满意调查方案，定制调查问卷，经审批后分发，并将最终的调查结果上传到系统。

第4章　系统功能介绍

4.1　计划管理子系统

计划管理中目前包含质量目标管理及体系文件管理，实现质量管理工作的体系文件标准的指导，质量过程的记录。为国家级、省级、地(市)级及县(台站)级用户提供浏览、查询服务。

4.1.1　质量目标管理

体系认证单位根据质量方针制定和发布年度质量目标，横向展开分解至各职能部门，与业务过程进行关联纵向展开分解到各层次上，通过层层展开将质量方针和质量目标落到实处。下一级部门根据上一级的质量目标体系和分解到本部门的质量目标，编制本级的质量目标。质量目标按国家级、省级、地(市)级、县(台站)级四级分解，国家级业务单位相当于省级，省级业务单位相当于市级。依照此流程，实现对质量方针和质量目标的横向和纵向展开分解(图4-1-1)。

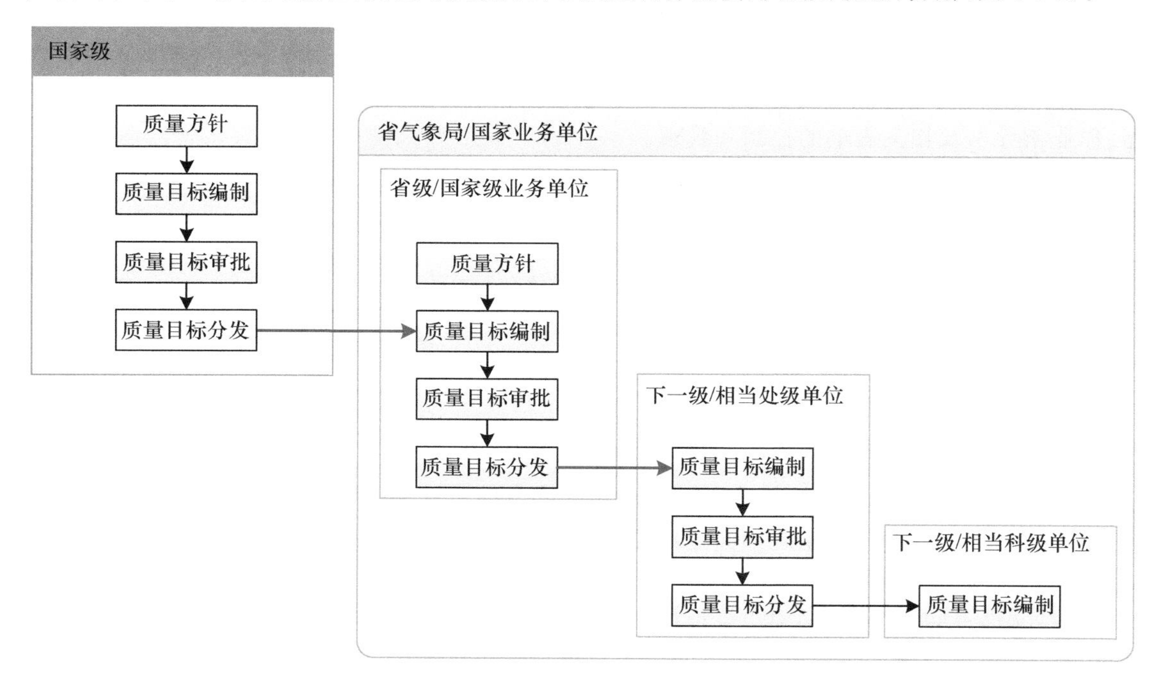

图4-1-1　质量目标管理流程图

(1)国家级质量目标

由中国气象局综合观测司体系负责机构编制质量目标，录入完成后提交审核；管理者代表对提交的总体质量目标进行审核；由综合观测司体系办(质量办)对审批通过后的质量目标发布。

(2)国家级业务单位

由体系负责机构编制质量目标,录入完成后提交审核;管理者代表对提交的总体质量目标进行审核;由体系办(质量办)对审批通过后的质量目标进行发布;下一级部门(内设机构/处室)可查看上一级部门的质量目标和分解到本部门的质量目标;内设机构/处室质量员在上一级部门分解的质量目标的基础上编制本部门的质量目标,经本部门体系负责人审批后,质量员对本部门的质量目标进行发布;科室可查看上一级部门的质量目标和分解到本部门的质量目标。

(3)省(区、市)气象局

观测处编制质量目标,录入完成后提交审核;管理者代表对提交的总体质量目标进行审核;由观测处对审批通过后的质量目标进行发布;内设机构/业务单位/市气象局可查看省级的质量目标和分解到本部门的质量目标;内设机构/业务单位/市气象局质量员在省级分解的质量目标的基础上编制本部门的质量目标,经本部门体系负责人审批后,质量员对本部门的质量目标进行发布;科室/县级气象局可查看上一级部门的质量目标和分解到本部门的质量目标。

4.1.2 体系文件管理

体系文件管理子模块实现对质量管理体系文件进行控制。确保业务人员通过体系文件能够更好地开展业务工作。体系文件和工作过程息息相关,是气象观测业务的指导文件和作业依据。体系文件管理的流程如图 4-1-2 所示。

体系办(质量办)/观测处/办公室等负责管理手册的控制管理。办公室负责涉及气象探测的法律、法规、规章的收集、发布、有效性控制等工作。各部门负责本部门发布和使用的控制程序、作业指导书及相关表单的控制和管理。

由体系办(质量办)/观测处用户等相关用户编辑/修订,编制后提交审批,审批时可填写审批意见或建议,如不通过,可支持退回上一步。当审批通过后发布体系文件。

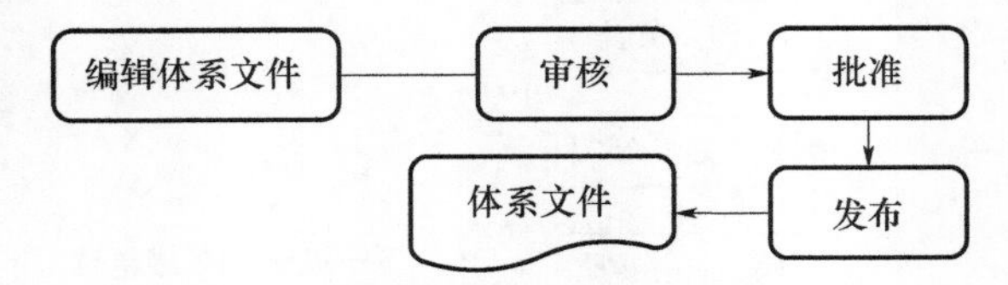

图 4-1-2 体系文件管理流程图

全国气象部门各单位可对发布的体系文件提交反馈意见,反馈意见逐级向上反馈;新发布或更新的体系文件,自动在系统界面显示更新提醒。

体系文件管理的基本功能如图 4-1-3 所示,具体如下。

体系文件查阅:有权限的用户可根据文件类型查阅体系文件,同时可根据体系文件编号、名称等信息模糊查询。查询出的文件结果支持导出到本地。

体系文件新增:在系统中,有权限的用户可以根据以下步骤进行新增体系文件。第一步编制任务分发,由体系办(质量办)/观测处用户等相关用户编制分发任务,包括:体系文件(非必填和选择)、任务名称、任务描述、编制单位、要求完成时间等。录入完成后分发到编制单位。第二步编制体系文件,由编制单位编制体系文件,包括:体系文件名称、类型、描述、上传体系文件等。录入完成后提交初审。第三步新体系文件初审,编制单位负责人对编制的体系文件初审通过后,进入审批阶段。第四步新体系文件审批,管理者代表对提交的申请进行审核。审核

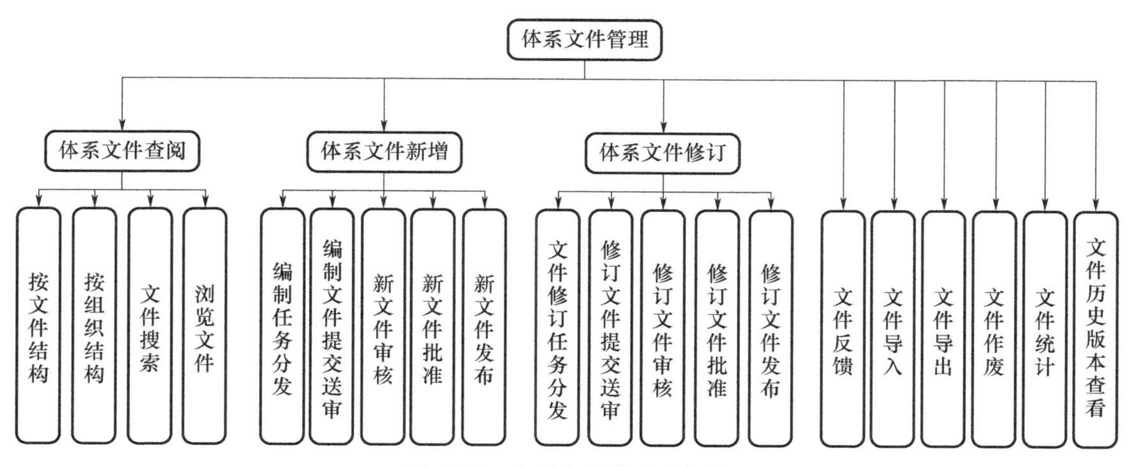

图4-1-3 体系文件管理功能图

时可选择提交下一步或退回，同时填写审核意见。管理者代表审核通过后的申请，由最高管理者进行批准，可选择提交下一步或退回。同时可填写审核意见。第五步新体系文件发布，经最高管理者批准的文件由观测处/办公室用户进行发布，发布后的文件各级有权限部门人员可以查看。

体系文件修订：在系统中，有权限的用户可以根据以下步骤进行修订体系文件。第一步修订任务分发，由体系办(质量办)/观测处用户等相关用户编制分发修订任务，包括：体系文件(非必填和选择)、任务名称、任务描述、编制单位、要求完成时间等。录入完成后分发到编制单位。第二步修订体系文件，由编制单位修订体系文件，包括：体系文件名称、类型、描述、上传体系文件等。录入完成后提交审批。第三步修订体系文件初审，编制单位负责人对修订的体系文件初审通过后，进入审批阶段。第四步修订体系文件审批，管理者代表对提交的申请进行审核。审核时可选择提交下一步或退回，同时可填写审核意见。管理者代表审核通过后的申请，由最高管理者进行批准，可选择提交下一步或退回。同时可填写审核意见。第五步修订体系文件发布，经最高管理者批准的文件由观测处/办公室用户进行发布，发布后的文件各级有权限部门人员可以查看。

文件反馈：各业务具体执行人员或负责人在查阅体系文件后，发现与工作流程不符时发起，包括：体系文件(选择)、反馈标题、反馈内容等，录入完成后提交到体系办(质量办)/观测处。

文件作废：体系办(质量办)/观测处用户有权限人员(可指定角色)可对指定文件进行作废处理(作废不等于删除，将保存文件在系统中，同时生成作废相关操作记录)。作废后的体系文件，前端各业务人员将不能再查看到。

文件导入：指定权限的用户可将线下完成的体系文件导入系统中，也可以同时添加线下完成审核批准的证明材料。

文件导出：指定权限的用户通过文件导出可以将需要查看的文件导出下载到用户的个人电脑上。

文件统计：可统计文件下载次数、浏览数、修订次数。

文件历史版本查看：文件经过多次修订后会存在多个历史版本，系统会记录文件的所有历史信息。在文件列表中可以选择某一个文件后查看历史版本。

4.2 检查管理子系统

4.2.1 内审管理

内审管理是对业务过程及质量活动记录的审查，由体系办(质量办)/观测处制定审核工作计划开始，根据配置的流程逐步流转，到最后的审核报告上传。从而实现对内审管理过程的跟踪记录功能。

内审管理流程如图 4-2-1 所示。由体系办(质量办)/观测处编制审核工作计划，须明确审核组成员、审核对象、内容、时间等。完善审核内容和成员分工及审核日程，并下发审核日程到受审单位。现场审核后根据核查记录，线下形成现场审核报告并上传到系统。在内审结束后，末次会议时向受审单位提供审核结果并上传到系统，如有不符合项报告则须录入系统，同时录入限定整改日期，根据不符合项录入整改措施。

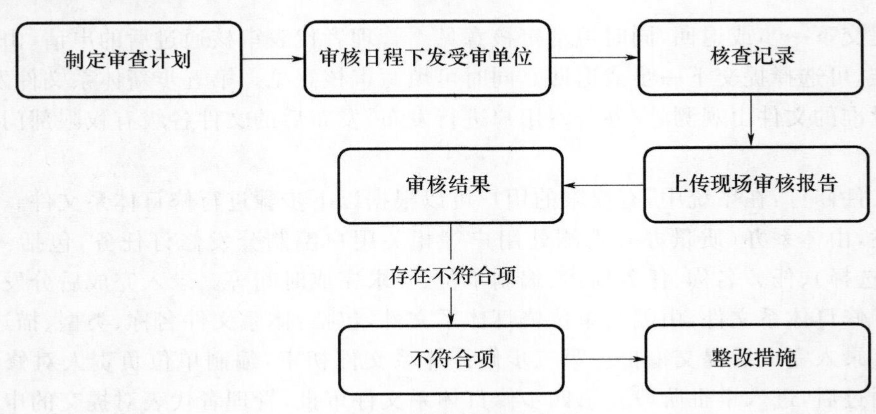

图 4-2-1 内审管理流程图

内审管理功能如图 4-2-2 所示，具体如下。

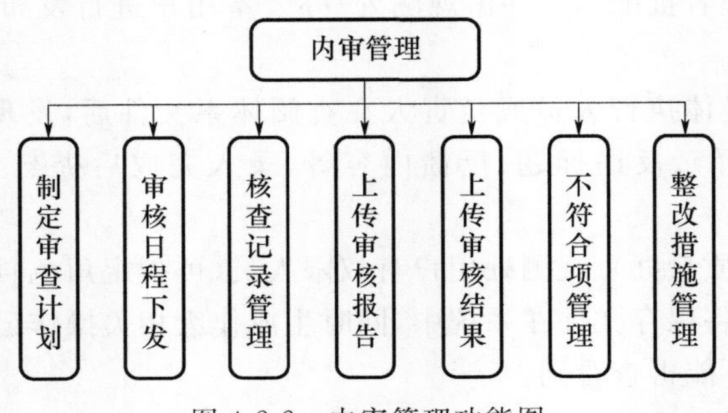

图 4-2-2 内审管理功能图

(1)制定审核工作计划：由体系办(质量办)/观测处录入审核计划，录入审核组成员、审核对象(选择部门)、内容、成员分工、审核日程。

(2)审核日程下发受审单位：制定审核日程后，下发至受审单位。

(3)核查记录管理：内审员按照分工现场审核验证审核内容，录入核查记录，包括标准条款、审核内容、审核记录、判定。核查记录可创建多条。

(4)上传现场审核报告:现场审核结束后,审核组召开会议,形成审核发现、编写审核报告,并将审核报告上传到系统。

(5)上传审核结果:内审结束后召开内审末次会,向受审核单位反馈审核结果,并将审核结果上传到系统。

(6)不符合项管理:内审结束后除录入审核结果外,如存在不符合项,则须录入不符合项信息,包括受审核部门过程、性质(严重、一般)、原因分析等。不符合项可创建多条。

(7)整改措施管理:根据不符合项录入整改措施,整改措施与不符合项一一对应。

4.2.2 外部审核

外部审核是对业务过程及质量活动记录的审查,由体系办(质量办)/观测处上传审核计划并公示,被审核单位通过公示知晓审核计划并配合审核工作,审核结束后由体系办(质量办)/观测处将审核报告上传。

外部审核管理流程如图4-2-3所示。由体系办(质量办)/观测处录入审核计划,包括:审核标题、附件、填写人、创建时间等。制定工作计划后,将审核报告上传进行公示,包括:审核标题、附件、填写人、创建时间等。

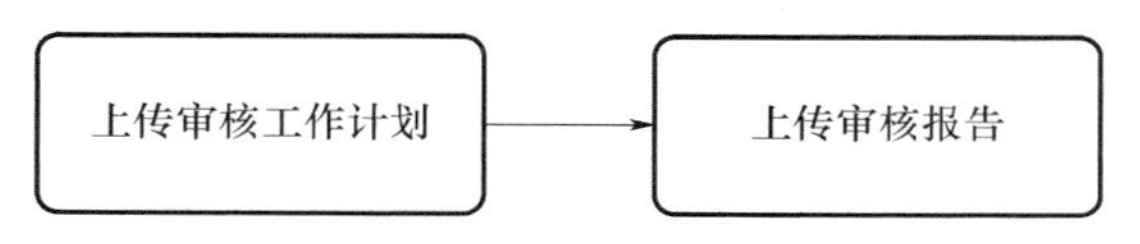

图4-2-3 外部审核管理流程图

外部审核的具体功能如下(图4-2-4)。

(1)上传审核计划:体系办(质量办)/观测处将审核计划上传到系统进行公示,包括:审核标题、附件、填写人、创建时间等。

(2)上传审核报告:体系办(质量办)/观测处将审核报告上传到系统。

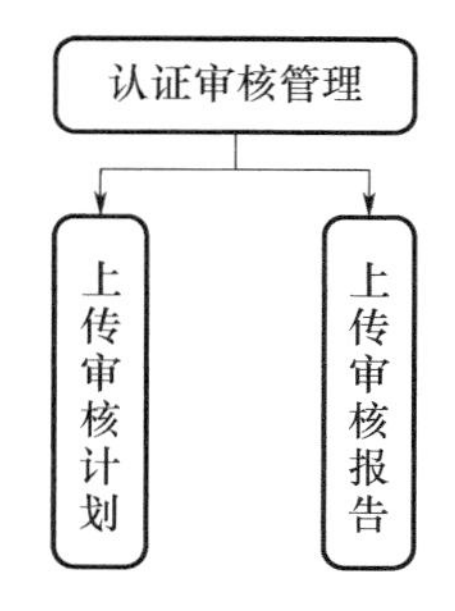

图4-2-4 外部审核管理功能图

4.3 改进管理子系统

4.3.1 管理评审

管理评审模块实现重大问题的研究、决策以及对体系运行的有效性进行评价,是体系持续改进的重要工具,管理评审活动每年至少进行一次,通常在当年内部审核结束后进行,但遇到社会环境发生变化、第三方质量管理体系审核提前等情况时，可适时进行管理评审。

管理评审的流程如图 4-3-1 所示。根据当前年度的质量工作执行情况，由管理评审负责人/体系办（质量办）/观测处制定管理评审计划，上传材料，并组织管理评审（主要以会议为主要形式进行），形成评审结果并上传审核，上传管理评审报告下发各职能单位，由管理者代表记录跟踪验证情况。

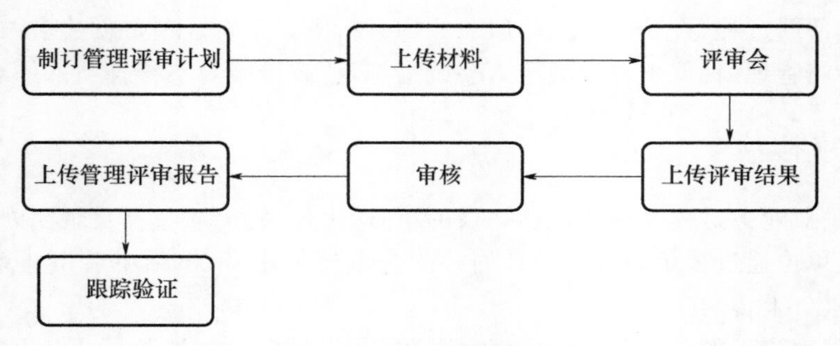

图 4-3-1　管理评审流程图

管理评审的具体功能如下（图 4-3-2）。

（1）制定管理评审计划：由管理评审负责人/体系办（质量办）/观测处编制管理评审计划，录入评审时间、内容、议程、参加人员（选择本单位人员）。

（2）上传评审材料：上传评审材料，包括内部审核情况（选择本单位已创建的审核管理）、工作成果报告、纠正和预防措施实施情况、以往管理评审的材料、职能部门对质量管理运行情况所形成的书面材料、其他改进的建议。

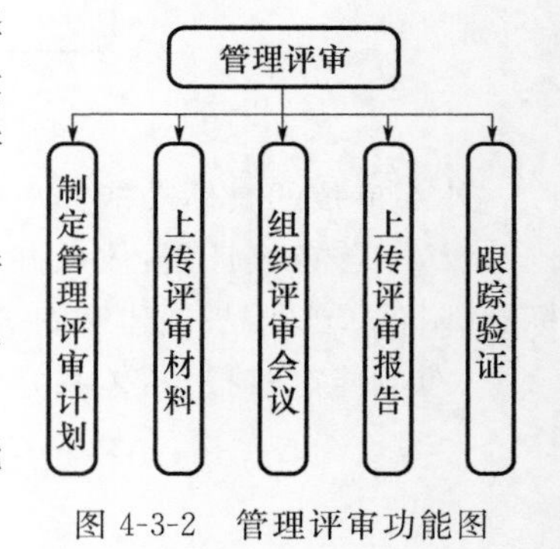

图 4-3-2　管理评审功能图

（3）组织评审会议：管理评审实施以会议形式进行，根据管理评审计划创建评审会议。录入会议名称、会议内容、参会人、所需材料、会议总结。

（4）上传管理评审报告：上传管理评审报告，下发各职能单位。

（5）跟踪验证：各职能单位接收到评审报告后，可基于评审报告录入跟踪记录。领导可随时查阅跟踪记录。

4.3.2　风险管理

为加强体系认证单位风险管理工作，保障总体工作目标及决策顺利实施，秉持科学管理理念，发挥风险管理“预防为主，关口前移”作用，增强风险防范与控制能力。根据体系认证单位内外部环境的变化，对各工作过程所面临的风险进行风险识别、风险分析、风险评价，由各部门具体执行。

由主责部门负责人基于业务过程添加风险点。录入完成后提交审核。管理者代表对提交的风险点进行审核，审核通过后的风险点，由最高管理者进行再审，并最终批准。

最高管理者批准后，由主责部门负责人对审批通过后的风险点做等级评估，录入完成后提交审核。管理者代表对提交的风险等级评估进行审核，审核通过后的风险等级评估，由最高管理者进行再审，并最终批准。

主责部门负责人在最高管理者审批通过后制定风险应对措施，录入完成后提交审核。管理者代表对提交的风险应对措施进行审核，审核通过后的风险应对措施，由最高管理者进行再审，并最终批准。

最高管理者批准后，由评价人对风险点做出有效性评价，录入完成后数据入库。

风险管理的流程如图4-3-3所示。

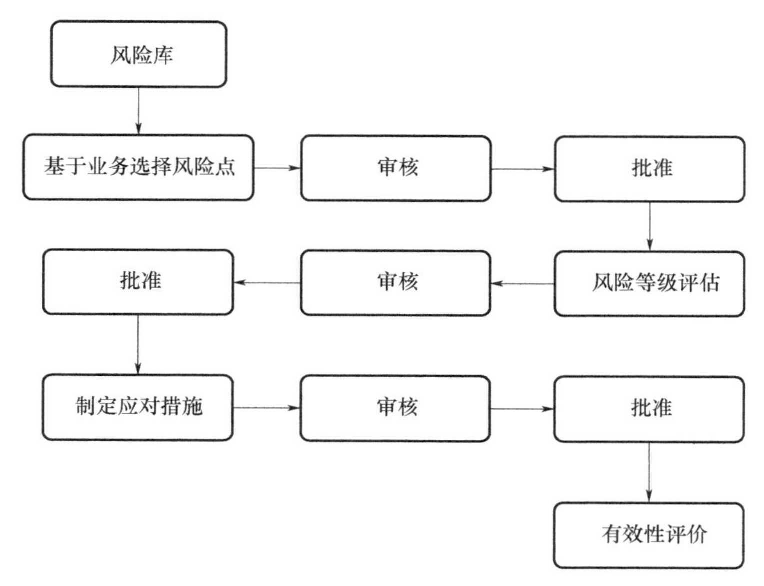

图4-3-3　风险管理流程图

风险管理功能如图4-3-4所示，具体如下。

(1)创建风险点：由主责部门负责人基于业务过程添加风险点，包括：标题、风险点、备注等。录入完成后提交审核。

(2)风险点等级评估：主责部门负责人对审批通过后的风险点做等级评估，包括：风险评估等级。录入完成后提交审批。

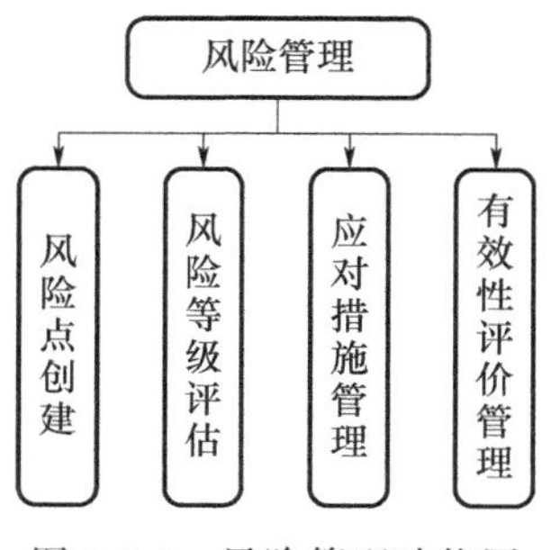

图4-3-4　风险管理功能图

(3)应对措施管理：主责部门负责人对审批通过后的风险等级评估后，对于等级高或需要应对的风险，去制定风险应对措施。其中包括：标题、附件、备注等。基于风险点形成一一对应关系。

(4)有效性评价管理：当应对措施审批通过后，评价人对风险点做出有效性评价，再次评估风险有没有降低，以及采取了措施后风险有没有降下来等，包括：评价内容、附件。并将所有结果纳入风险库。

4.3.3　满意度评价

为了规范用户满意度评价工作的实施，准确收集、全面分析用户观测质量管理的业务工作的评价信息，了解是否满足用户的需求和期望，以持续改进服务质量，不断提高用户的满意程度。满意度评价的流程如图4-3-5所示。

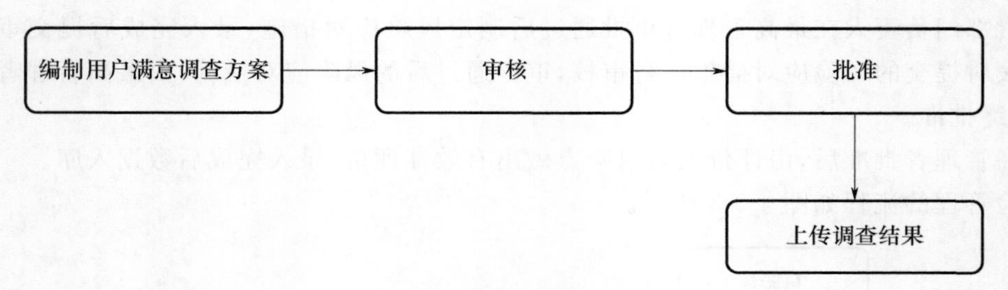

图 4-3-5　满意度评价流程图

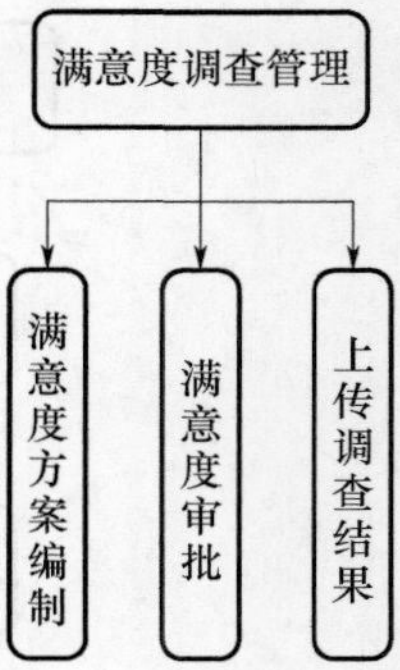

满意度评价功能如图 4-3-6 所示。根据当年实际工作和调查的需要,编制用户满意度评价方案,方案可包括调查对象的选择、调查问卷的编制、调查的进度安排等,交由管理者审核批准后实施,开展调查。上传调查结果,可作为参考项,关联至管理评审计划。具体如下:

(1)编制用户满意调查方案:由体系办(质量办)/观测处/办公室编制满意度评价方案,包括:标题、调查单位、调查时间、调查内容;

(2)满意度方案审核批准:由相关部门审核批准;

(3)上传调查结果:体系办(质量办)/观测处/办公室上传调查结果。

满意度调查管理

满意度方案编制

满意度审批

上传调查结果

图 4-3-6　满意度评价功能图

4.4　其他功能模块

除了以上计划管理、检查管理和改进管理子系统,本系统的功能模块还包括综合管理模块、基础配置、统计分析和系统管理模块等。

(1)综合管理:主要包括通知公告、知识管理、培训管理、模板管理和相关下载等,可以实现质量管理体系管理上的其他一些工作。

(2)基础配置:主要包括标准条款库、知识类别、体系文件类型、风险体系过程、业务过程、问卷调查题库、外供方类型、外供方、风险类别和任务来源等,可以实现信息系统上的数据处理。

(3)统计分析:主要包括体系文件管理、内审管理、外部审核、管理评审、风险管理、用户满意度、外供方评价等,可以实现系统里各个模块的数据统计与分析功能。

(4)系统管理:主要包括机构管理、用户管理和角色管理等,实现系统里的人员与机构的基本配置。

下　篇

系统使用篇

本篇作为气象观测质量管理体系信息系统的使用介绍说明,是用户使用的参考文档。本篇详细说明了应用平台中各部分、各个角色的管理权限、功能和相关操作。通过学习,用户能够掌握对 QMS 系统相关功能的使用方法和技巧,快速应用并操作该系统。

第5章　使用前准备工作

该系统仅支持Google Chrome浏览器。其他浏览器可能会导致该系统的界面属性或者采用的前端技术不支持。

在使用QMS系统前，必须由系统业务管理员对系统进行前期基础信息维护工作，以确保满足系统正常使用的基础数据正确和完整。

部门和用户信息由综合气象观测业务运行信息化平台（以下简称一体化平台）维护，通过消息中间件应用同步到QMS。当一体化平台新增或变更部门或用户信息时，一体化将相关信息发送到QMS，QMS接收到信息后进行验证。如果相应信息已存在QMS中，则更新QMS；如果QMS中不存在，则在QMS中进行添加。QMS仅作为信息接收方，从一体化平台同步的用户和部门不可反向通知一体化平台。

当一体化平台的部门和用户不满足业务使用时，管理员可通过QMS手动创建部门和用户。QMS中创建的数据不同步到一体化平台，仅在QMS中使用。

第一步是维护“部门信息”，首先必须要维护部门，即各单位下设的部门。部门是系统中人员的所属单位，是建立人员信息时必须存在并与人员信息关联的内容。

部门信息实现组织机构和组织机构中部门信息的维护和管理，主要包括添加、修改和删除部门信息等。

部门列表示例如图5-1所示。

图5-1　部门信息列表

第二步是维护“角色信息”，角色信息为角色分配应有的权限。角色的信息在系统初始化时已经全部建立完成，各单位的业务系统管理人员不需要再单独维护。列表展示权限内所有角色的管理信息。

角色列表示例如图5-2所示。

第三步是维护“权限信息”，权限可根据部门、用户、角色进行分配。根据部门、用户、角色设置可访问的菜单，从而实现用户权限的区分。同时一个用户可设置多个角色。

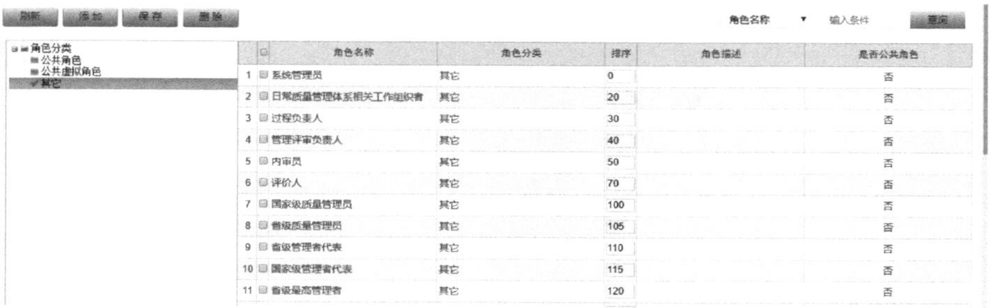
刷新
添加
保存
删除
角色名称
输入条件
查询
角色分类
公共角色
公共虚拟角色
其它
角色名称
角色分类
排序
角色描述
是否公共角色
1 系统管理员 其它 0 否
2 日常质量管理体系相关工作组织者 其它 20 否
3 过程负责人 其它 30 否
4 管理评审负责人 其它 40 否
5 内审员 其它 50 否
6 评价人 其它 70 否
7 国家级质量管理员 其它 100 否
8 省级质量管理员 其它 105 否
9 省级管理者代表 其它 110 否
10 国家级管理者代表 其它 115 否
11 省级最高管理者 其它 120 否

图 5-2　角色信息列表

权限信息分配示例如图 5-3 所示。

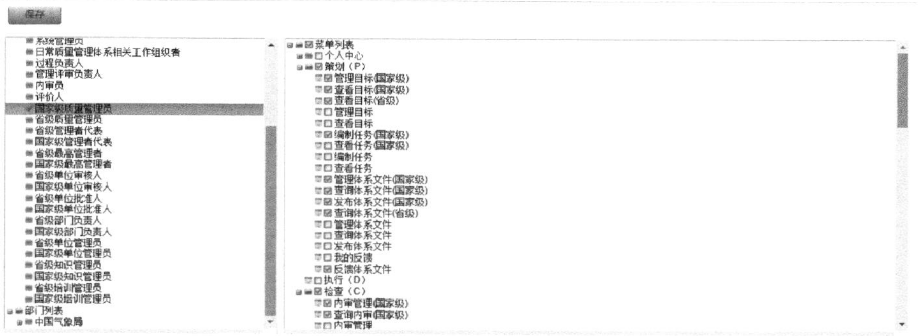
保存
系统管理员
日常质量管理体系相关工作组织者
过程负责人
管理评审负责人
内审员
评价人
国家级质量管理员
省级质量管理员
省级管理者代表
国家级管理者代表
省级最高管理者
国家级最高管理者
省级单位审核人
国家级单位审核人
省级单位批准人
国家级单位批准人
省级部门负责人
国家级部门负责人
省级单位管理员
国家级单位管理员
省级知识管理员
国家级知识管理员
省级培训管理员
国家级培训管理员
部门列表
中国气象局
菜单列表
个人中心
策划（P）
管理目标(国家级)
查看目标(国家级)
查看目标(省级)
管理目标
查看目标
编制任务(国家级)
查看任务(国家级)
编制任务
查看任务
管理体系文件(国家级)
查询体系文件(国家级)
发布体系文件(国家级)
查询体系文件(省级)
管理体系文件
查询体系文件
发布体系文件
我的反馈
反馈体系文件
执行（D）
检查（C）
内审管理(国家级)
查询内审(国家级)
内审管理

图 5-3　权限信息分配

第四步是维护人员信息，维护人员信息时，需要维护人员的登录账户、密码、人员所属部门、人员所属的角色。

所有用户人员信息列表示例如图 5-4 所示。

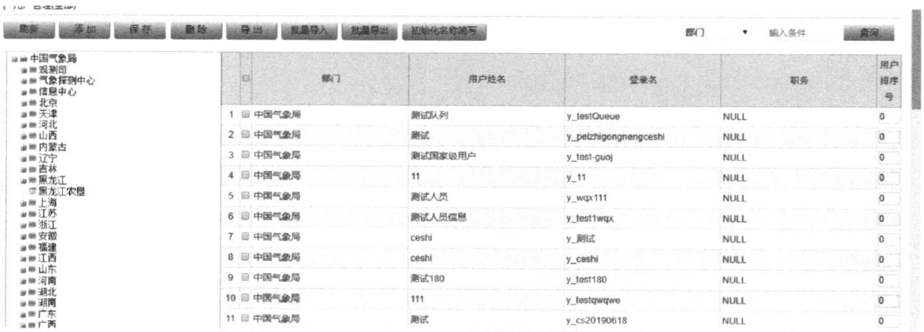
刷新
添加
保存
删除
导出
批量导入
批量导出
初始化名称编写
部门
输入条件
查询
中国气象局
观测司
气象探测中心
信息中心
北京
天津
河北
山西
内蒙古
辽宁
吉林
黑龙江
黑龙江农垦
上海
江苏
浙江
安徽
福建
江西
山东
河南
湖北
湖南
广东
广西
部门
用户姓名
登录名
职务
用户排序号
1 中国气象局 测试队列 y_testQueue NULL 0
2 中国气象局 测试 y_peizhigongnengceshi NULL 0
3 中国气象局 测试国家级用户 y_test-guoj NULL 0
4 中国气象局 11 y_11 NULL 0
5 中国气象局 测试人员 y_wqx111 NULL 0
6 中国气象局 测试人员信息 y_test1wqx NULL 0
7 中国气象局 ceshi y_测试 NULL 0
8 中国气象局 ceshi y_ceshi NULL 0
9 中国气象局 测试180 y_test180 NULL 0
10 中国气象局 111 y_testqwqwe NULL 0
11 中国气象局 测试 y_cs20190618 NULL 0

图 5-4　用户人员信息

第 6 章　登录系统

6.1　登录步骤

第一步：打开 Google Chrome 浏览器窗口，在地址栏里输入系统登录地址 http://系统服务器 IP 地址：端口（系统服务器 IP 地址为安装系统服务器的 IP 地址，端口为对应的端口号。具体地址请与系统管理员获取相应信息），进入系统登录页面。系统登录界面如图 6-1-1 所示。

图 6-1-1　登录界面

第二步：输入系统登录用户名和密码，点击“登录”按钮或者回车键即可进入系统。成功登录系统后显示主界面。

备注：用户名为英文字母及数字（小写），初始密码为 Tczx1234%，用户登录后可对自己的密码进行修改。如果输入了正确的用户名和密码却不能登录系统，请与本单位的业务系统管理员联系。

6.2　用户角色与权限

用户的功能权限设置如表 6-2-1 所示。

表 6-2-1　用户功能权限设置

序号	角色	功能模块	业务操作
一	单位系统管理员		
1.1		系统管理	用户角色分配
二	单位质量管理员		
2.1		体系文件管理	编制任务发起、添加体系文件、发布体系文件、处理体系文件反馈
2.2		内审管理	制定内审方案、下发日程、发布内审计划、发布内审

续表

序号	角色	功能模块	业务操作
2.3		外部审核	添加、删除外部审核
2.4		管理评审	制定管理评审计划、发布管理评审计划、汇总管理评审输入信息、组织评审会议、生成管理评审报告、发布管理评审报告、审核跟踪验证、办结
2.5		风险管理	管理风险库、制定风险应对计划、发布风险应对计划
2.6		满意度评价	编制满意度调查方案、下发问卷、办结
2.7		外供方评价	编制外供方调查方案、下发问卷、办结
2.8		通知公告	添加、删除通知公告
2.9		知识管理	审核、发布
2.10		培训管理	编制培训需求、编制培训计划、录入培训记录
2.11		模板管理	添加、删除模板
2.12		相关下载	查询、下载
2.13		基础配置	添加、删除业务过程
三	最高管理者		
3.1		所有模块	查询
四	管理者代表		
4.1		体系文件管理	审核体系文件
4.2		管理评审	审批管理评审计划、审批管理评审报告
4.3		风险管理	审批风险应对计划
4.4		满意度评价	审批满意度调查方案
4.5		外供方评价	审批外供方调查方案
4.6		培训管理	审批培训需求
五	内审员		
5.1		内审管理	制定内审计划、录入审核日程、审核小组日程、录入核查记录、小组组长审核、小组审核发现、上传审核报告、审核并录入跟踪结论、小组组长审核、小组审核发现
六	体系负责人		
6.1		体系文件管理	初审体系文件
七	部门质量员		
7.1		体系文件管理	编制体系文件、修订体系文件
7.2		内审管理	添加不符合项和改进与建议项整改措施
7.3		管理评审	上传评审材料、问题整改、跟踪验证
八	所有用户		
8.1		个人中心	委托管理
8.2		知识管理	上传知识
8.3		体系文件管理	提交体系文件反馈

气象观测质量管理体系信息系统中各个角色的使用说明详见附录B。

第7章　计划管理子系统

7.1　体系文件管理

7.1.1　管理流程

“质量员”角色用户接收到体系文件编制或修订任务“待办”后编制体系文件。体系文件的审批分为线上和线下两种方式。体系文件线上审批流程为“体系负责人”角色用户初审体系文件，“管理者代表”角色用户审批体系文件。体系文件线下审批时，“质量员”角色用户提交线下审批信息。体系文件审批通过后，“质量管理员”发布体系文件。业务流程如图7-1-1所示。

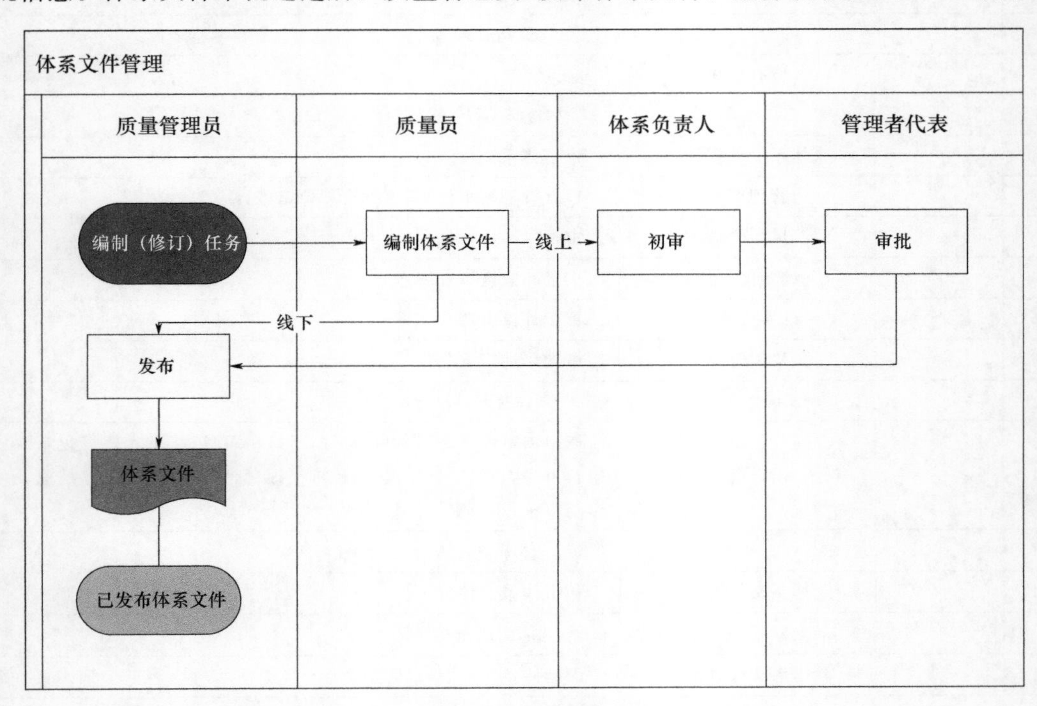

图7-1-1　体系文件管理流程

7.1.2　编制体系文件

“质量员”角色用户通过首页“待办”页接收的体系文件编制(修订)任务，如图7-1-2所示。单击“待办”列表中的事项，系统打开“编制任务”页，如图7-1-3、图7-1-4所示。

【新建】/【修订】：系统打开新增(修订)“体系文件”页。

【关闭】：关闭该页。

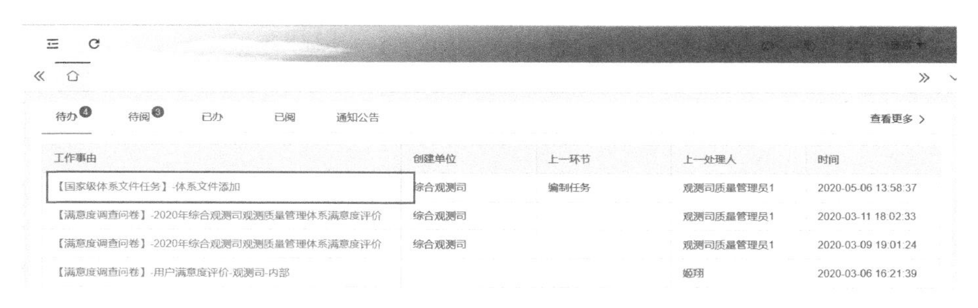

图 7-1-2　首页—待办—编制体系文件

图 7-1-3　体系文件管理—编制任务—新建

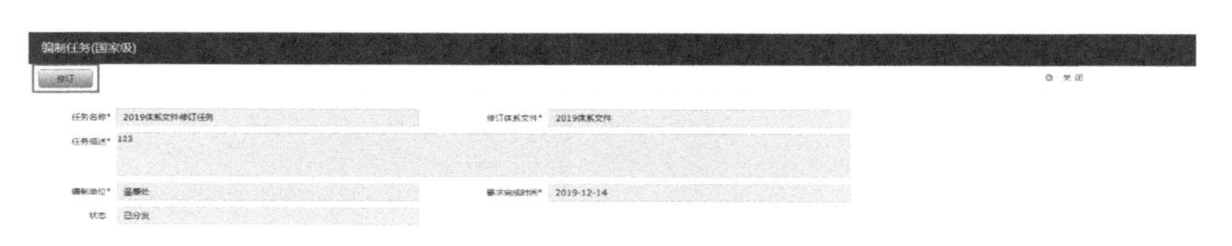

图 7-1-4　体系文件管理—编制任务—修订

点击“新建”或“修订”按钮，系统打开“体系文件”页，如图 7-1-5、图 7-1-6 所示。

图 7-1-5　体系文件管理—体系文件—新建

【保存待发】：保存填写的信息。

信息填写完成后，点击“保存待发”按钮保存信息，如图 7-1-7、图 7-1-8 所示。

【关闭】：关闭该页。

【办理菜单】：点击该菜单，选择以下菜单项：

● 【发送】：发送到流程下一环节。

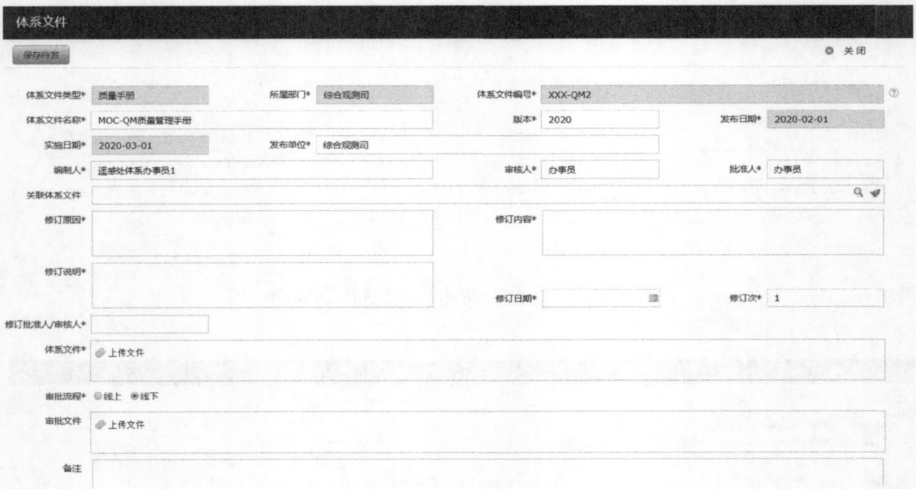

图 7-1-6　体系文件管理—体系文件—修订

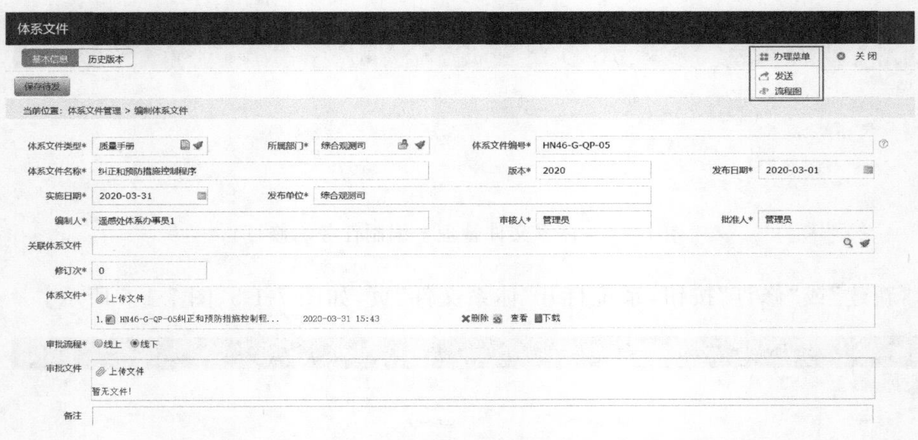

图 7-1-7　新建体系文件—基本信息—编制体系文件

●【流程图】:图形化展示当前流程状态。

新建体系文件时,“＊”标识的为必填项,所属部门、发布单位默认为当前用户所属单位,编制人默认为当前用户。

● 体系文件类型:体系文件所属类型。

● 所属部门:选择所属部门。

● 体系文件编号:系统根据体系文件类型等信息预填体系文件编号。“×××”部分需要进行编辑替换。点击“?”图标可查看编号规则。

● 体系文件名称:体系文件名称。

● 版本(版本/修改次):版本号码和修改次。

● 发布日期:体系文件发布日期。

● 实施日期:体系文件实施日期。

● 发布单位和编制人:默认自动填写可修改。

● 审核人:体系文件的审核人。

图 7-1-8　修订体系文件—基本信息—编制体系文件

- 批准人：体系文件的批准人。
- 关联体系文件：与该体系文件关联的其他体系文件。
- 修订次：修订次数，默认从0开始。
- 修订原因：修订原因描述。
- 修订内容：修订的内容描述。
- 修订说明：修订说明描述。
- 体系文件：上传文件电子版。
- 审批流程："线下"为在本系统外执行审批流程；"线上"为在本系统中执行审批流程。
- 审批文件："线下"审批的留痕文件。

编制完成后，点击"办理菜单"，选择"发送"菜单项点击。在系统弹出的对话框中选择下一环节及接收人，点击"确定"提交。线上流程接收人为部门的"国家级体系负责人"角色用户，如图7-1-9所示。

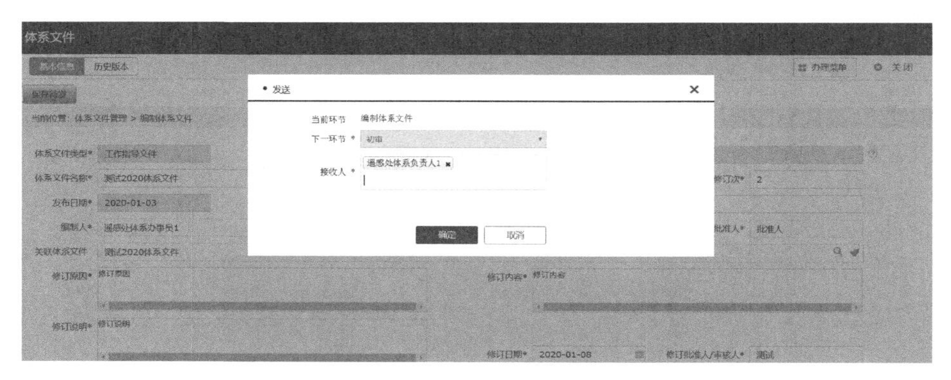

图 7-1-9　新建/修订体系文件管理—编制体系文件—发送

【确定】：发送到流程下一环节。

【取消】:关闭当前对话框。

- 当前环节:流程的当前环节。
- 下一环节:下一步送交的环节。
- 接收人:下一环节的处理人。

保存后系统显示“历史版本”页。点击“历史版本”可查看体系文件的历史版本信息,如图 7-1-10 所示。

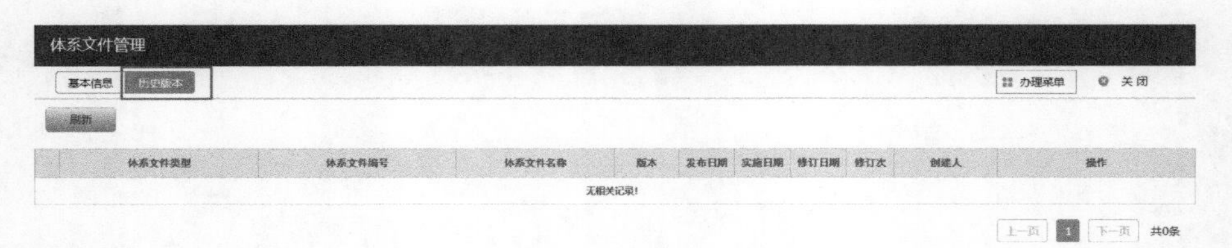

图 7-1-10 体系文件管理—历史版本

当体系文件的“流程状态”为“已发布”时,可对该体系文件进行修订。选择菜单栏“计划(P)”的“体系文件管理”菜单项,在体系文件列表中选择体系文件的“修订”按钮进行修订,如图 7-1-11 所示。

刷新 添加体系文件 发布体系文件 查看作废文件 作废

	体系文件类型	体系文件编号	体系文件名称	版本	发布日期	实施日期	修订日期	修订次	创建人	流程状态	操作
1	质量手册	SD37-QM	质量管理手册	2018	2018-04-25	2018-05-01		0	山东省质量管理员1	已发布	详情
2	质量手册	SX14-QM	SX14-QM	2020	2020-01-01	2020-02-01		0	山西省质量管理员1	已发布	详情
3	质量手册	XXX-QM2	MOC-QM质量管理手册	2020	2020-02-01	2020-03-01	2020-03-03	1	观测司质量管理员1	发布	详情
4	质量手册	XXX-QM2	MOC-QM质量管理手册	2020	2020-02-01	2020-03-01		0	遥感处体系办事员1	已发布	详情 反馈 修订
5	记录表单	MOC12-XXX-XXX-QF-99...	测试0302	2020	2020-03-02	2020-03-02		0	探测中心质量管理员1	已发布	详情
6	质量手册	XXX-QM-1	测试1	2020	2020-02-28	2020-02-29		0	观测司质量管理员1	编制体系文件	详情
7	工作指导文件	HN46-Y-QI-12	观测设备维护县(市)级作业指导书	2020	2020-02-01	2020-02-04	2020-02-28	1	合肥体系办事员1	已发布	详情
8	工作指导文件	AH34-121	HN46-Y-QI-11观测设备维护省级作...	2020	2019-12-01	2020-01-01		0	安徽省质量管理员1	已发布	详情

图 7-1-11 体系文件管理—体系文件修订

【修订】:系统打开“体系文件”页。修订体系文件和新增体系文件操作一致。

7.1.3 初审体系文件

在编制人员提交了体系文件的申请后,对应环节的处理人员“国家级体系负责人”需要对提交的内容进行审核。通过首页“待办”页查看需要处理的事项,如图 7-1-12 所示。

待办5 待阅3 已办 已阅 通知公告 查看更多 >

工作事由	创建单位	上一环节	上一处理人	时间
【国家级体系文件】-质量手册test	运行管理处	编制体系文件	庞晶	2020-05-06 14:23...
【国家级体系文件任务】-体系文件添加	综合观测司	编制任务	观测司质量管理员1	2020-05-06 13:58...
【满意度调查问卷】-2020年综合观测司观测质量管理体系满...	综合观测司		观测司质量管理员1	2020-03-11 18:02...
【满意度调查问卷】-2020年综合观测司观测质量管理体系满...	综合观测司		观测司质量管理员1	2020-03-09 19:01...

图 7-1-12 首页—待办—初审体系文件

单击“待办”列表中的事项,系统打开新页。在新页中查看该事项的详细信息,如图 7-1-13 所示。

图 7-1-13　体系文件管理—基本信息—初审

【关闭】:关闭该页。

【办理菜单】:点击该菜单,选择以下菜单项:

- 【发送】:发送到流程下一环节;
- 【退回】:退回到流程上一环节;
- 【流程图】:图形化展示当前流程状态。

【历史版本】:体系文件的历史版本信息。

需要对当前申请进行审核时,选择“办理菜单”的“发送”菜单项,在打开的对话框中填写审核意见,点击“确定”提交。若当前环节不需要填写审核意见,审核意见框则不显示,如图 7-1-14 所示。

图 7-1-14　体系文件管理—初审—发送

退回当前申请,在“办理菜单”中选择“退回”菜单项。在“退回”对话框中,点击“确定”提交,如图 7-1-15 所示。

【确定】:发送到流程下一环节。

【取消】:关闭当前对话框。

- 当前环节:流程的当前环节。
- 下一环节:流程下一步送交的环节。
- 接收人:下一环节的处理人。

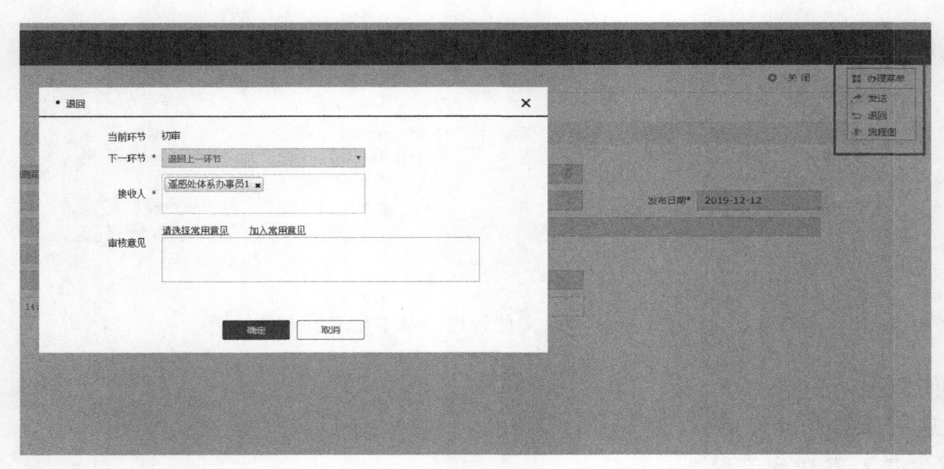

图 7-1-15　体系文件管理—初审—退回

7.1.4　审核体系文件

在体系文件经过初审后，对应环节的处理人员“国家级管理者代表”需要对提交的内容进行审核。通过首页“待办”页查看需要处理的事项，如图 7-1-16 所示。

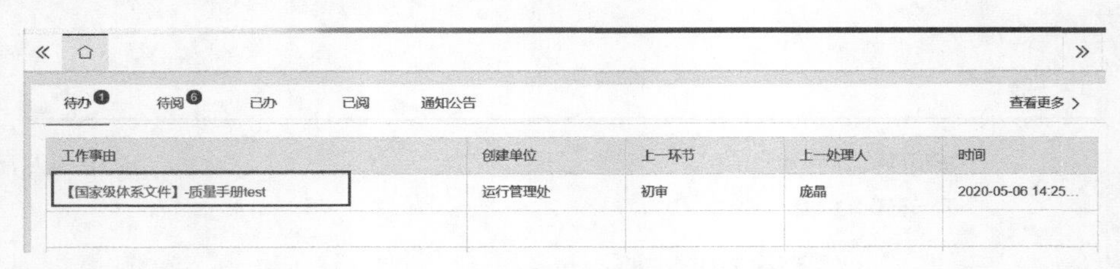

图 7-1-16　首页—待办—审核体系文件

单击“待办”列表中的事项，系统打开新页。在新页中查看该事项的详细信息，如图 7-1-17 所示。

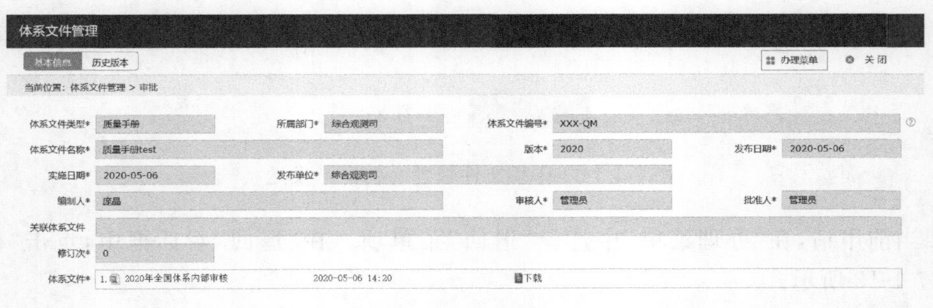

图 7-1-17　体系文件管理—基本信息—审批

【关闭】：关闭该页。

【办理菜单】：点击该菜单，选择以下菜单项：

- 【发送】：发送到流程下一环节；
- 【退回】：退回到流程上一环节；

● 【流程图】:图形化展示当前流程状态。

【历史版本】:体系文件的历史版本信息。

需要对当前申请进行审核时,选择“办理菜单”,点击“发送”菜单项。在打开的对话框中填写审核意见,点击“确定”提交。若当前环节不需要填写审核意见,审核意见框则不显示,如图 7-1-18 所示。

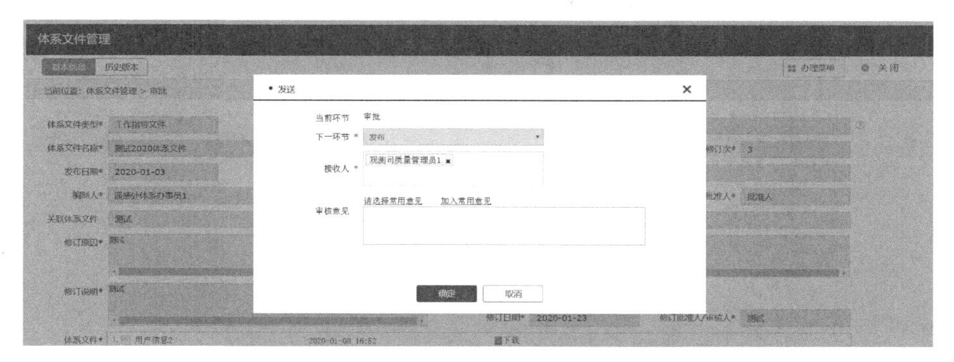

图 7-1-18　体系文件管理—审批—发送

退回当前申请,在“办理菜单”中选择“退回”菜单项。在“退回”对话框中,点击“确定”提交,如图 7-1-19 所示。

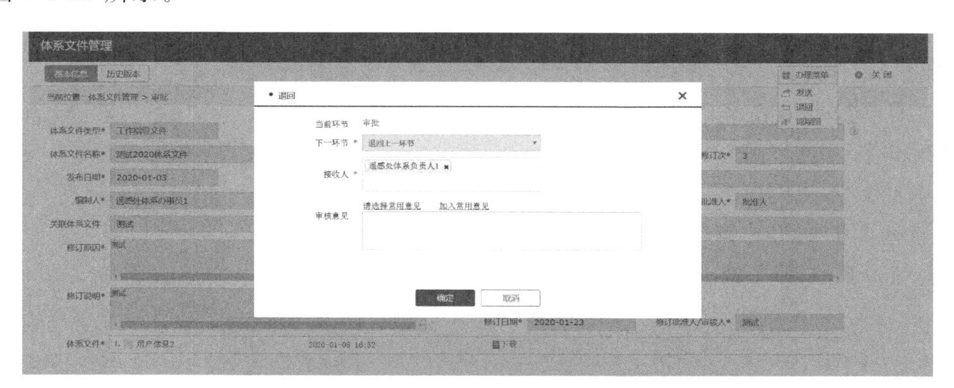

图 7-1-19　体系文件管理—审批—退回

【确定】:发送到流程下一环节。

【取消】:关闭当前对话框。

● 当前环节:流程的当前环节。

● 下一环节:流程下一步送交的环节。

● 接收人:下一环节的处理人。

7.1.5　发布体系文件

在体系文件经过审核后,对应环节的处理人员“国家级质量管理员”需要对提交的内容进行发布,需要发布时,通过首页“待办”页查看需要处理的事项,如图 7-1-20 所示。

单击“待办”列表中的事项,系统打开新页。在新页中查看该事项的详细信息,如图 7-1-21 所示。

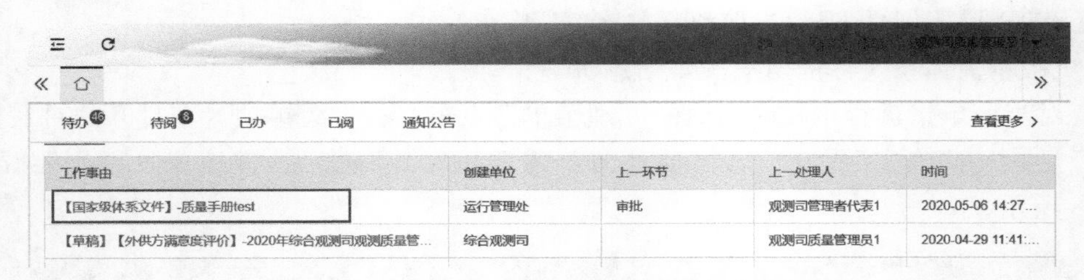

图 7-1-20　首页—待办—发布体系文件

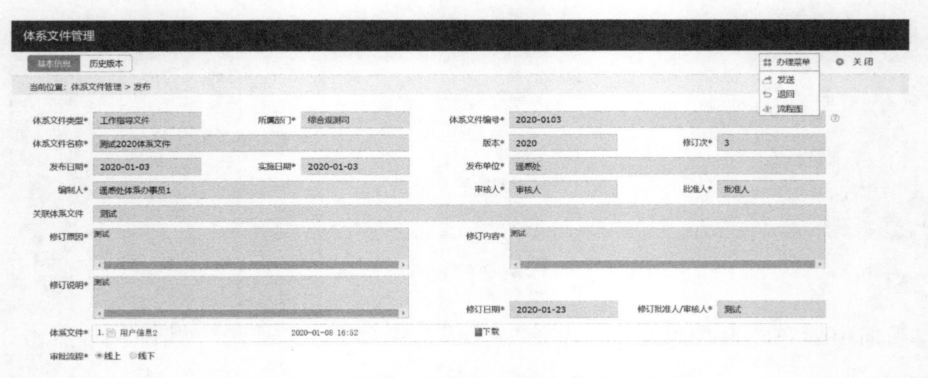

图 7-1-21　体系文件管理—基本信息—发布

【关闭】：关闭该页。

【办理菜单】：点击该菜单，选择以下菜单项：

● 【发送】：发送到流程下一环节；

● 【退回】：退回到流程上一环节；

● 【流程图】：图形化展示当前流程状态。

【历史版本】：体系文件的历史版本信息。

需要对当前体系文件进行发布时，选择“办理菜单”的“发送”菜单项，如图 7-1-22 所示。

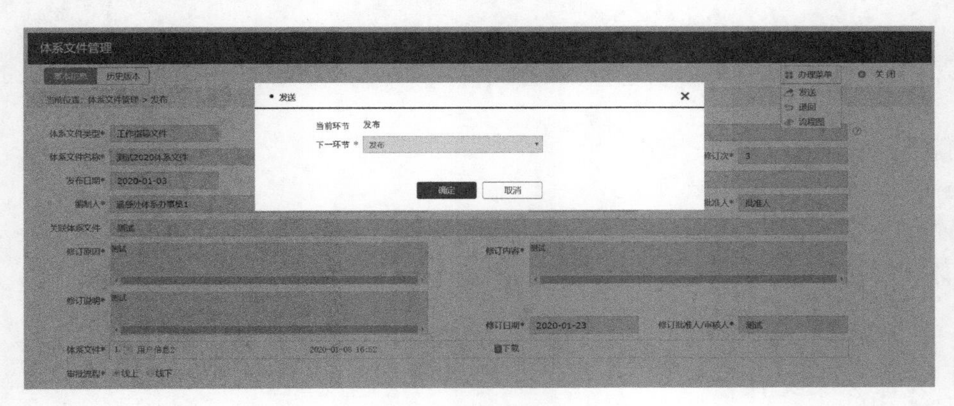

图 7-1-22　体系文件管理—发布—发送

【确定】：发送到流程下一环节。

【取消】：关闭当前对话框。

● 当前环节：流程的当前环节。

● 下一环节：下拉框可选择流程结束。

7.1.6　查看编辑体系文件

需要查看发布的体系文件时，选择菜单栏“计划(P)”的“体系文件管理”菜单项，如图 7-1-23 所示。

图 7-1-23　体系文件管理—查看

7.1.6.1　查询体系文件

【查询条件】：根据输入条件进行组合条件查询。没有信息的空白字段，不作为条件。

● 体系文件类型：选择体系文件类型(质量手册/程序文件/工作指导文件/记录表单)。

● 体系文件编号：体系文件编号关键字。系统查询包含该信息的所有体系文件。

● 体系文件名称：体系文件名称关键字。

● 版本：版本关键字。

● 发布日期：发布日期时间范围。

● 实施日期：实施日期时间范围

● 修订日期：修订日期时间范围

● 修订次：修订次关键字。

● 所属机构：选择体系文件发布单位/部门。

【查询】：点击该按钮，系统按条件进行查询并分页显示结果。

【反馈】：反馈体系文件信息，查看体系文件反馈功能。

7.1.6.2　查看体系文件

在列表中双击体系文件，系统打开“体系文件管理”页显示详细信息。系统根据当前用户权限及流程流转状态显示可访问的功能按钮及“办理菜单”的菜单项。选择“办理菜单”的“流程图”菜单项可查看流程的流转信息，如图 7-1-24 所示。

选择“办理菜单”的“流程图”菜单项查看流程流转信息，查看流程图的各个节点的办理信息，点击每个节点下面列表进行展示信息，如图 7-1-25 所示。

点击“历史版本”页，查看体系文件的历史版本。双击列表中体系文件查看体系文件详细信息，如图 7-1-26 所示。

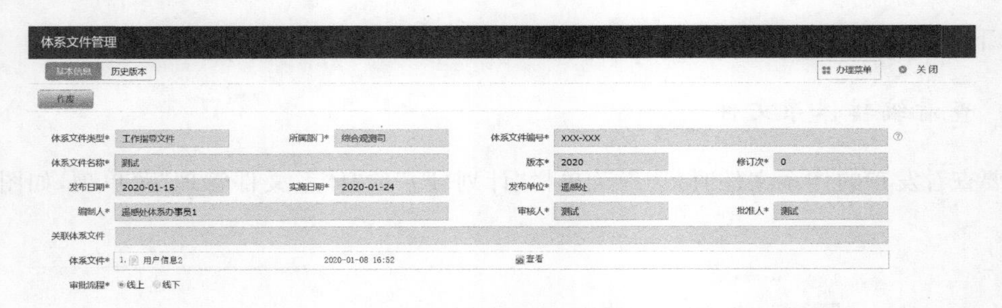

图 7-1-24　体系文件管理—基本信息

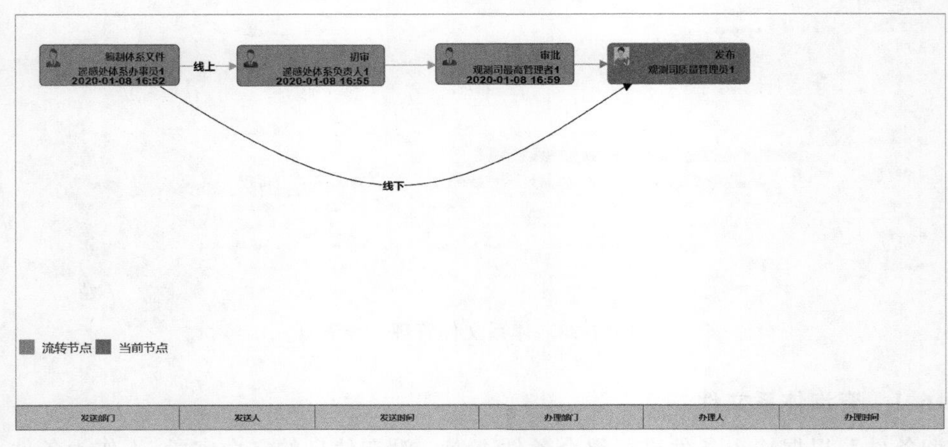

图 7-1-25　体系文件管理流程图

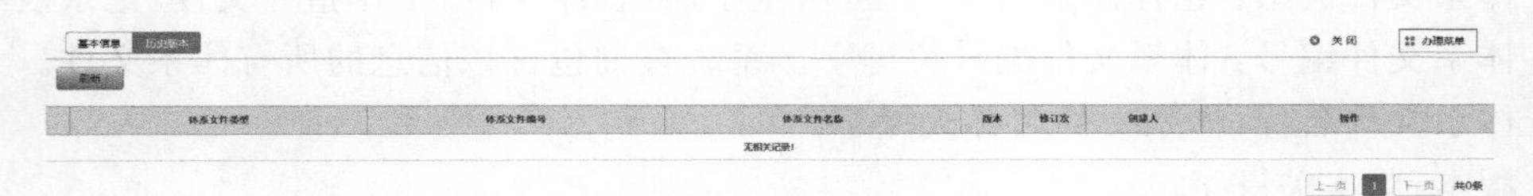

图 7-1-26　体系文件管理—历史版本

7.1.6.3　作废体系文件

在列表页选中要作废的体系文件，点击“作废”按钮，弹出提示框“您是否要作废当前选择的体系文件”，点击“是”确定，如图 7-1-27 所示。

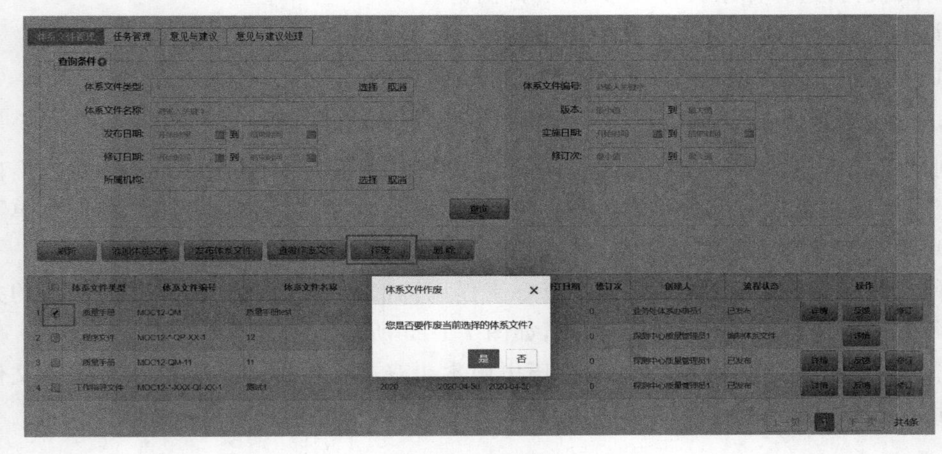

图 7-1-27　体系文件管理—作废

体系文件作废成功后，可点“查看作废文件”按钮，打开“体系文件作废”管理列表，如图 7-1-28 所示。

图 7-1-28　体系文件作废—查看

在列表中双击体系文件，系统打开“体系文件管理”页显示体系文件作废详细信息。

选中列表中的体系文件，点击“作废恢复”按钮，该作废的体系文件又恢复到体系文件中，如图 7-1-29 所示。

图 7-1-29　体系文件作废—作废恢复

7.1.7　无审核体系文件

无审核体系文件为不经过审核流程，直接编制并发布的体系文件。选择菜单栏“计划(P)”的“体系文件管理”，在“体系文件管理”页点击“体系文件管理”，点击“发布体系文件”按钮，如图 7-1-30 所示。

新建体系文件时，“＊”标识的为必填项。创建单位默认为当前用户所属单位，发起人默认为当前用户，如图 7-1-31 所示。

【保存】：发布填写的信息。

图 7-1-30　体系文件管理—发布体系文件

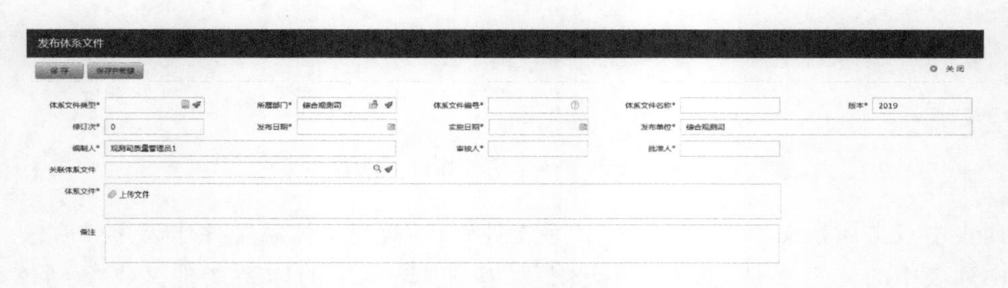

图 7-1-31　体系文件管理—发布体系文件—基本信息

【保存并新建】:发布当前页内容并弹出新的信息填写页。

● 体系文件类型:选择体系文件所属类型。

● 体系文件编号:系统根据体系文件类型等信息预填体系文件编号。“×××”部分需要进行编辑替换。点击“?”图标可查看编号规则。

● 体系文件名称:体系文件名称。

● 版本(版本/修改次):版本号码和修改次。

● 发布日期:体系文件发布日期。

● 实施日期:体系文件实施日期。

● 发布单位和编制人:默认自动填写可修改。

● 审核人:体系文件的审核人。

● 批准人:体系文件的批准人。

● 关联体系文件:可选择体系文件关联的其他体系文件。

● 体系文件:点击“上传文件”按钮,进行上传文件。

● 备注:备注信息

编制完成之后,点击“保存”按钮直接发布体系文件。

7.2　任务管理

7.2.1　编制体系文件任务

“质量管理员”角色用户需要发起体系文件编制(修订)任务时,选择菜单栏“计划(P)”并单击，系统显示当前用户可访问的所有功能菜单。选择菜单“体系文件管理”并单击，在系统弹出“体系文件管理”页点击“任务管理”，如图 7-2-1 所示。

图 7-2-1　体系文件管理—编制任务

【刷新】：更新任务列表。

【添加编制任务】：添加新的编制任务。

【编制修订任务】：添加新的修订任务。

点击“添加编制任务”或“添加修订任务”，如图 7-2-2、图 7-2-3 所示。

图 7-2-2　体系文件管理—编制任务—添加编制任务

图 7-2-3　体系文件管理—修订任务—添加修订任务

【保存】：保存信息草稿。

【发送】：分发任务。

【关闭】：关闭该页。

新建任务时，“ * ”标识的为必填项。

● 任务名称：新建任务名称。默认名可修改。

- 修订体系文件：当任务是修订体系文件时，选择需要修订的体系文件。
- 任务描述：任务的简要描述。
- 编制单位：选择编制体系文件的单位。
- 要求完成时间：本次任务的最后截止时间。
- 状态：任务的状态。新建任务时，状态为未分发。

7.2.2 分发体系文件任务

任务编制完成后，点击“保存”按钮保存信息。点击“发送”按钮，系统将“待办”信息发送至编制单位的“质量员”角色用户。

发送后的任务页，如图 7-2-4 所示。

图 7-2-4 体系文件管理—编制任务（国家级）—结束任务

【结束任务】：结束当前分发任务。

编制单位的“国家级质量员”/“部门质量员”角色用户可通过首页“待办”页，处理体系文件任务，如图 7-2-5 所示。

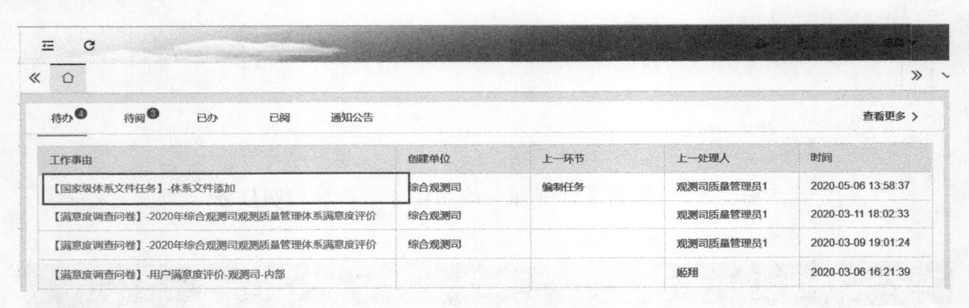

图 7-2-5 首页—待办—分发体系文件任务

7.2.3 查看体系文件任务

选择菜单栏“计划（P）”的“体系文件管理”，“任务管理”列表中为本单位的所有体系文件任务，如图 7-2-6 所示。

【查询条件】：根据输入条件进行组合条件查询。没有信息的空白字段，不作为条件。

- 任务名称：体系文件任务名称。系统查询包含该名称的所有体系任务名称。
- 任务描述：任务描述信息。系统查询包含该信息的所有任务。
- 编制单位：选择编制体系文件任务的单位。
- 要求完成时间：选择体系文件要求完成任务的时间范围。

【查询】：点击该按钮，系统按条件进行查询并分页显示结果。

图 7-2-6　体系文件管理—任务管理列表

7.3 意见与建议

7.3.1 管理流程

系统用户均可就“已发布”体系文件提交反馈建议。系统用户提交反馈建议，其所属单位的“国家级/单位质量管理员”角色用户进行处理，审核反馈建议。系统将反馈处理信息以“待阅”消息发送给反馈提交者。体系文件反馈管理流程如图 7-3-1 所示。

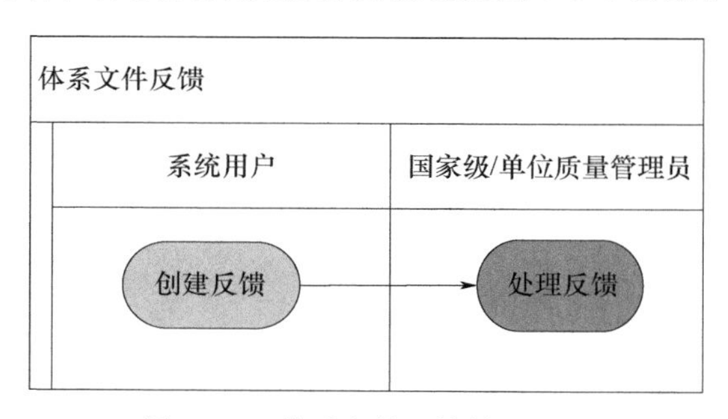

图 7-3-1　体系文件反馈管理流程

7.3.2 提交反馈

系统用户需要对体系文件中的问题进行反馈时，选择菜单栏“计划(P)”的“体系文件管理”菜单项，在“体系文件管理”页的体系文件列表中，点击体系文件的“反馈”按钮，如图 7-3-2 所示。

刷新 添加体系文件 发布体系文件 查看作废文件 作废

		体系文件类型	体系文件编号	体系文件名称	版本	发布日期	实施日期	修订日期	修订次	创建人	流程状态	操作
1		工作指导文件	HB13-XXX	1	2019	2019-12-26	2019-12-31	2019-12-30	1	河北省质量管理员1	已发布	详情 反馈 修订
2		记录表单	HB13-XXX-XXX-QF-DD	测试	2019	2019-12-09	2019-12-27		0	河北省质量管理员1	已发布	详情 反馈 修订
3		程序文件	HB13-XXX-XXX-CQ-CD	测试数据	2019	2019-12-30	2020-01-02		0	河北省质量管理员1	已发布	详情 反馈 修订
4		记录表单	HB13-XXX-XXX-QF-hb	hb	2019	2019-12-26	2019-12-26	2019-12-26	1	河北省质量管理员1	已发布	详情 反馈 修订
5		程序文件	HB13-XXX-XXX-CQ-03	测试体系文件	2019	2019-12-18	2019-12-27	2019-12-23	1	河北省质量管理员1	已发布	详情 反馈 修订
6		程序文件	HB13-XXX-XXX-CQ-02	新增体系文件3	2019	2019-12-18	2019-12-27		0	唐山体系办事员1	已发布	详情 反馈 修订

图 7-3-2 体系文件管理—反馈

或者选择菜单栏“计划(P)”的“意见与建议”菜单项,在“意见与建议”页面点“添加”按钮,如图 7-3-3 所示。

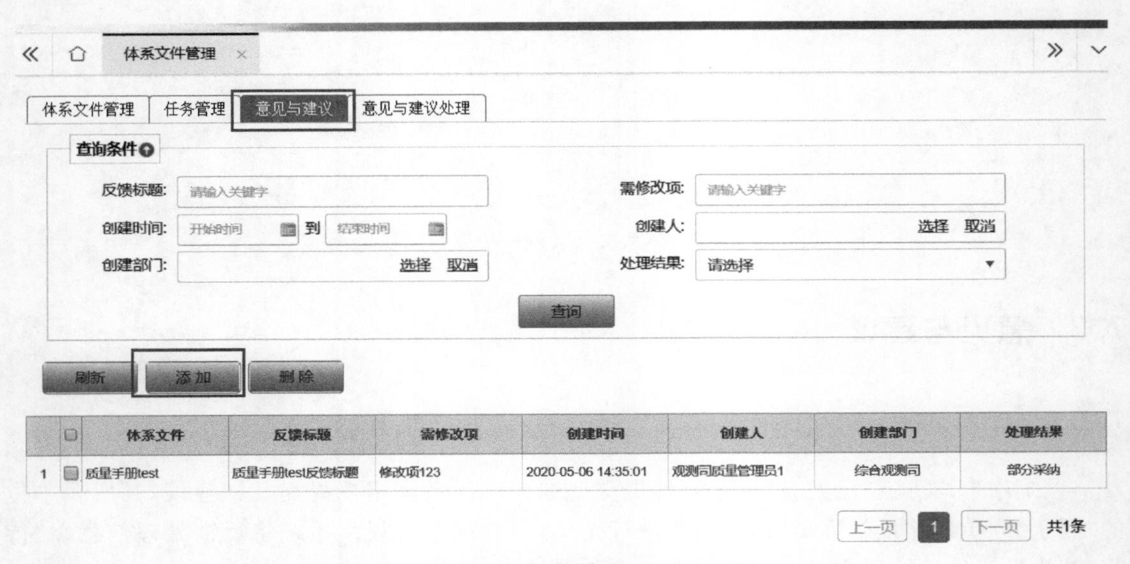

图 7-3-3 体系文件管理—意见与建议

系统打开“体系文件反馈”页,如图 7-3-4 所示。

体系文件反馈

保存待发 关闭

体系文件* 测试 反馈标题*

需修改项*

修改原因*

修改建议

图 7-3-4 体系文件管理—意见与建议—体系文件反馈

【保存待发】:保存体系文件反馈信息。

【关闭】:关闭当前页。

创建体系文件反馈时,“ * ”标识的为必填项。创建单位默认为当前用户所属单位,创建人默认为当前用户。

● 体系文件：要反馈的体系文件。

● 反馈标题：反馈的摘要。

● 需修改项：体系文件所需修改的摘要。

● 修改原因：修改原因描述。

● 修改建议：修改建议描述。

信息填写完成后，点击“保存”按钮保存信息，如图 7-3-5 所示。

图 7-3-5　意见与建议—体系文件反馈—起草

【办理菜单】：点击该菜单，选择以下菜单项：

●【发送】：发送到流程下一环节；

●【流程图】：图形化展示当前流程状态。

选择“办理菜单”的“发送”菜单项，在系统弹出的对话框中选择下一环节及接收人。点击“确定”提交，如图 7-3-6 所示。

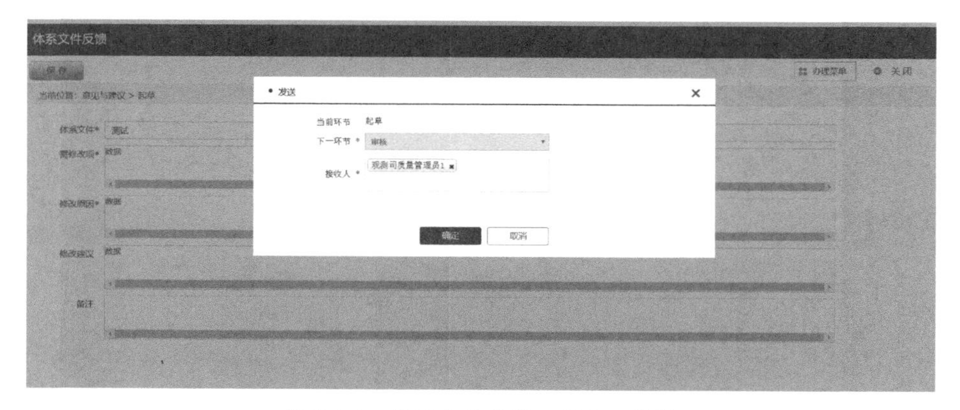

图 7-3-6　体系文件反馈—起草—发送

【确定】：发送到流程下一环节。

【取消】：关闭当前对话框。

● 当前环节：流程的当前环节。

● 下一环节：流程下一步送交的环节。

● 接收人：下一环节的处理人。

已发送的反馈意见，可在“意见与建议”列表中查看(图 7-3-7)。

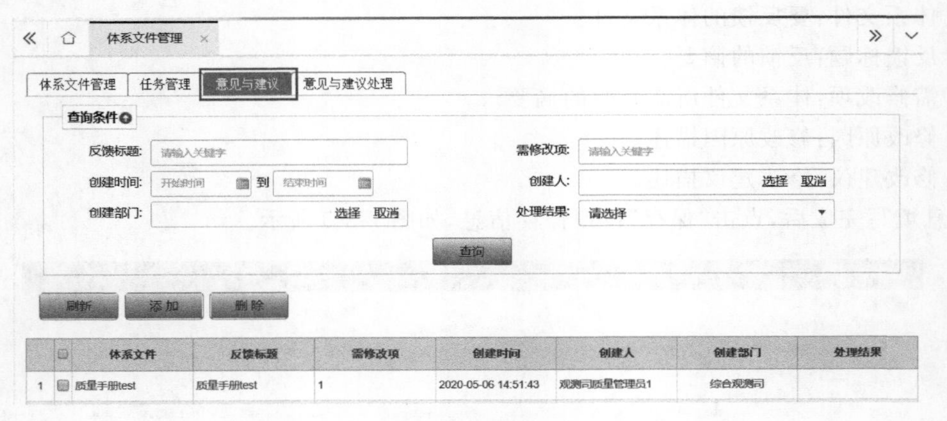

图 7-3-7　体系文件反馈—意见与建议

7.3.3　处理反馈

系统用户提交了体系文件反馈后,“国家级/单位质量管理员”角色用户需要对提交的内容进行审核。通过首页“待办”页查看需要处理的事项,如图 7-3-8 所示。

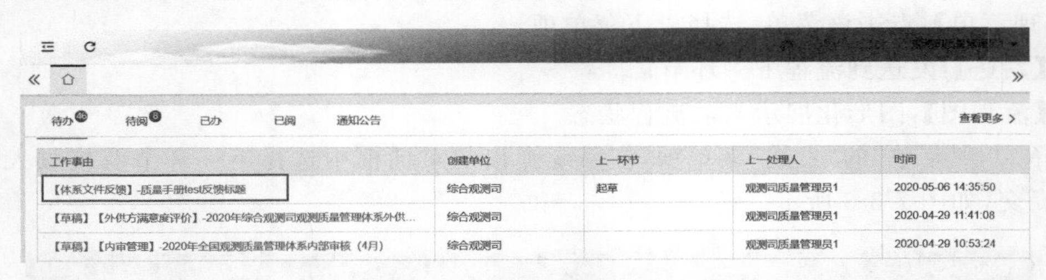

图 7-3-8　首页—待办—处理反馈

单击“待办”列表中的事项,系统在新页中显示该事项的详细内容。在“意见与建议”页中填写处理结果和处理意见,如图 7-3-9 所示。

图 7-3-9　意见与建议—体系文件反馈—审核

【保存待发】:保存信息草稿。

【关闭】:关闭该页。

【办理菜单】:点击该菜单,选择以下菜单项:

● 【发送】:发送到流程下一环节;

● 【退回】:退回到流程上一环节。

● 【流程图】:图形化展示当前流程状态。

质量管理员可对反馈内容进行处理,“ * ”标识的为必填项,创建单位默认为当前用户所属单位,发起人默认为当前用户。

● 处理结果:处理结果分为采纳、部分采纳、未采纳、暂缓。

● 处理意见:针对反馈内容的处理意见摘要。

填写后选择“办理菜单”,点击“发送”菜单项。在系统弹出的对话框中点击“确定”提交,如图 7-3-10 所示。

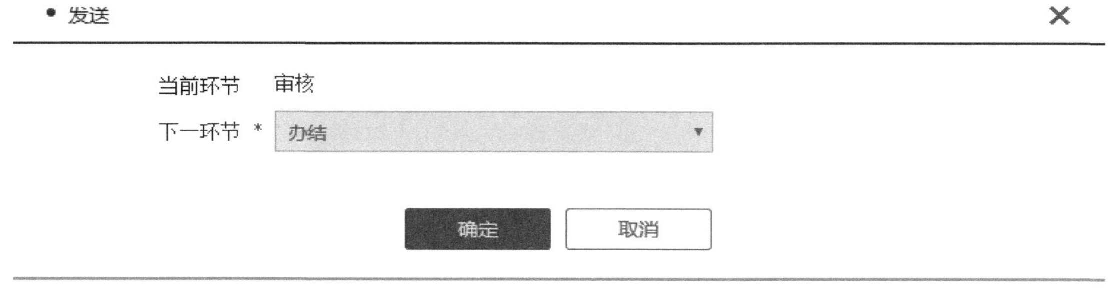

图 7-3-10　体系文件反馈—审核—发送

【确定】:发送到流程下一环节。

【取消】:关闭当前对话框。

● 当前环节:流程的当前环节。

● 下一环节:流程下一步送交的环节。

发送成功后,系统向“反馈”提交者发送该处理信息的“待阅”,“反馈”提交者可在首页“待阅”中查看,如图 7-3-11 所示。

待办45　待阅9　已办　已阅　通知公告　查看更多 ›

工作事由	创建单位	上一环节	上一处理人	时间
【文件反馈信息】-质量手册test反馈标题	综合观测司	文件反馈发布	观测司质量管理员1	2020-05-06 14:38:27
【审核日程】-2020年全国观测质量管理体系内部审核（4月）			观测司质量管理员1	2020-04-17 15:40:43
【审核日程】-测试内审4月13日			张鹏	2020-04-13 17:46:30
【审核日程】-2019年全国观测质量管理体系内部审核			观测司质量管理员1	2020-04-03 16:39:43

图 7-3-11　首页—待阅—处理反馈

单击“待阅”列表中的事项,系统在新的页面中显示该事项的详细内容。在“意见与建议(阅读)”页中查看处理结果和处理建议等,点办理菜单的“流程图”可查看详细的流转信息。如图 7-3-12 所示。

图 7-3-12 首页—待阅—意见与建议(阅读)

“质量管理员”可在菜单栏“计划(P)”的“意见与建议处理”菜单项列表中查看意见处理结果,如图 7-3-13 所示。

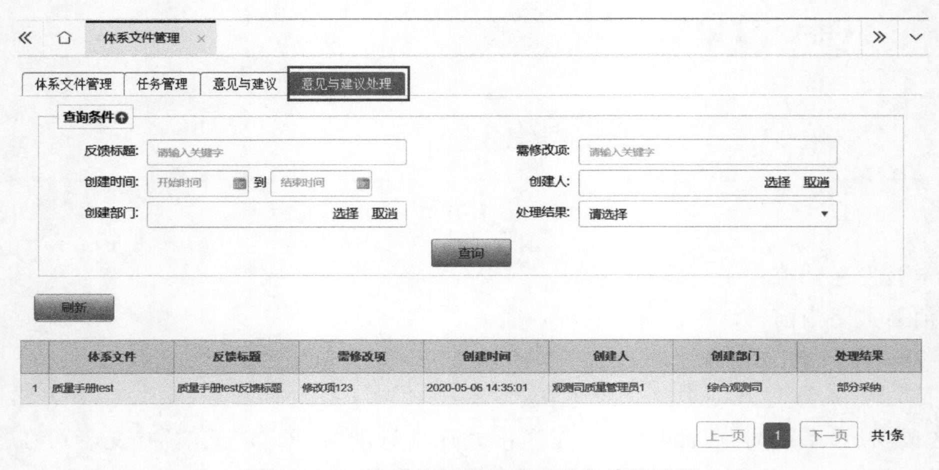

图 7-3-13 体系文件管理—意见与建议处理

第8章 检查管理子系统

8.1 内审管理

8.1.1 管理流程

“单位质量管理员”角色用户编制内审方案，指定审核组长等信息后，发送给内审组长。内审组长制定内审计划，发送日程通知至内审小组组长。内审小组组长录入审核日程，发送给内审组长审核。内审组长审核完毕后，由单位质量管理员发布内审计划给内审小组成员。各内审小组成员录入核查记录，内审小组组长审核核查记录，完成后发送至内审组长。内审组长审核核查记录并上传审核报告。如果没有不符合项则直接由单位质量管理员发布；如存在不符合项，则由受审核部门“部门质量员”角色用户接收后，填写原因分析、整改措施信息等。内审小组成员审核并录入跟踪结论，发送内审小组组长审核，内审组长小组审核发现后录入跟踪结论并由单位质量管理员发布。内审管理业务流程如图8-1-1所示。

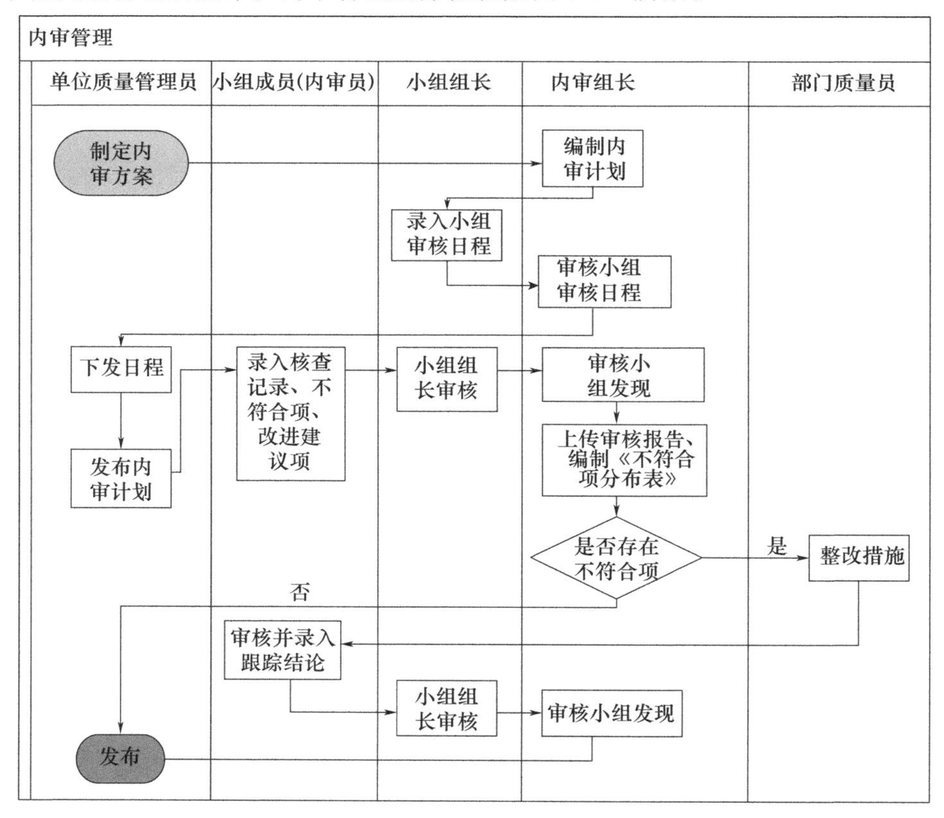

图8-1-1 内审管理业务流程

8.1.2 制定内审方案

“单位质量管理员”需要录入审核方案时，选择菜单栏“检查(C)”的“内审管理”菜单项并单击，如图 8-1-2 所示。

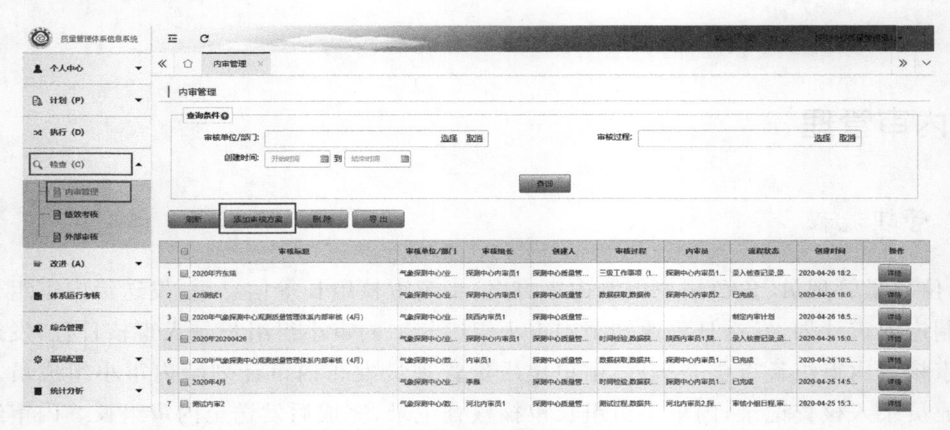

图 8-1-2 内审管理—添加审核方案

【刷新】：更新内审管理列表。

【添加审核方案】：添加新的审核方案。

【删除】：勾选所要删除项后，点击“删除”，可删除所选审核方案。只有“流程状态”为“制定内审方案”才允许删除操作。

【导出】：以 Excel 文件形式导出内审管理列表信息。

点击“添加审核方案”按钮，如图 8-1-3 所示。

内审管理
保存待发
关闭
审核方案
审核标题* 2020年气象探测中心观测质量管理体系内部审核（4月）
内审目的* 2019年全国观测质量管理体系建设工作由前期的试点建设阶段转入了全面建设阶段，按照中国气象局总体安排，2019年10月底前将完成前期五家试点单位及第一批10个扩大省级单位的统一认证。探测中心本次内审工作是2019年全国观测质量管理体系内审的重要组成部分（气测函〔2019〕104号）。
审核单位/部门* 数据质量室,业务处,计财处,办公室,党办
审核准则* 本次审核侧重对业务过程的审核，除了进一步检验中心体系的适宜性和有效性外，更多站在全国大体系的角度，考量国、省两级接口的明确情况，以及两级间业务和管理工作的连贯性；同时，为了使质量管理体系更好与中心现有业务和管理工作相融合，本次审核会同中心安全检查和业务检查工作一并进行。
审核组长* 内审员1
审核方式
审核方案 上传文件

图 8-1-3 内审管理—制定审核方案

【保存待发】：保存审核方案信息。

【关闭】：关闭该页。

新建审核方案时，“＊”标识的为必填项。

● 审核标题：新建审核方案的名称。

● 内审目的：内审目的的简要描述。

● 审核单位/部门：本次内审审核的部门。

● 审核准则：审核准则的简要描述。
● 审核组长：内审组长，从本单位内审员和国家级内审员中选择。
● 审核方式：审核方式的简要描述。
● 审核方案：上传相关附件。

信息填写完成后，点击“保存待发”按钮保存信息，如图 8-1-4 所示。

图 8-1-4　内审管理—制定审核方案—办理菜单

【保存待发】：保存审核方案的信息。

【关闭】：关闭当前页。

【办理菜单】：点击该菜单，选择以下菜单项：

●【发送】：发送到流程下一环节，系统将审核方案发送给审核组长，可在首页“待阅”中查看；

●【流程图】：图形化展示当前流程状态。

选择“办理菜单”的“流程图”菜单项，系统打开流程流转状态页，如图 8-1-5 所示。

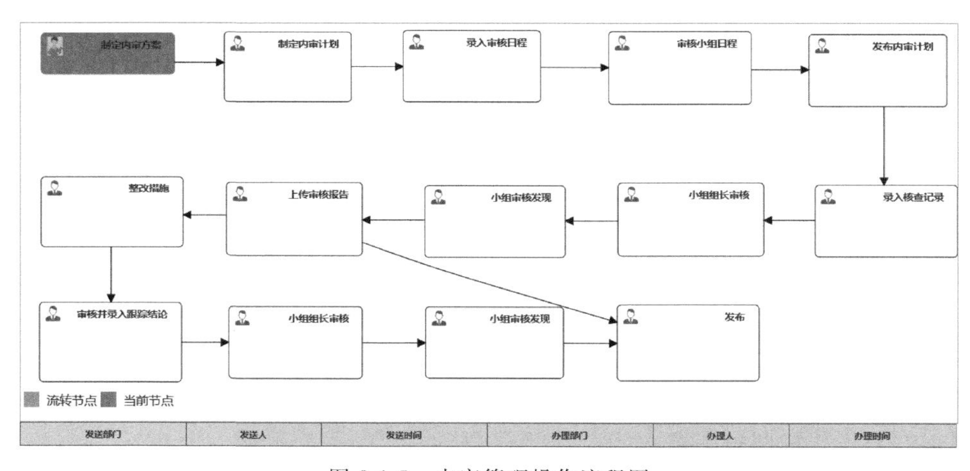

图 8-1-5　内审管理操作流程图

8.1.3 制定内审计划

审核组长通过首页"待办"页或者菜单栏"检查"下的"内审管理"列表查看需处理的事项，如图 8-1-6 所示。

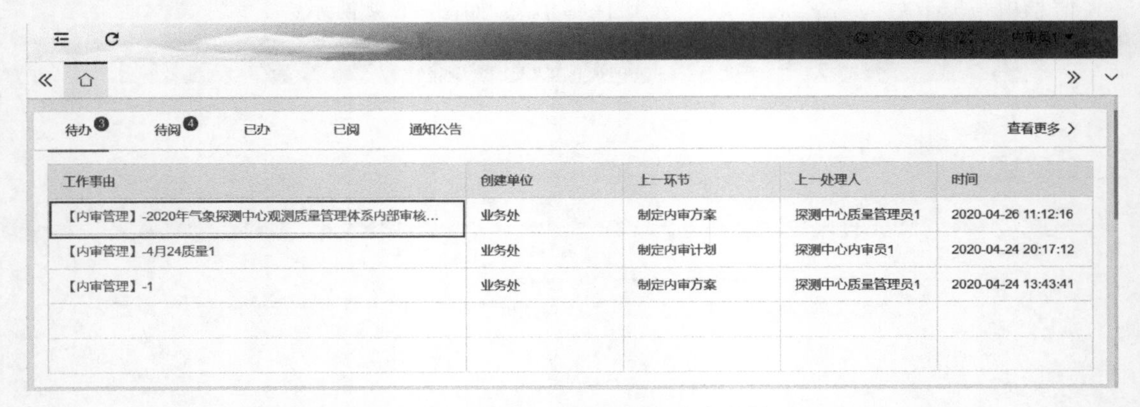

图 8-1-6 首页—待办—制定内审计划

单击"待办"列表中的事项，系统打开新页。打开"内审管理"页，如图 8-1-7 所示。

图 8-1-7 内审管理—制定内审计划

【保存待发】：添加更改内容后保存。

【导出内审计划】：导出内审计划文档。

【关闭】：关闭该页。

【办理菜单】：点击该菜单，选择以下菜单项：

● 【发送】：发送到流程下一环节；

● 【退回】：流程退回给编制人；

● 【流程图】：图形化展示当前流程状态。

在审核方案中，选择审核过程和内审员后，点"保存待发"，如图 8-1-8 所示。

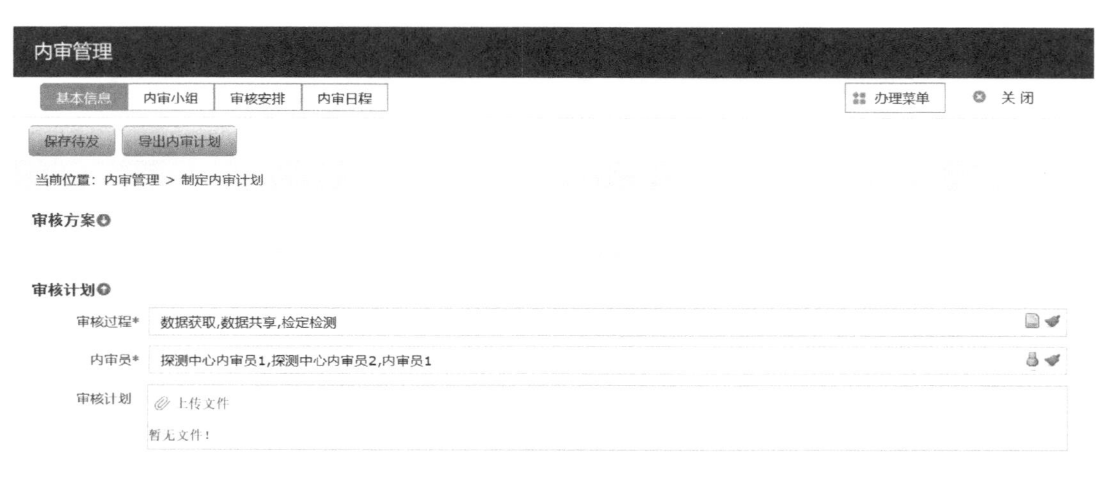

图 8-1-8 内审管理—审核方案—添加

保存待发后,在"内审管理"页点击"内审小组",如图 8-1-9 所示。

图 8-1-9 内审管理—内审小组

点击"添加"新建内审小组,如图 8-1-10 所示。

图 8-1-10 内审管理—内审小组—添加

新建内审小组时,"*"标识的为必填项。

- 内审小组名称:小组的名称。
- 内审小组长:内审小组长,从"基本信息"中的"内审员"选择。
- 内审成员:内审成员,从"基本信息"中的"内审员"选择。

信息填写完成后，点击“保存”按钮保存信息，如图 8-1-11 所示。

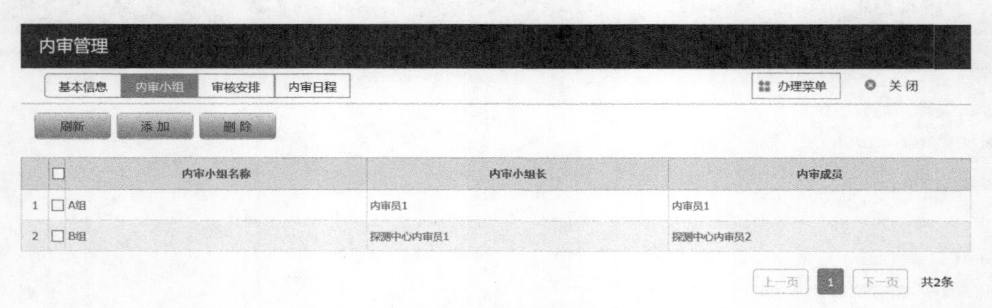

图 8-1-11　内审管理—内审小组

在“内审管理”页点击“审核安排”，如图 8-1-12 所示。

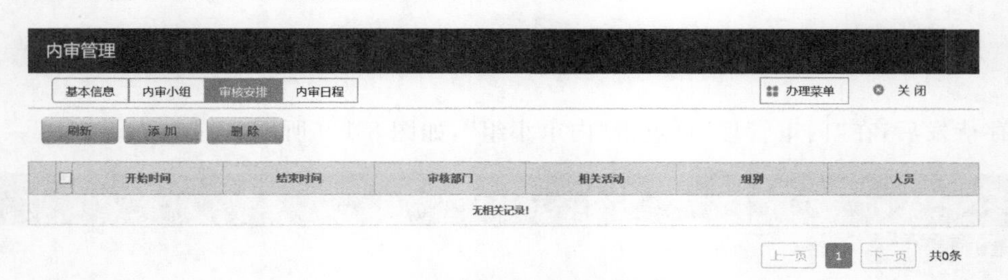

图 8-1-12　内审管理—审核安排

点“添加”新建审核安排，如图 8-1-13 所示。

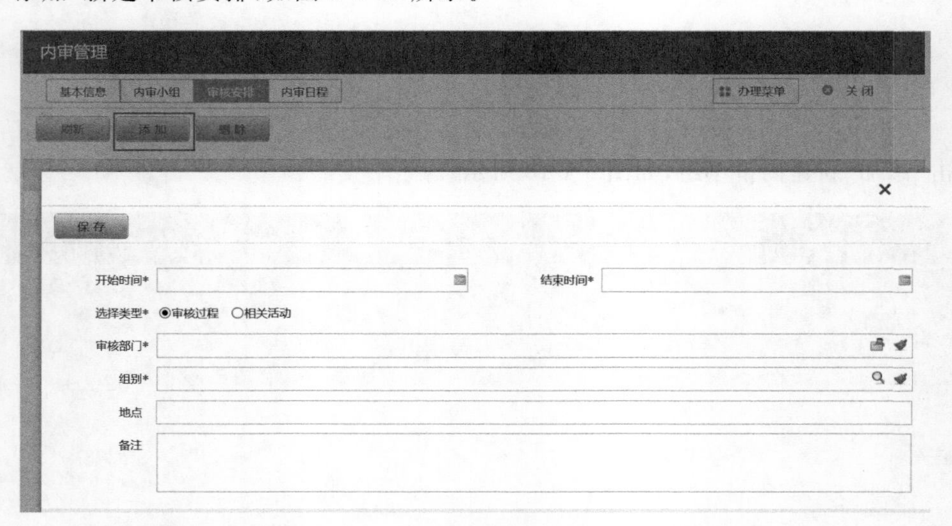

图 8-1-13　内审管理—审核安排—添加

新建审核安排时，“＊”标识的为必填项。

- 开始时间、结束时间：审核安排开始时间和结束时间。
- 选择类型：审核安排的类型。
- 地点：审核地点。
- 备注：相关备注。

“选择类型”为“审核过程”，如图 8-1-14 所示。

图 8-1-14　内审管理—审核安排—添加审核过程

- 审核部门:受审核单位/部门。
- 组别:从“内审小组”中选择内审小组。

“选择类型”为“相关活动”,如图 8-1-15 所示。

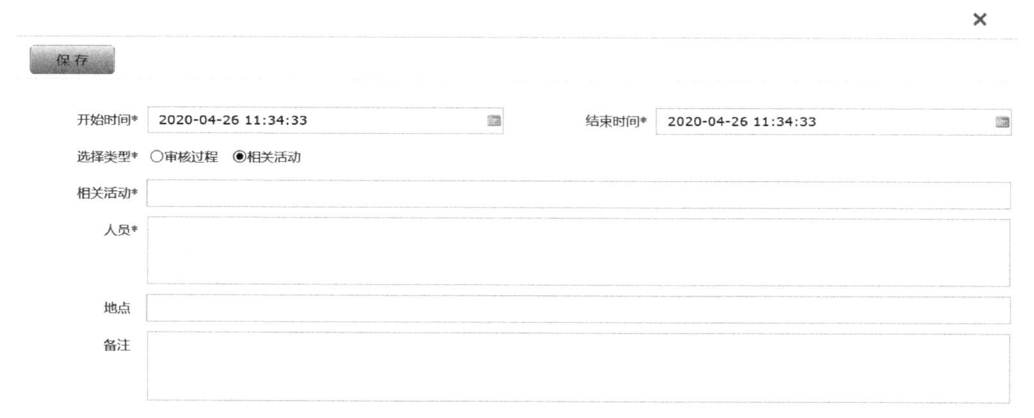

图 8-1-15　内审管理—审核安排—添加相关活动

- 相关活动:内审会议等活动信息。
- 人员:参加活动的人员。

信息填写完成后,点击“保存”按钮保存信息,如图 8-1-16 所示。

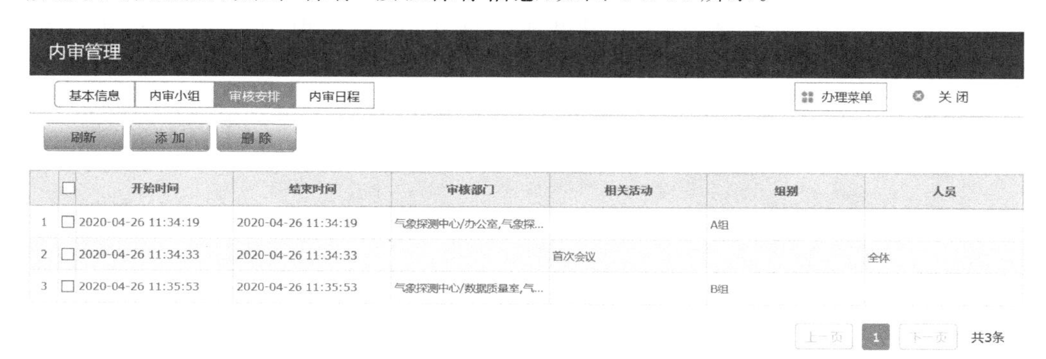

	开始时间	结束时间	审核部门	相关活动	组别	人员
1	2020-04-26 11:34:19	2020-04-26 11:34:19	气象探测中心/办公室,气象探...		A组	
2	2020-04-26 11:34:33	2020-04-26 11:34:33		首次会议		全体
3	2020-04-26 11:35:53	2020-04-26 11:35:53	气象探测中心/数据质量室,气...		B组	

图 8-1-16　内审管理—审核安排—保存

以上填写完成后，点击“办理菜单”下的“发送”菜单项，在系统弹出的对话框中选择下一环节及接收人，点击“确定”提交。处理人为“内审组”的小组组长。如图 8-1-17 所示。

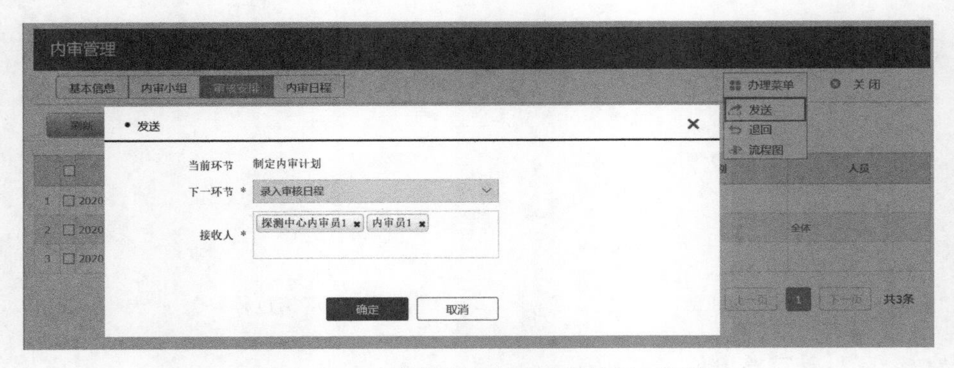

图 8-1-17　内审管理—制定内审计划—发送

【确定】：发送到流程下一环节。
【取消】：关闭当前对话框。
- 当前环节：流程的当前环节。
- 下一环节：流程下一步送交的环节。
- 接收人：下一环节的处理人。

8.1.4　录入审核日程

内审计划制定完成后，内审小组组长录入审核日程。通过首页“待办”页或者菜单栏“检查”下的“内审管理”列表可查看需处理的事项，如图 8-1-18 所示。

待办3　待阅4　已办　已阅　通知公告　查看更多 >

工作事由	创建单位	上一环节	上一处理人	时间
【内审管理】-2020年气象探测中心观测质量管理体系内部审核（...	业务处	制定内审计划	内审员1	2020-04-26 11:40:55
【内审管理】-4月24质量1	业务处	制定内审计划	探测中心内审员1	2020-04-24 20:17:12
【内审管理】-1	业务处	制定内审方案	探测中心质量管理员1	2020-04-24 13:43:41

图 8-1-18　首页—待办—录入审核日程

单击“待办”列表中的事项，系统打开新页。打开“内审管理”页，点击“内审日程”，如图 8-1-19 所示。

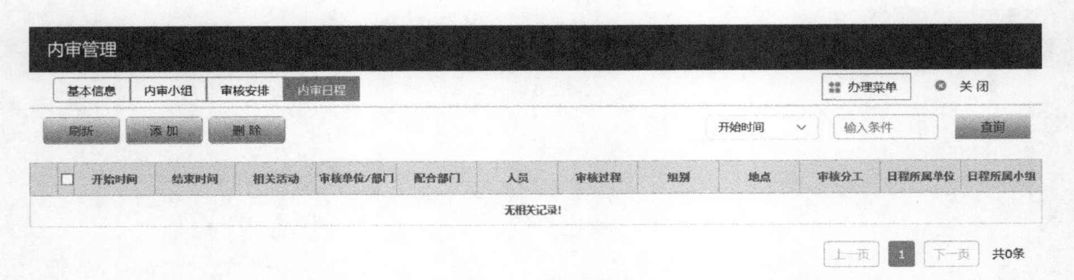

图 8-1-19　内审管理—录入审核日程—内审日程

点“添加”新建内审日程，如图 8-1-20 所示。

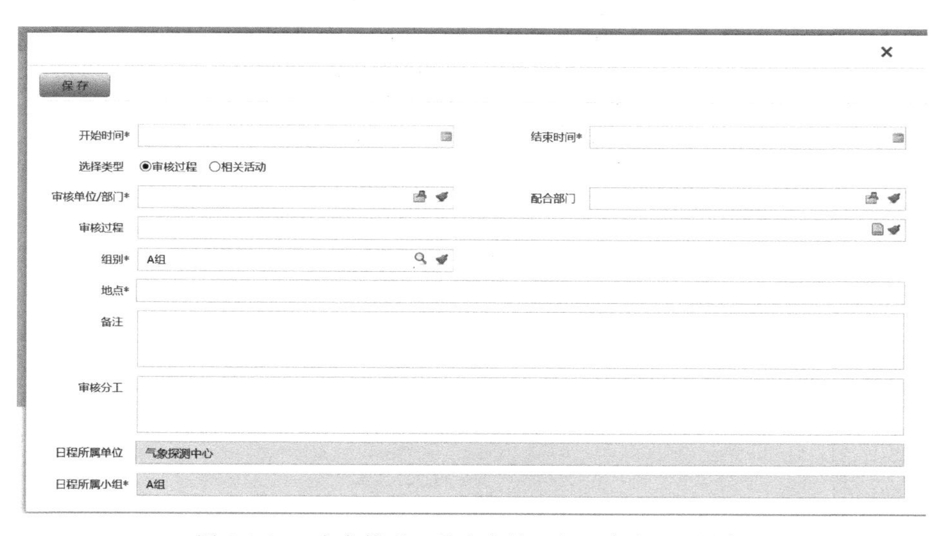

图 8-1-20 内审管理—录入审核日程—内审日程添加

新建内审日程时,“＊”标识的为必填项。

- 开始时间、结束时间:内审日程开始时间和结束时间。
- 选择类型:内审日程的类型。
- 地点:审核地点。
- 备注:相关备注。
- 日程所属单位:编制内审方案的质量管理员的省级单位。
- 日程所属小组:该项日程所属小组。

“选择类型”为“审核过程”,如图 8-1-21 所示。

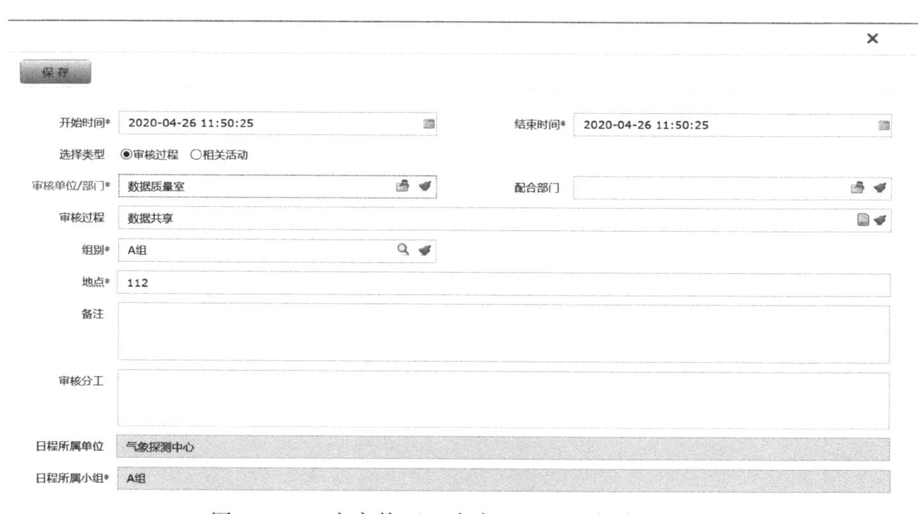

图 8-1-21 内审管理—内审日程—添加审核过程

- 审核单位/部门:受审核单位/部门。
- 审核过程:选择审核过程,可多选。
- 组别:从“内审小组”中选择内审小组。

“选择类型”为“相关活动”,如图 8-1-22 所示。

保存

开始时间* 2020-04-26 11:50:25　结束时间* 2020-04-26 11:50:25

选择类型 ○审核过程 ◉相关活动

相关活动* 审核组内部会议

人员* 全体

地点* 112

备注

日程所属单位 气象探测中心

日程所属小组* A组

图 8-1-22　内审管理—内审日程—添加相关活动

- 相关活动:内审会议等活动信息。
- 人员:参加活动的人员。

信息填写完成后,点击“保存”按钮保存信息,如图 8-1-23 所示。

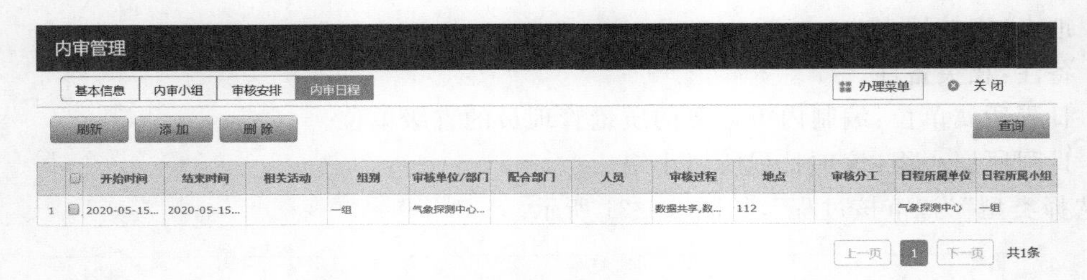

内审管理

基本信息 | 内审小组 | 审核安排 | 内审日程　办理菜单　关闭

刷新　添加　删除　查询

	开始时间	结束时间	相关活动	组别	审核单位/部门	配合部门	人员	审核过程	地点	审核分工	日程所属单位	日程所属小组
1	2020-05-15...	2020-05-15...		一组	气象探测中心...			数据共享,数...	112		气象探测中心	一组

上一页 1 下一页 共1条

图 8-1-23　内审管理—内审日程—保存

各小组组长录入审核日程后,选择“办理菜单”,点击“发送”菜单项。在系统弹出的对话框中选择下一环节及接收人,点击“确定”提交。处理人为审核组长,如图 8-1-24 所示。

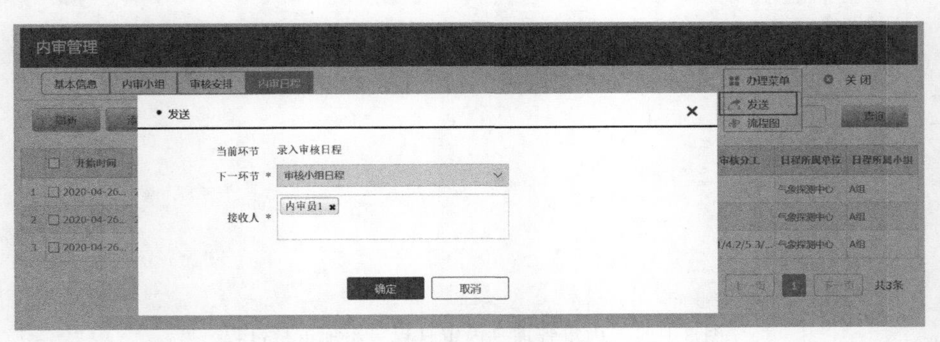

图 8-1-24　内审管理—内审日程—发送

【确定】:发送到流程下一环节。

【取消】:关闭当前对话框。

- 当前环节:流程的当前环节。

● 下一环节:流程下一步送交的环节。
● 接收人:下一环节的处理人。

8.1.5　审核小组日程

内审组长录入审核日程后,由审核组长审核各小组日程。通过首页“待办”页或者菜单栏“检查”下的“内审管理”列表可查看需要处理的事项,如图 8-1-25 所示。

待办 3　待阅 4　已办　已阅　通知公告　查看更多 >

工作事由	创建单位	上一环节	上一处理人	时间
【内审管理】-2020年气象探测中心观测质量管理体系内部审核（4...	业务处	录入审核日程	内审员1	2020-04-26 11:56:30
【内审管理】-4月24质量1	业务处	制定内审计划	探测中心内审员1	2020-04-24 20:17:12
【内审管理】-1	业务处	制定内审方案	探测中心质量管理员1	2020-04-24 13:43:41

图 8-1-25　首页—待办—审核小组日程

单击“待办”列表中的事项,系统打开新页。打开“内审管理”页,审核组长可对审核安排和内审日程进行增删改查等操作,如图 8-1-26 所示。

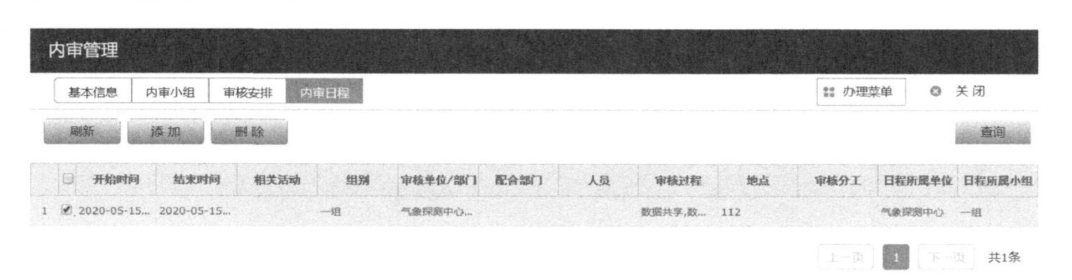

图 8-1-26　内审管理—内审日程

操作修改完成后,审核组长选择“办理菜单”,点击“发送”菜单项。在系统弹出的对话框中选择下一环节及接收人,点击“确定”提交。处理人为编制本内审方案的单位质量管理员,如图 8-1-27 所示。

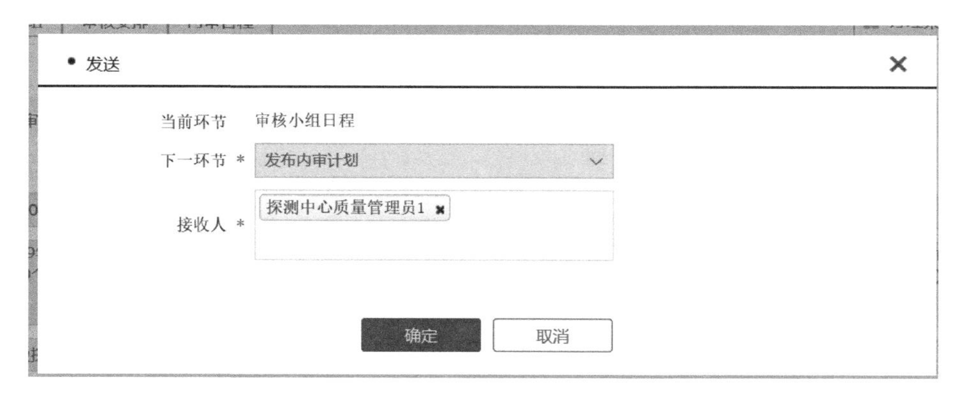

图 8-1-27　内审管理—审核小组日程—发送

【确定】:发送到流程下一环节。
【取消】:关闭当前对话框。

- 当前环节：流程的当前环节。
- 下一环节：流程下一步送交的环节。
- 接收人：下一环节的处理人。

退回当前申请，选择“办理菜单”，点击“退回”菜单项。在打开的对话框中选择要退回的接收人，点击“确定”提交，如图 8-1-28 所示。

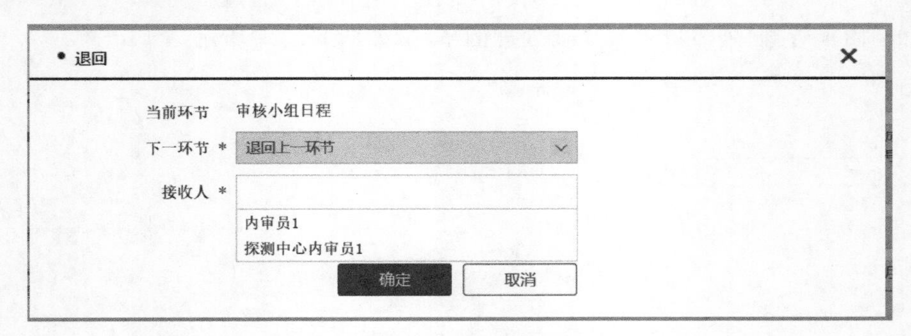

图 8-1-28　内审管理—审核小组日程—退回

8.1.6　发布内审计划

内审组长对所有小组日程审核完成后，单位质量管理员发布内审计划。通过首页“待办”页可查看需要处理的事项，如图 8-1-29 所示。

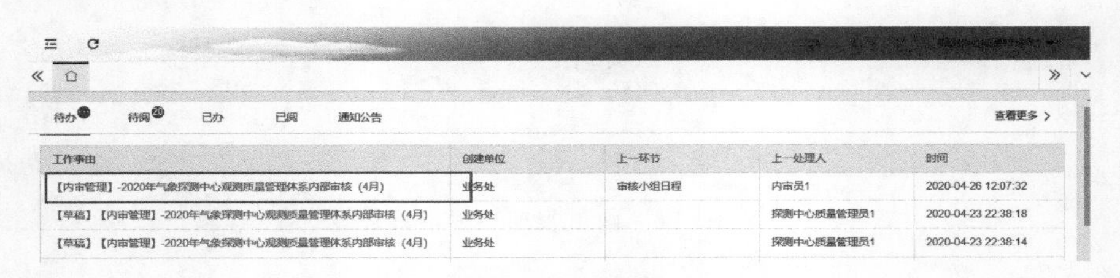

图 8-1-29　首页—待办—发布内审计划

单击“待办”列表中的事项，系统打开新页。在“内审管理”页查看该事项的详细信息，如图 8-1-30 所示。

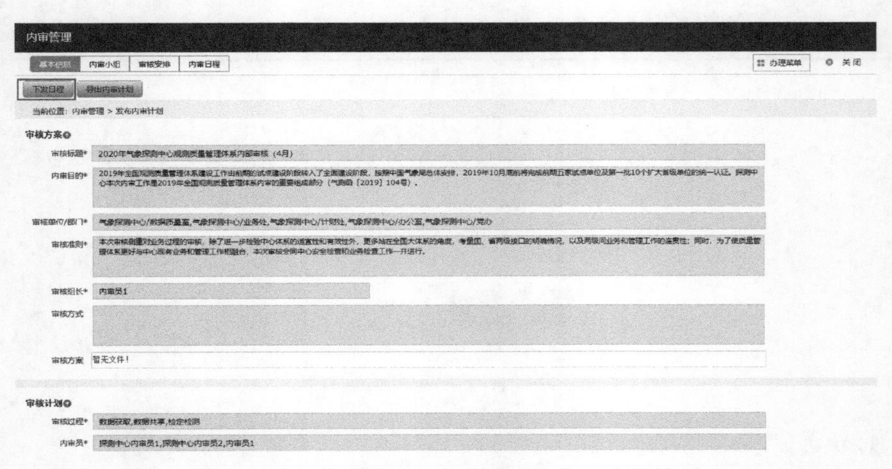

图 8-1-30　内审管理—基本信息—发布内审计划

【下发日程】：系统将审核方案以“待阅”消息发送给审核组长、内审小组成员及审核单位/部门，可在首页“待阅”中查看。

【导出内审计划】：以 Word 文件形式导出内审计划。

【关闭】：关闭当前页。

【办理菜单】：点击该菜单，选择以下菜单项：

● 【发送】：发送到下一环节；

● 【退回】：退回到上一环节；

● 【流程图】：图形化展示当前流程状态。

审核完成后，选择“办理菜单”，点击“发送”菜单项。在系统弹出的对话框中选择下一环节及接收人，点击“确定”提交。处理人为本次内审的内审小组成员，如图 8-1-31 所示。

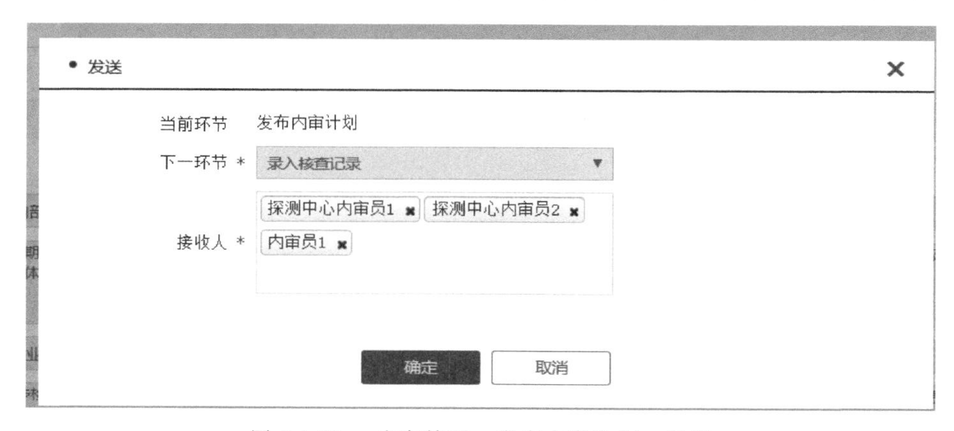

图 8-1-31　内审管理—发布内审计划—发送

【确定】：发送到流程下一环节。

【取消】：关闭当前对话框。

● 当前环节：流程的当前环节。

● 下一环节：流程下一步送交的环节。

● 接收人：下一环节的处理人。

退回当前申请，选择“办理菜单”，点击“退回”菜单项。在打开的对话框中点击“确定”提交，如图 8-1-32 所示。

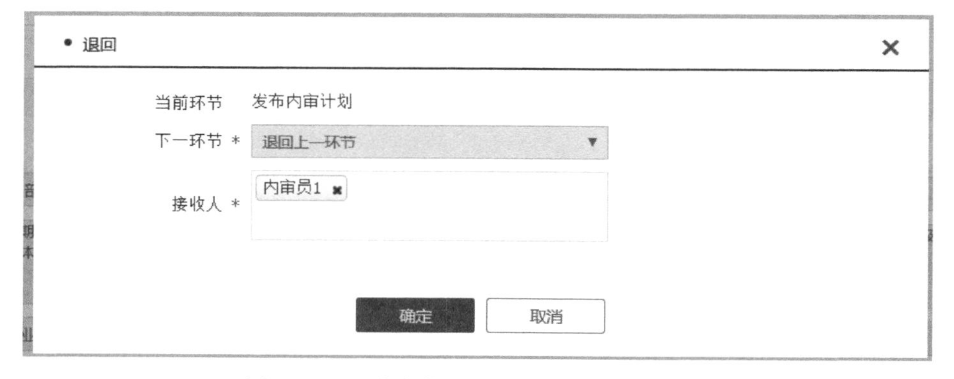

图 8-1-32　内审管理—发布内审计划—退回

8.1.7 录入核查记录

各内审小组成员通过首页的“待阅”查看由单位质量管理员下发的日程信息，如图 8-1-33 所示。

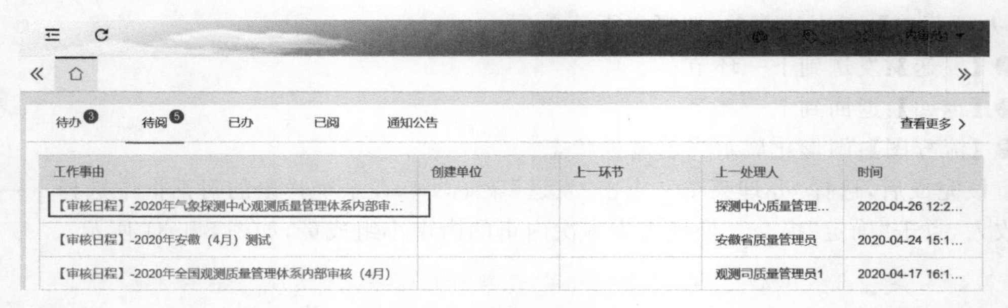

待办 3 | 待阅 5 | 已办 | 已阅 | 通知公告 | 查看更多 >

工作事由	创建单位	上一环节	上一处理人	时间
【审核日程】-2020年气象探测中心观测质量管理体系内部审...			探测中心质量管理...	2020-04-26 12:2...
【审核日程】-2020年安徽（4月）测试			安徽省质量管理员	2020-04-24 15:1...
【审核日程】-2020年全国观测质量管理体系内部审核（4月）			观测司质量管理员1	2020-04-17 16:1...

图 8-1-33　首页—待阅—录入检查记录

单击“待阅”中的内审日程，打开“详细页”，如图 8-1-34 所示。

内审管理

基本信息 | 审核安排 | 内审日程　　关闭

当前位置：内审管理 > 录入核查记录

审核方案

审核标题*：2020年气象探测中心观测质量管理体系内部审核（4月）

内审目的*：2019年全国观测质量管理体系建设工作由前期的试点建设阶段转入了全面建设阶段，按照中国气象局总体安排，2019年10月底前将完成前期五家试点单位及第一批10个扩大省级单位的统一认证，探测中心本次内审工作是2019年全国观测质量管理体系内审的重要组成部分（气测函〔2019〕104号）。

审核单位/部门*：气象探测中心/数据质量室,气象探测中心/业务处,气象探测中心/计财处,气象探测中心/办公室,气象探测中心/党办

审核准则*：本次审核侧重对业务过程的审核，除了进一步检验中心体系的适宜性和有效性外，更多站在全国大体系的角度，考量国、省两级接口的明确情况，以及两级间业务和管理工作的连贯性；同时，为了使质量管理体系更好与中心现有业务和管理工作相融合，本次审核会同中心安全检查和业务检查工作一并进行。

审核组长*：内审员1

审核方式：

审核方案：暂无文件！

审核计划

审核过程*：数据获取,数据共享,检定检测

内审员*：探测中心内审员1,探测中心内审员2,内审员1

图 8-1-34　首页—待阅—详细页

各内审小组成员通过首页“待办”页或者菜单栏“检查”下的“内审管理”列表可查看需要处理的事项，如图 8-1-35 所示。

待办 3 | 待阅 5 | 已办 | 已阅 | 通知公告 | 查看更多 >

工作事由	创建单位	上一环节	上一处理人	时间
【内审管理】-2020年气象探测中心观测质量管理体系内部审...	业务处	发布内审计划	探测中心质量管理...	2020-04-26 12:3...
【内审管理】-4月24质量1	业务处	制定内审计划	探测中心内审员1	2020-04-24 20:1...
【内审管理】-1	业务处	制定内审方案	探测中心质量管理...	2020-04-24 13:4...

图 8-1-35　首页—待办—录入检查记录

单击“待办”列表中的事项，系统打开新页。在“内审管理”页查看该事项的详细信息，如图 8-1-36 所示。

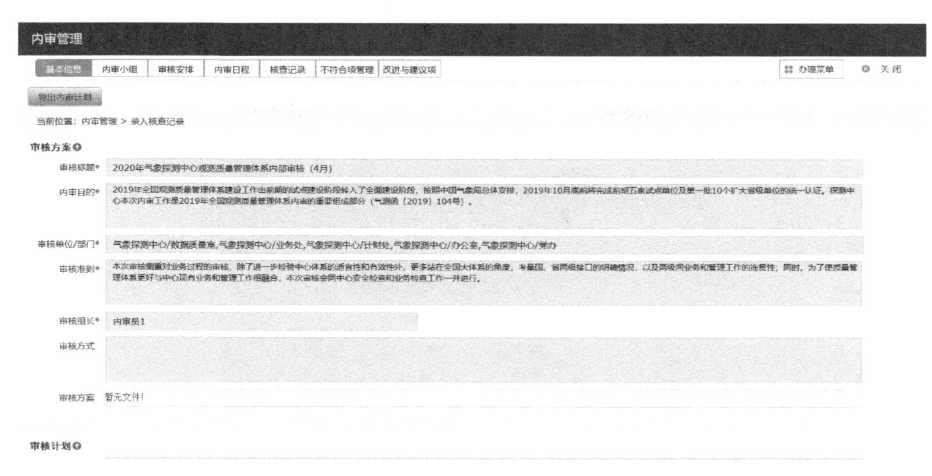

图 8-1-36　内审管理—基本信息—录入核查记录

【导出内审计划】：以 Word 文件形式导出审核方案。

【关闭】：关闭当前页。

【办理菜单】：点击该菜单，选择以下菜单项：

● 【发送】：发送到下一环节；

● 【退回】：退回到上一环节；

● 【流程图】：图形化展示当前流程状态。

8.1.7.1　核查记录

点击“核查记录”，可查看本次内审的核查记录，如图 8-1-37 所示。

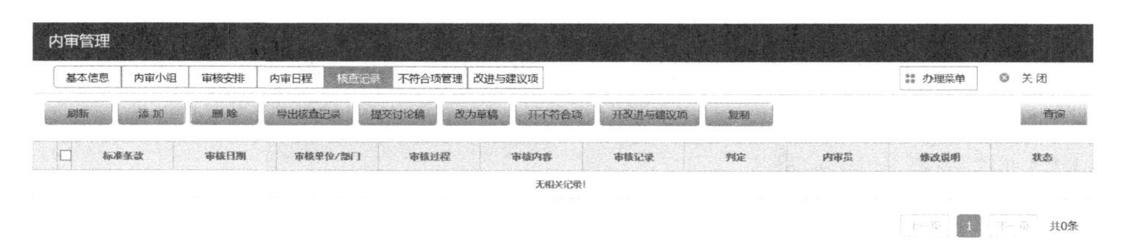

图 8-1-37　内审管理—核查记录

【刷新】：更新核查记录列表。

【添加】：增加核查记录。

【删除】：勾选所要删除项后，点击“删除”，可删除所选核查记录。

【导出核查记录】：勾选核查记录，点击“导出核查记录”，选中的核查记录将导出为 Word 文件。

【提交讨论稿】：勾选核查记录，点击“提交讨论稿”后小组组长可以看到组员提交的核查记录，可以修改删除，但内审员不可编辑删除，其他组员也可以看到。

【改为草稿】：勾选核查记录，点击“改为草稿”后小组组长、其他内审员看不到该信息，内审员可以编辑删除。

【开不符合项】：勾选核查记录，点击“开不符合项”，该核查记录将复制为不符合项，状态为“草稿”。

【开改进与建议项】：勾选核查记录，点击“开改进与建议项”，该核查记录将复制为改进与建议项，状态为“草稿”。

【复制】：勾选核查记录(1条)，点击“复制”，该核查记录复制一条状态为草稿的记录(不复制审核内容、审核记录与判定)。

点击“添加”按钮，系统打开核查记录添加页，如图8-1-38所示。

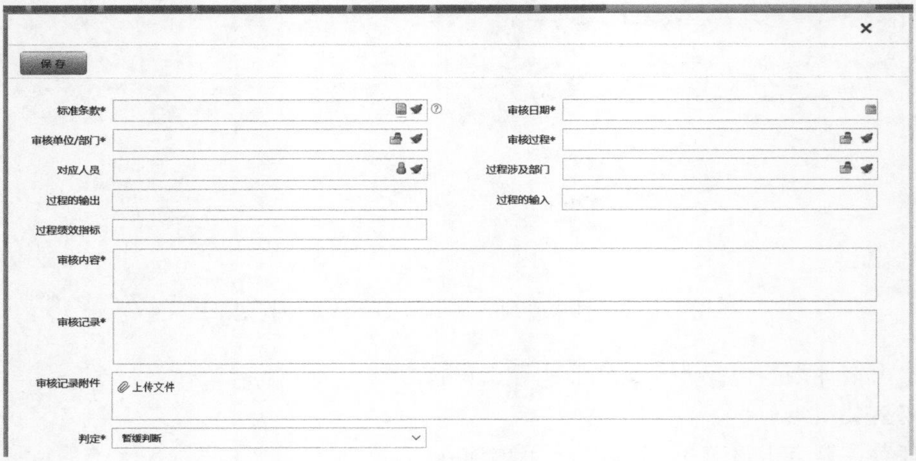

图8-1-38　内审管理—核查记录—添加

【保存】：保存核查记录信息。

【关闭】：关闭该页。

新建核查记录时，“＊”标识的为必填项。

- 标准条款：质量管理体系要求标准条款号，从不符合项库中选择。
- 审核日期：审核的时间。审核日期必须处于内审日程范围内。
- 审核单位/部门：受审核单位/部门，从“内审日程”的审核单位/部门中选择。
- 审核过程：先选择审核单位/部门，再选择受审核业务过程。
- 对应人员：选择对应人员。
- 过程涉及部门：选择过程涉及部门。
- 过程的输出：过程的输入(要求、准则、规范)。
- 过程的输入：过程的输出(形成的记录证据)。
- 过程绩效指标：添加过程绩效指标。
- 审核内容：审核内容信息。
- 审核记录：核查记录内容。
- 审核记录附件：审核记录的相关附件。
- 判定：判断该核查记录是否符合质量管理体系要求标准条款的要求。

选择条款号后，点击标准条款后的“?”号图标，系统提示对应条款号描述，如图8-1-39所示。

信息填写完成后，点击“保存”按钮保存信息，如图8-1-40所示。

新添加的核查记录状态为“草稿”，须选中后点“提交讨论稿”才能进行下一步。

核查记录列表可根据不同条件进行查询，如图8-1-41所示。

【查询条件】：根据选择项及输入条件进行条件查询。

【查询】：点击该按钮，系统按多个条件进行查询并分页显示结果。

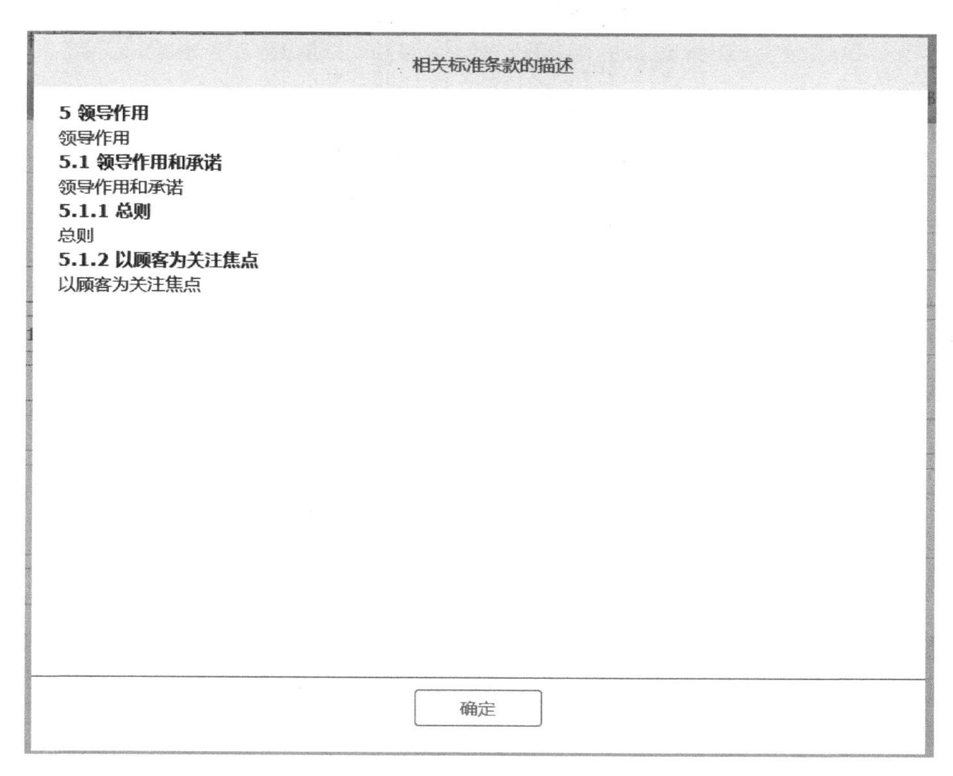

图 8-1-39　内审管理—相关条款号描述

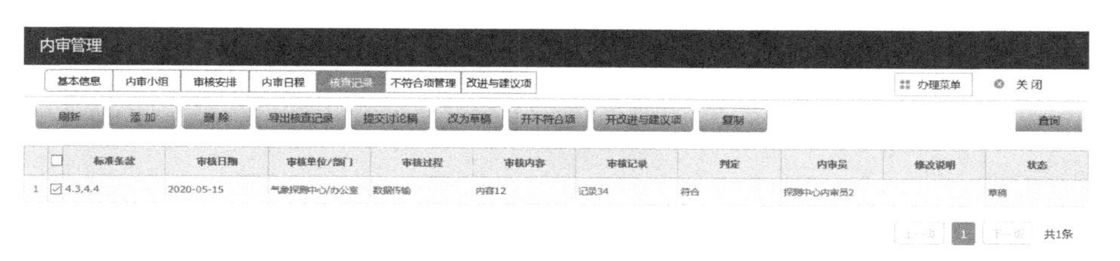

图 8-1-40　内审管理—录入核查记录—核查记录列表

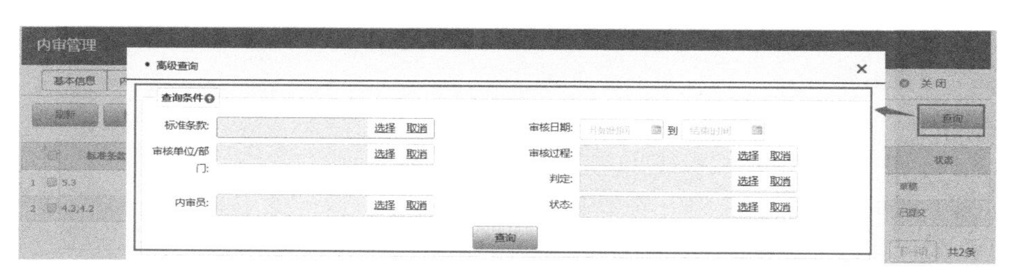

图 8-1-41　内审管理—核查记录—查询

8.1.7.2　不符合项管理

点击“不符合项管理”，可查看本次内审的不符合项记录，如图 8-1-42 所示。

【刷新】：更新不符合项记录列表。

【添加】：增加不符合项记录。

【删除】：勾选所要删除项后，点击“删除”，可删除所选不符合项记录。

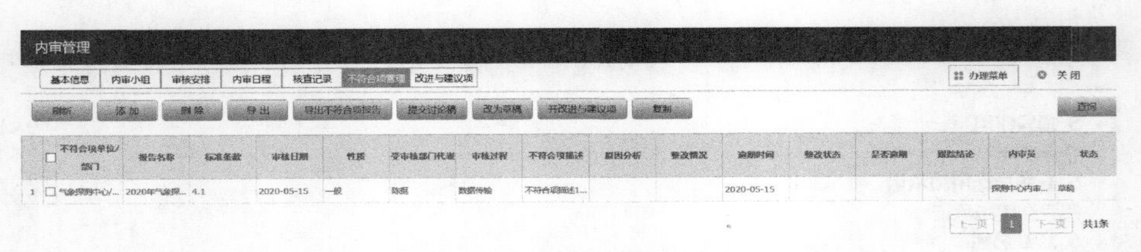

图 8-1-42 内审管理—不符合项管理

【导出】:勾选核查记录,点击“导出”,选中的不符合项记录将导出为 Excel 文件。

【导出不符合项报告】:勾选不符合项记录,点击“导出不符合项报告”,选中的记录将导出为 Word 文件。

【提交讨论稿】:勾选不符合项记录,点击“提交讨论稿”后小组组长可以看到组员提交的不符合项记录,可以修改删除,但内审员不可编辑删除,其他组员也可以看到。

【改为草稿】:勾选不符合项记录,点击“改为草稿”后,小组组长、其他内审员看不到该信息,内审员可以编辑删除。

【开改进与建议项】:勾选不符合项记录,点击“开改进与建议项”,该记录将复制为改进与建议项,状态为“草稿”。

【复制】:勾选改进与建议记录(1 条),点击“复制”,该记录复制一条状态为草稿的记录(不复制不符合项描述及逾期时间)。

点击“添加”按钮,系统打开不符合项添加页,如图 8-1-43 所示。

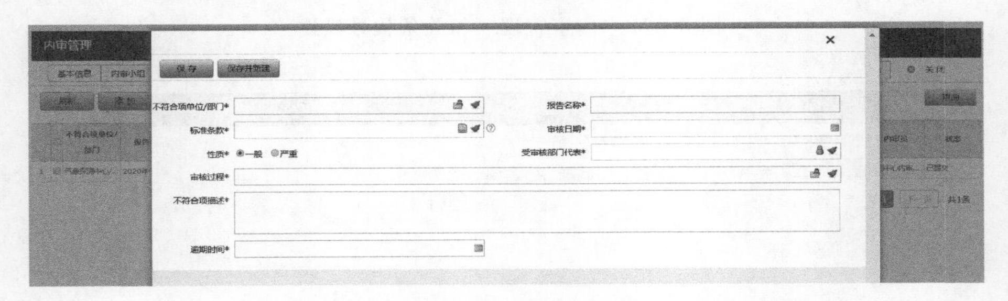

图 8-1-43 内审管理—不符合项管理—添加

【保存】:保存不符合项记录信息。

【保存并新建】:保存该不符合项记录信息并新建信息。

【关闭】:关闭该页。

新建不符合项记录时,“ * ”标识的为必填项。

● 不符合项单位/部门:不符合项单位/部门,从“内审日程”的审核单位/部门中选择。

● 报告名称:不符合项报告名称。

● 标准条款:质量管理体系要求标准条款号,从不符合项库中选择。

● 审核日期:审核的时间。审核日期必须处于内审日程范围内。

● 性质:根据不符合项的严重程度选择一般或严重。

● 审核过程:不符合项受审核业务过程。先选择不符合项单位/部门,才可选择对应的审核过程。

● 不符合项描述:不符合项内容描述。

● 逾期时间:整改逾期时间。

信息填写完成后，点击“保存”按钮保存信息，如图 8-1-44 所示。

图 8-1-44　内审管理—不符合项管理列表

新添加的不符合项记录状态为“草稿”，须选中后点“提交讨论稿”才能进行下一步。

不符合项列表可根据不同条件进行查询，如图 8-1-45 所示。

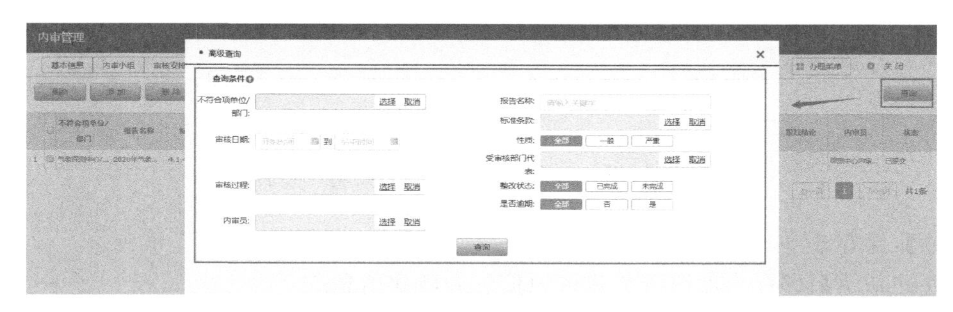

图 8-1-45　内审管理—不符合项管理—查询

【查询条件】：根据选择项及输入条件进行条件查询。

【查询】：点击该按钮，系统按多个条件进行查询并分页显示结果。

8.1.7.3　改进与建议项

点击“改进与建议项”，可查看本次内审的改进与建议项记录，如图 8-1-46 所示。

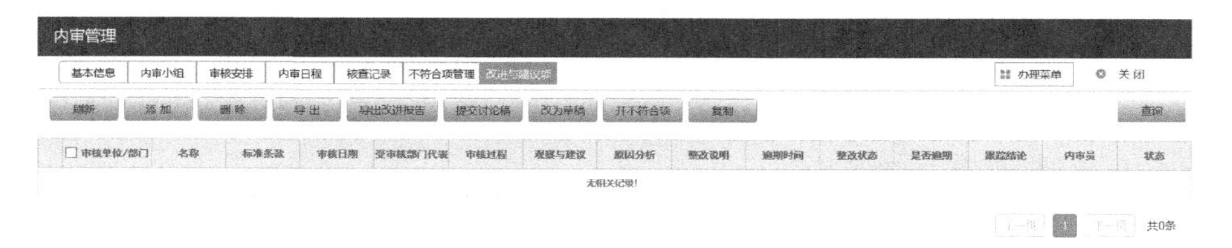

图 8-1-46　内审管理—改进与建议项

【刷新】：更新改进与建议项列表。

【添加】：增加改进与建议项。

【删除】：勾选所要删除项后，点击“删除”，可删除所选改进与建议项。

【导出】：勾选改进与建议项记录，点击“导出”，选中的记录将导出为 Excel 文件。

【导出改进报告】：勾选改进与建议项记录，点击“导出改进报告”，选中的记录将导出为 Word 文件。

【提交讨论稿】：勾选改进与建议项记录，点击“提交讨论稿”后小组组长可以看到组员提交的记录，可以修改删除，但内审员不可编辑删除，其他组员也可以看到。

【改为草稿】：勾选改进与建议项记录，点击“改为草稿”后，小组组长、其他内审员看不到该信息，内审员可以编辑删除。

【开不符合项】:勾选改进与建议项记录,点击“开不符合项”,该记录将复制为不符合项,状态为“草稿”。

【复制】:勾选改进与建议项记录(1 条),点击“复制”,该记录复制一条状态为草稿的记录(不复制观察与建议及逾期时间)。

点击“添加”按钮,系统打开改进与建议项添加页,如图 8-1-47 所示。

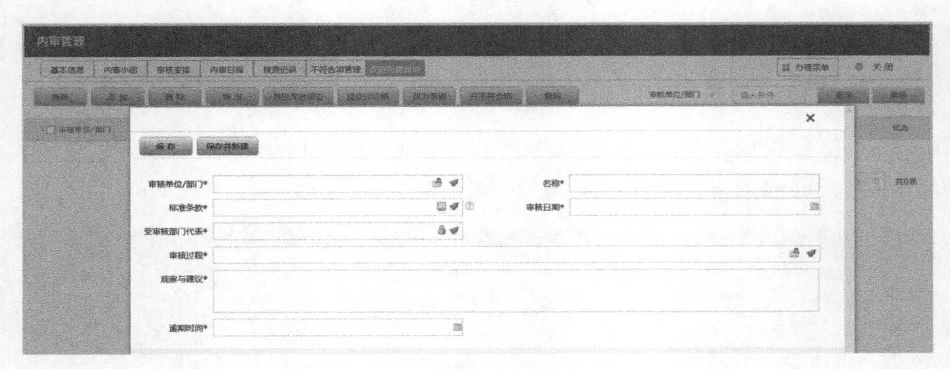

图 8-1-47　内审管理—改进与建议项—添加

【保存】:保存改进与建议项信息。

【保存并新建】:保存当前改进与建议项信息并新建信息。

【关闭】:关闭该页。

新建改进与建议项记录时,“ * ”标识的为必填项。

● 审核单位/部门:受审核单位/部门,从“内审日程”的审核单位/部门中选择。

● 名称:改进与建议项的名称。

● 标准条款:质量管理体系要求标准条款号,从不符合项库中选择。

● 审核日期:审核的时间。审核日期必须处于内审日程范围内。

● 受审核部门代表:选择受审核部门代表。

● 审核过程:不符合项受审核业务过程。先选择不符合项单位/部门,才可选择对应的审核过程。

● 观察与建议:观察与建议内容。

● 逾期时间:整改逾期时间。

信息填写完成后,点击“保存”按钮保存信息,如图 8-1-48 所示。

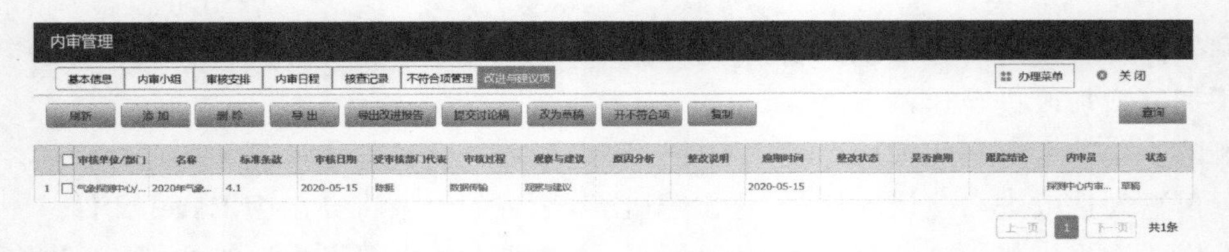

图 8-1-48　内审管理—改进与建议项列表

新添加的改进与建议项状态为“草稿”,须选中后点“提交讨论稿”才能进行下一步。

改进与建议项列表可根据不同条件进行查询,如图 8-1-49 所示。

【查询条件】:根据选择项及输入条件进行条件查询。

【查询】:点击该按钮,系统按多个条件进行查询并分页显示结果。

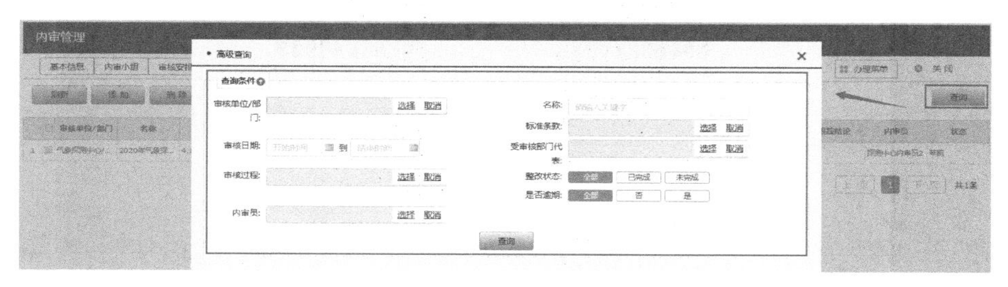

图 8-1-49　内审管理—改进与建议项—查询

8.1.7.4　发送

选择"办理菜单"，点击"发送"菜单项。在系统弹出的对话框中选择下一环节及接收人，点击"确定"提交。处理人为"内审组"的小组组长，如图 8-1-50 所示。

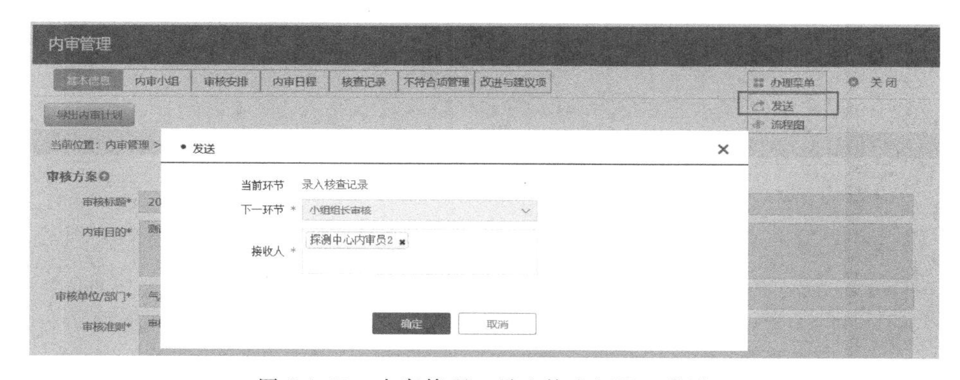

图 8-1-50　内审管理—录入核查记录—发送

【确定】：发送到流程下一环节。

【取消】：关闭当前对话框。

- 当前环节：流程的当前环节。
- 下一环节：流程下一步送交的环节。
- 接收人：下一环节的处理人。

8.1.8　小组组长审核

内审员录入"核查记录"完成后，各内审小组长对组员上传的核查记录进行审核或修改。通过首页"待办"页可查看需要处理的事项，如图 8-1-51 所示。

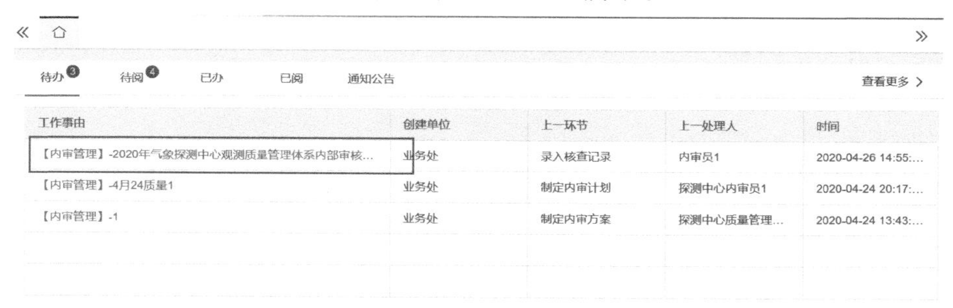

图 8-1-51　首页—待办—小组组长审核

单击“待办”列表中的事项，系统打开新页。在“内审管理”页点击“核查记录”，如图 8-1-52 所示。

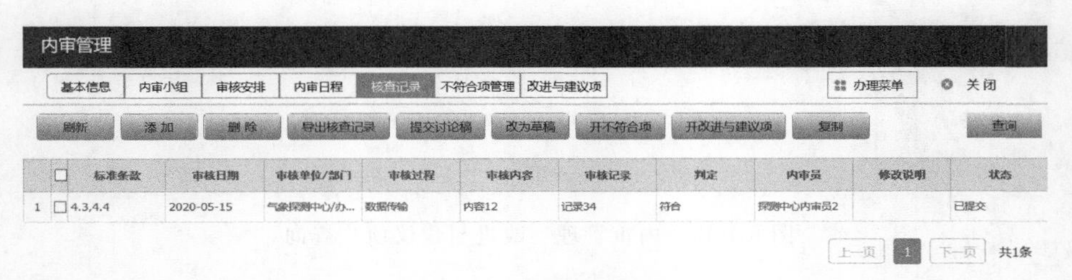

图 8-1-52　内审管理—核查记录

【关闭】：关闭该页。

【办理菜单】：点击该菜单，选择以下菜单项：

● 【发送】：发送到流程下一环节；

● 【退回】：流程退回给编制人；

● 【流程图】：图形化展示当前流程状态。

双击核查列表中的核查信息，系统打开核查记录详细信息页。内审小组长可对各项进行修改，如图 8-1-53 所示。

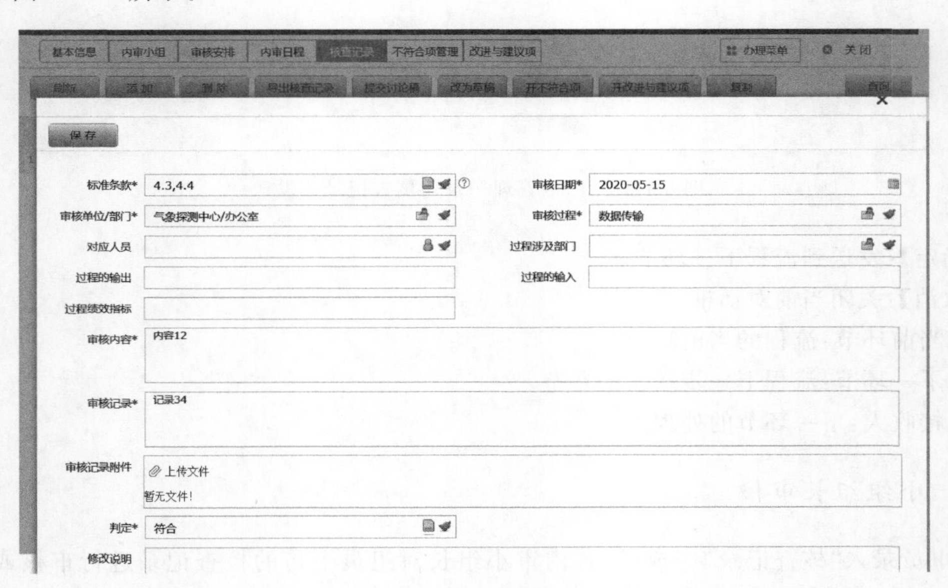

图 8-1-53　内审管理—核查记录—信息修改

【保存】：保存当前内容。

● 判定：审核记录的判定。若为暂缓判断，则无法进行下一步操作。

点击“保存”按钮保存信息。

8.1.8.1　不符合项管理

在“内审管理”页点击“不符合项管理”，如图 8-1-54 所示。

双击不符合项列表中的核查信息，系统打开不符合项记录详细信息页。内审小组长可对各项进行修改。

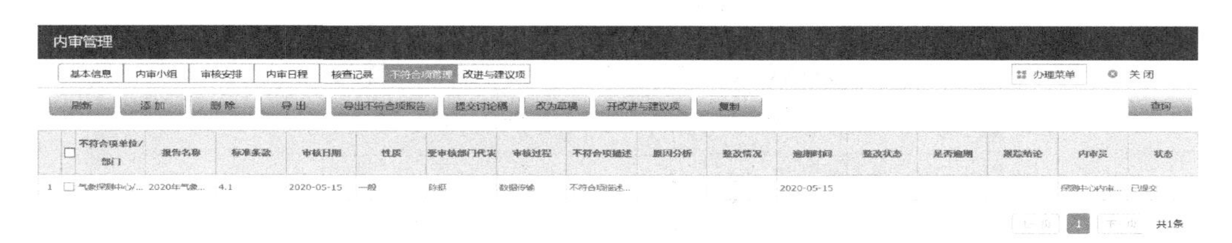

图 8-1-54　内审管理—不符合项管理

8.1.8.2　改进与建议项

在“内审管理”页点击“改进与建议项”，如图 8-1-55 所示。

图 8-1-55　内审管理—改进与建议项

双击“改进与建议项”列表中的核查信息，系统打开“改进与建议项”记录详细信息页。内审小组长可对各项进行修改。

8.1.8.3　发送

如果本内审小组还有内审员没提交核查记录，小组组长点下一步发送，会提示“还有内审员(××,××)没有提交核查记录，不能提交下一步！”

小组组长审核完毕后，选择“办理菜单”，点击“发送”菜单项。在系统弹出的对话框中选择下一环节及接收人，点击“确定”提交。接收人为内审组长，如图 8-1-56 所示。

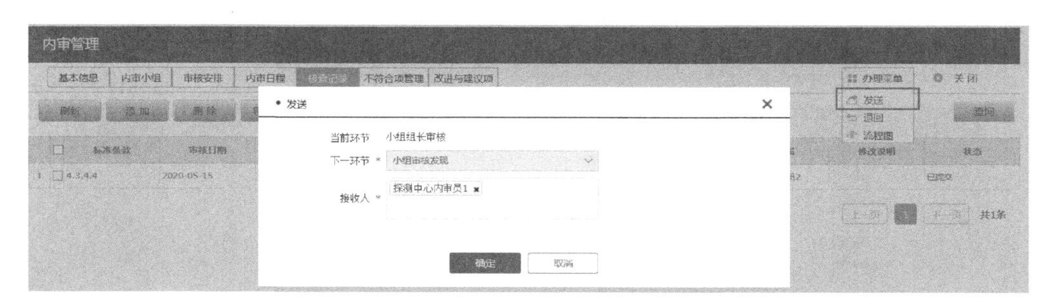

图 8-1-56　内审管理—小组组长审核—发送

【确定】：发送到流程下一环节。

【取消】：关闭当前对话框。

- 当前环节：流程的当前环节。
- 下一环节：流程下一步送交的环节。
- 接收人：下一环节的处理人。

退回当前申请，选择“办理菜单”，点击“退回”菜单项。如图 8-1-57 所示。

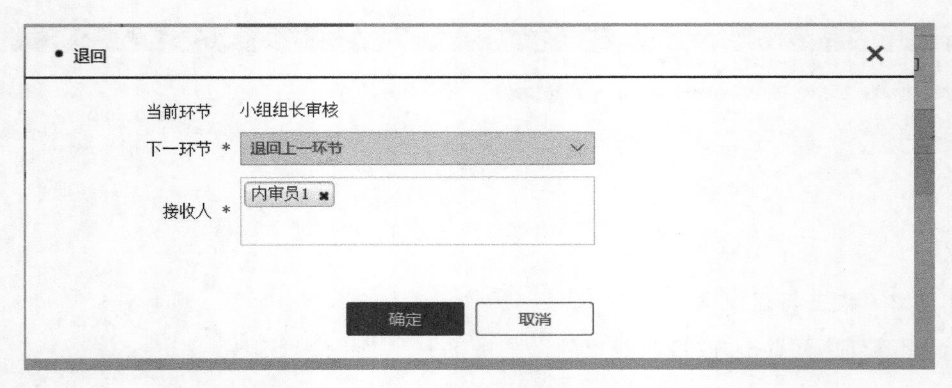

图 8-1-57 内审管理—小组组长审核—退回

8.1.9 小组审核发现

各小组组长审核完成后，内审组长再次对所有核查记录进行审核。通过首页“待办”可查看需要处理的事项，如图 8-1-58 所示。

待办 待阅 已办 已阅 通知公告 查看更多 >

工作事由	创建单位	上一环节	上一处理人	时间
【内审管理】-2020年气象探测中心观测质量管理体系内部审核...	业务处	小组组长审核	内审员1	2020-04-26 15:15:...
【内审管理】-4月24质量1	业务处	制定内审计划	探测中心内审员1	2020-04-24 20:17:...
【内审管理】-1	业务处	制定内审方案	探测中心质量管理...	2020-04-24 13:43:...

图 8-1-58 首页—待办—小组审核发现

单击“待办”列表中的事项，系统打开新页。在“内审管理”页查看该事项的详细信息，如图 8-1-59 所示。

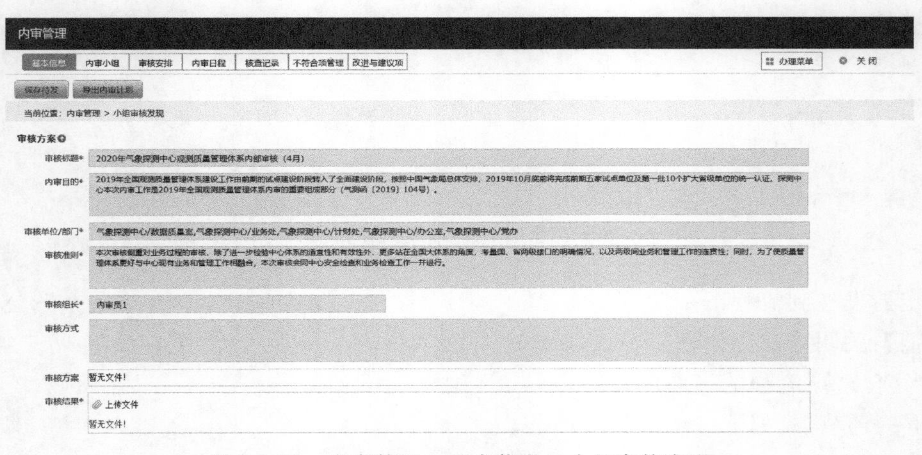

图 8-1-59 内审管理—基本信息—小组审核发现

【保存待发】：保存当前页为草稿形式。

【导出内审计划】：以 Word 文件形式导出审核计划。

【关闭】:关闭当前页。

【办理菜单】:点击该菜单,选择以下菜单项:

- 【发送】:发送到下一环节;
- 【退回】:退回到上一环节;
- 【流程图】:图形化展示当前流程状态。

点击“核查记录”,可查看/修改本次内审的核查记录,如图 8-1-60 所示。

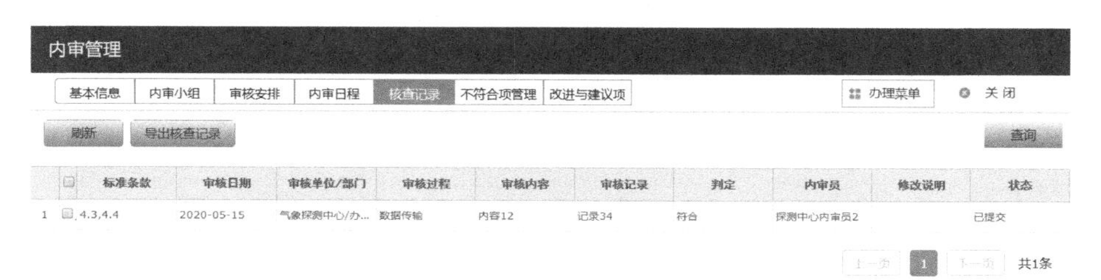

	标准条款	审核日期	审核单位/部门	审核过程	审核内容	审核记录	判定	内审员	修改说明	状态
1	4.3,4.4	2020-05-15	气象探测中心/办...	数据传输	内容12	记录34	符合	探测中心内审员2		已提交

图 8-1-60　内审管理—核查记录

点击“不符合项管理”,可查看/修改本次内审的不符合项记录,如图 8-1-61 所示。

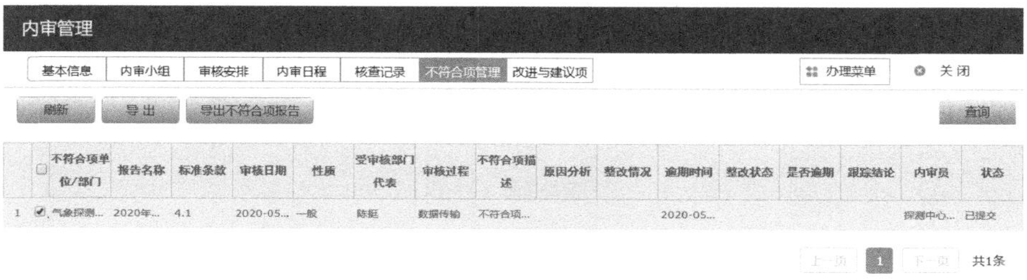

内审管理
基本信息　内审小组　审核安排　内审日程　核查记录　不符合项管理　改进与建议项　办理菜单　关 闭
刷新　导 出　导出不符合项报告　查询

	不符合项单位/部门	报告名称	标准条款	审核日期	性质	受审核部门代表	审核过程	不符合项描述	原因分析	整改情况	逾期时间	整改状态	是否逾期	跟踪结论	内审员	状态
1	气象探测...	2020年...	4.1	2020-05...	一般	陈挺	数据传输	不符合项...			2020-05...				探测中心...	已提交

上一页　1　下一页　共1条

图 8-1-61　内审管理—不符合项管理

点击“改进与建议项”,可查看/修改本次内审的改进与建议项记录,如图 8-1-62 所示。

	审核单位/部门	名称	标准条款	审核日期	受审核部门代表	审核过程	观察与建议	原因分析	整改说明	逾期时间	整改状态	是否逾期	跟踪结论	内审员	状态
1	气象探测...	2020年气...	4.1	2020-05-...	陈挺	数据传输	观察与建议			2020-05...				探测中心...	已提交

图 8-1-62　内审管理—改进与建议项

审核完成后,在基本信息的审核方案中,上传“审核结果”,如图 8-1-63 所示。

审核结果上传完成后,如果有内审小组组长未提交审核,点办理下一步会提示“还有小组没有提交核查记录!”只有所有内审小组组长都提交审核后,内审组长才可发送下一步。

选择“办理菜单”,点击“发送”菜单项。在系统弹出的对话框中选择下一环节及接收人,点击“确定”提交。处理人为本次内审的内审组长,如图 8-1-64 所示。

【确定】:发送到流程下一环节。

【取消】:关闭当前对话框。

- 当前环节:流程的当前环节。

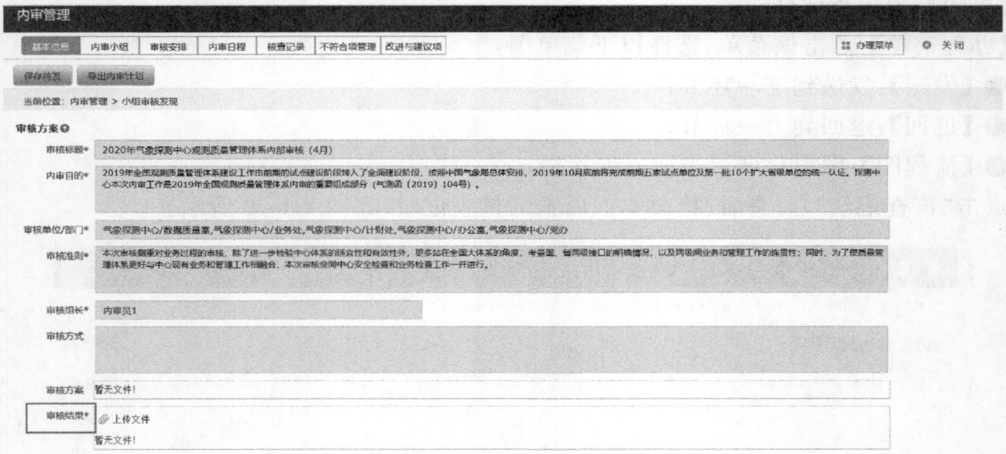

内审管理

基本信息 | 内审小组 | 审核安排 | 内审日程 | 核查记录 | 不符合项管理 | 改进与建议项 | 办理菜单 | 关闭

保存待发 | 导出内审计划

当前位置：内审管理 > 小组审核发现

审核方案

审核标题* 2020年气象探测中心观测质量管理体系内部审核（4月）

内审目的* 2019年全国观测质量管理体系建设工作由前期的试点建设阶段转入了全面建设阶段，按照中国气象局总体安排，2019年10月底前将完成前期五家试点单位及第一批10个扩大省级单位的统一认证。探测中心本次内审工作是2019年全国观测质量管理体系内审的重要组成部分（气测函〔2019〕104号）。

审核单位/部门* 气象探测中心/数据质量室,气象探测中心/业务处,气象探测中心/计财处,气象探测中心/办公室,气象探测中心/党办

审核准则* 本次审核侧重对业务过程的审核，除了进一步检验中心体系的适宜性和有效性外，更多站在全国大体系的角度，考量国、省两级接口的明确情况，以及两级间业务和管理工作的连贯性；同时，为了使质量管理体系更好与中心现有业务和管理工作相融合，本次审核会同中心安全检查和业务检查工作一并进行。

审核组长* 内审员1

审核方式

审核方案 暂无文件!

审核结果* 上传文件

暂无文件!

图 8-1-63　内审管理—小组审核发现

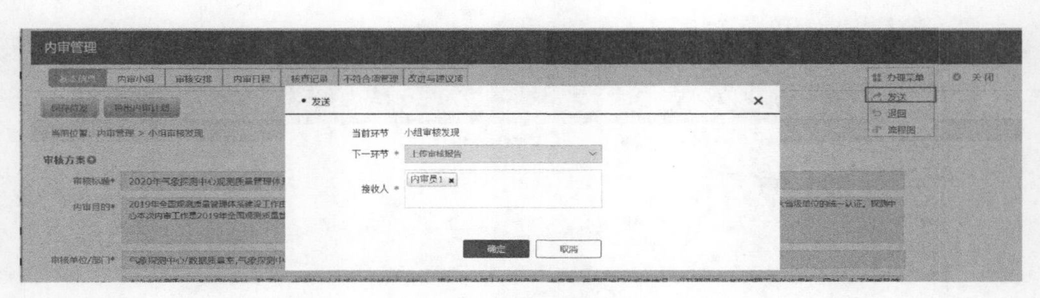

图 8-1-64　内审管理—小组审核发现—发送

● 下一环节：流程下一步送交的环节。

● 接收人：下一环节的处理人。

退回当前申请，选择“办理菜单”，点击“退回”菜单项。在打开的对话框中选择退回的接收人，点击“确定”提交，如图 8-1-65 所示。

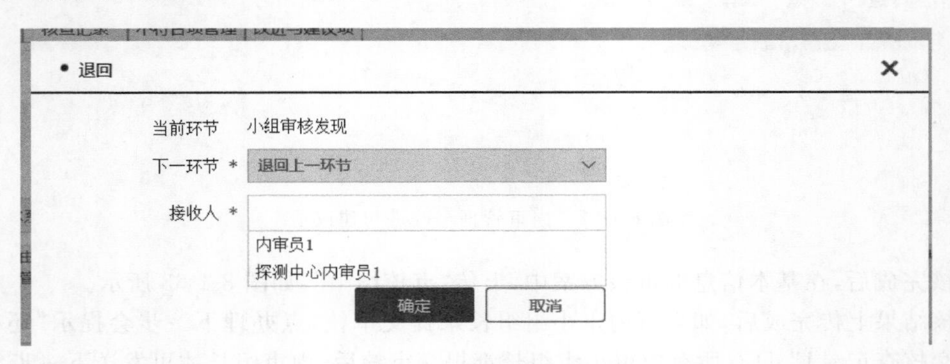

图 8-1-65　内审管理—小组审核发现—退回

8.1.10　上传审核报告

审核组长上传审核报告。通过首页“待办”可查看需要处理的事项，如图 8-1-66 所示。

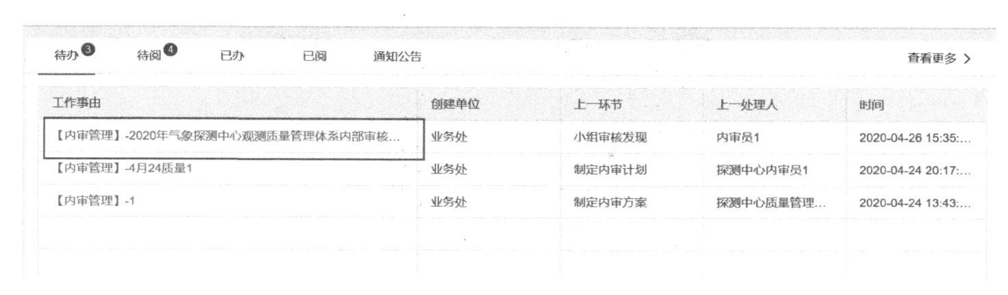

图 8-1-66　首页—待办—上传审核报告

单击“待办”列表中的事项，系统打开新页。在“内审管理”页查看该事项的详细信息，如图 8-1-67 所示。

图 8-1-67　上传审核报告—办理菜单

【保存待发】：保存当前页。

【导出内审计划】：以 Word 文件形式导出审核计划。

【关闭】：关闭当前页。

【办理菜单】：点击该菜单，选择以下菜单项：

◆【发送】：发送到流程下一环节；

◆【流程图】：图形化展示当前流程状态；

● 首次会相关附件：内审首次会相关附件；

● 末次会相关附件：内审末次会相关附件；

● 审核报告：内审审核报告相关附件（必填项）。

不符合项分布表如图 8-1-68 所示。

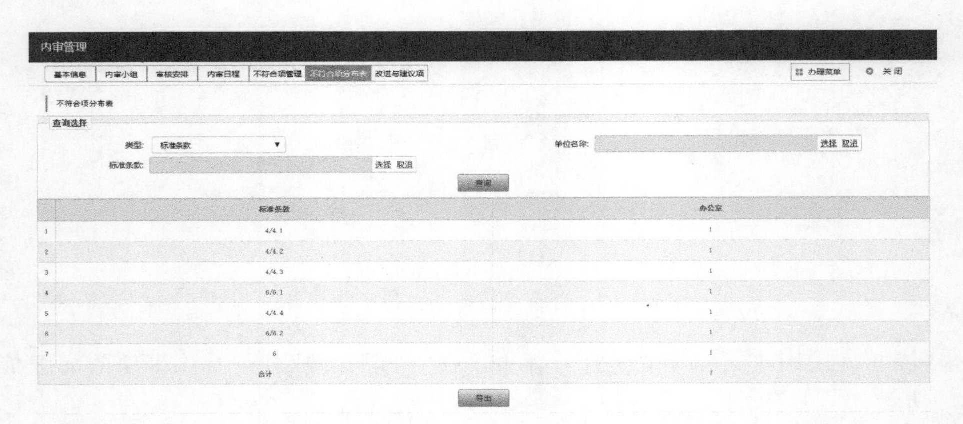

图 8-1-68　内审管理—不符合项分布表

【查询条件】:根据条件进行组合条件查询。没有信息的空白字段,不作为条件。

- 类型:选择标准条款或业务过程。
- 单位名称:选择单位名称。系统查询包含该单位名称的所有信息。
- 标准条款/业务过程:根据选择的类型,可选择对应的条款或过程。

【查询】:点击该按钮,系统按条件进行查询并显示结果。

【导出】:将查询结果导出为 Excel 文档。

内审组长提交内审审核报告后,选择“办理菜单”,点击“发送”菜单项。在系统弹出的对话框中选择下一环节及接收人,点击“确定”提交。处理人为审核部门的“部门质量员”角色用户,如图 8-1-69 所示。

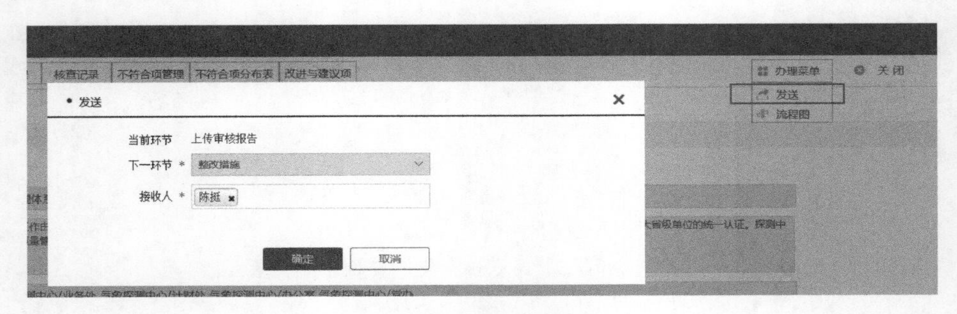

图 8-1-69　内审管理—上传审核报告—发送

【确定】:发送到流程下一环节。

【取消】:关闭当前对话框。

- 当前环节:流程的当前环节。
- 下一环节:流程下一步送交的环节。
- 接收人:下一环节的处理人。

8.1.11　整改措施

内审组长在系统中提交了不符合项后,受审核部门的部门质量员可针对不符合项或改进建议项提交整改措施等。通过首页“待办”可查看需要处理的事项,如图 8-1-70 所示。

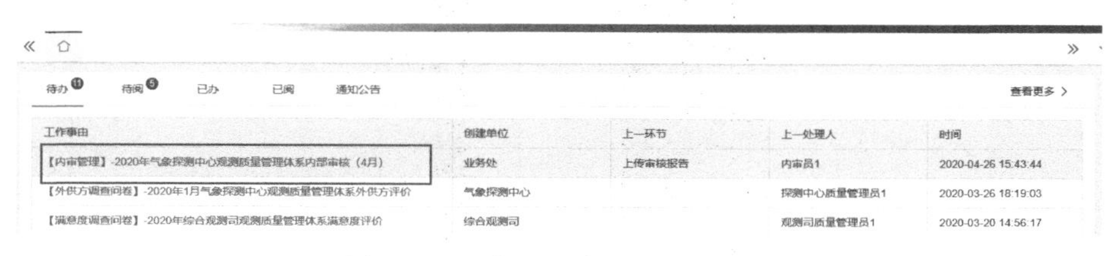

图 8-1-70　首页—待办—整改措施

单击“待办”列表中的事项，系统打开新页。打开“内审管理”页，如图 8-1-71 所示。

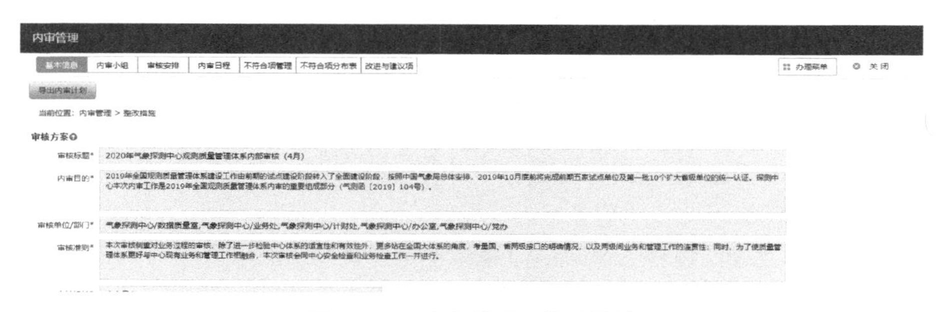

图 8-1-71　内审管理—整改措施

【导出内审计划】：以 Word 文件形式导出审核计划。

【关闭】：关闭该页。

【办理菜单】：点击该菜单，选择以下菜单项：

● 【发送】：发送到流程下一环节；

● 【退回】：流程退回给编制人；

● 【流程图】：图形化展示当前流程状态。

8.1.11.1　不符合项整改

打开“内审管理”页，点击“不符合项管理”，如图 8-1-72 所示。

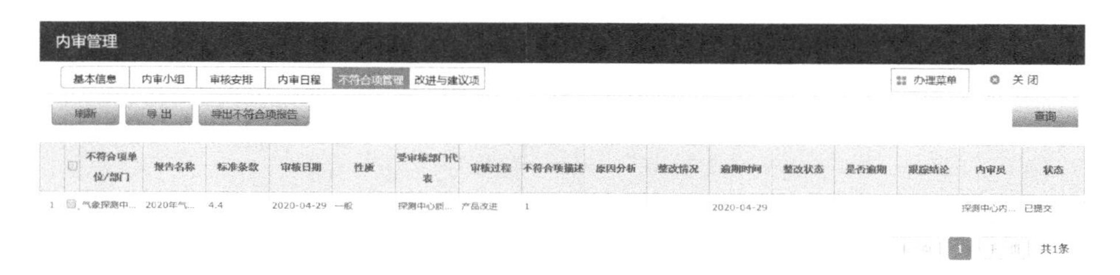

图 8-1-72　内审管理—不符合项整改

【刷新】：更新不符合项列表。

【导出】：导出指定字段的 Excel 文件。

【导出不符合项报告】：以 Word 文件形式导出不符合项报告。

双击不符合项列表信息，系统打开不符合项页，如图 8-1-73 所示。

【保存】：保存编辑的信息。

保存不符合项时，“ * ”标识的为必填项。

● 原因分析：不符合的原因。

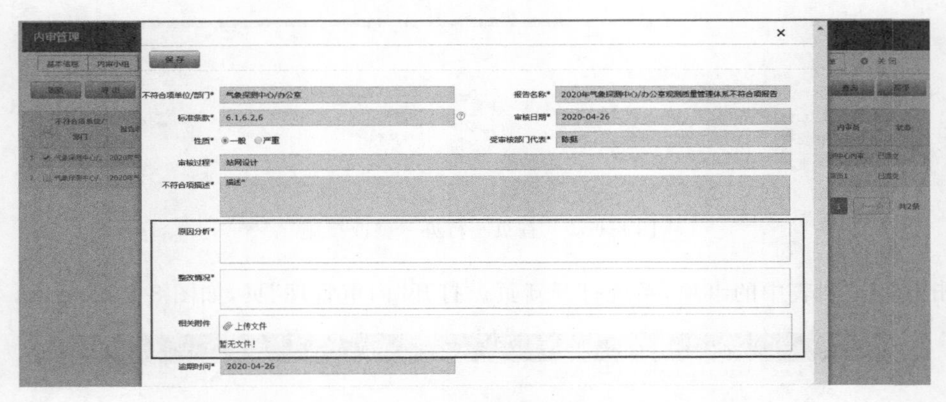

图 8-1-73　内审管理—不符合项管理—添加信息

● 整改情况：整改情况的摘要。

● 相关附件：上传整改的相关附件。

信息填写完成后，点击“保存”按钮保存信息，如图 8-1-74 所示。

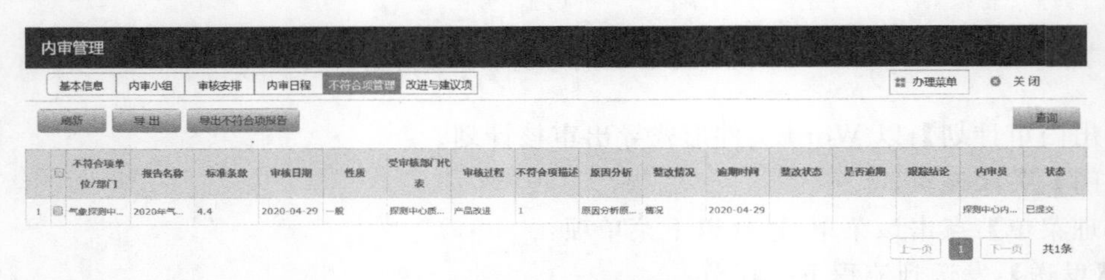

		不符合项单位/部门	报告名称	标准条款	审核日期	性质	受审核部门代表	审核过程	不符合项描述	原因分析	整改情况	逾期时间	整改状态	是否逾期	跟踪结论	内审员	状态
1		气象探测中...	2020年气...	4.4	2020-04-29	一般	探测中心质...	产品改进	1	原因分析原...	情况	2020-04-29				探测中心内...	已提交

图 8-1-74　内审管理—不符合项管理

8.1.11.2　改进与建议项整改

打开“内审管理”页，点击“改进与建议项”，如图 8-1-75 所示。

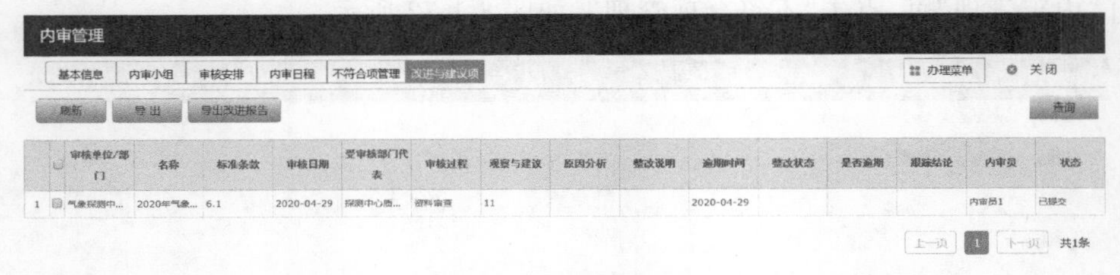

		审核单位/部门	名称	标准条款	审核日期	受审核部门代表	审核过程	观察与建议	原因分析	整改说明	逾期时间	整改状态	是否逾期	跟踪结论	内审员	状态
1		气象探测中...	2020年气象...	6.1	2020-04-29	探测中心质...	资料审查	11			2020-04-29				内审员1	已提交

图 8-1-75　内审管理—改进与建议项

【刷新】：更新改进与建议项列表。

【导出】：导出指定字段的 Excel 文件。

【导出改进报告】：以 Word 文件形式导出改进与建议项报告。

双击改进与建议项列表信息，系统打开“改进与建议项”页，如图 8-1-76 所示。

【保存】：保存编辑的信息。

保存改进项时，“ * ”标识的为必填项。

● 原因分析：改进项的原因。

● 整改说明：整改说明的摘要。

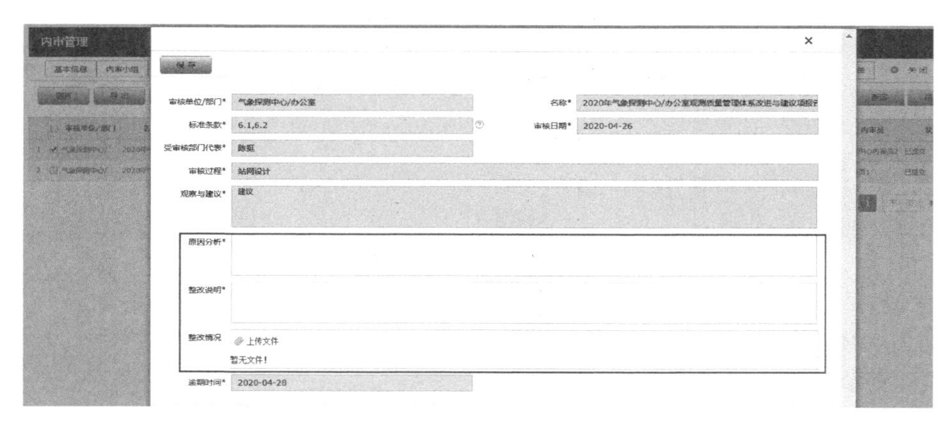

图 8-1-76　内审管理—改进与建议项—添加信息

● 相关附件：上传整改的相关附件。

信息填写完成后，点击“保存”按钮保存信息，如图 8-1-77 所示。

图 8-1-77　内审管理—改进与建议项—保存

8.1.11.3　发送

打开“内审管理”页，如图 8-1-78 所示。

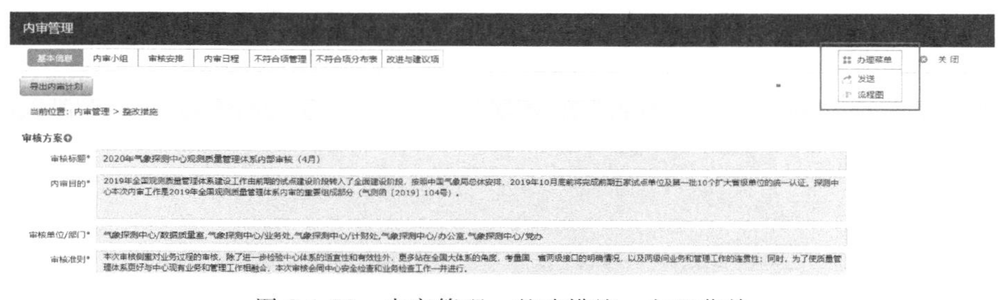

图 8-1-78　内审管理—整改措施—办理菜单

【关闭】：关闭该页。

【办理菜单】：点击该菜单，选择以下菜单项：

●【发送】：发送到流程下一环节；

●【退回】：退回到流程上一环节；

●【流程图】：图形化展示当前流程状态。

选择“办理菜单”，点击“发送”菜单项。在系统弹出的对话框中选择下一环节及接收人，点击“确定”提交。处理人为录入跟踪结论的小组成员，如图 8-1-79 所示。

【确定】：发送到流程下一环节。

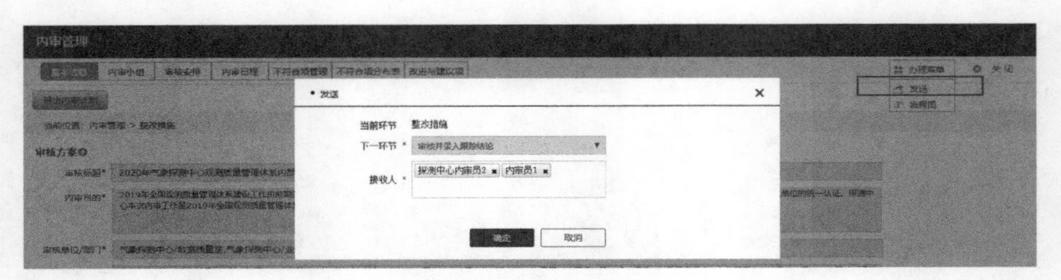

图 8-1-79　内审管理—整改措施—发送

【取消】:关闭当前对话框。

- 当前环节:流程的当前环节。
- 下一环节:流程下一步送交的环节。
- 接收人:下一环节的处理人。

8.1.12　审核并录入跟踪结论

受审核单位/部门的部门质量员提交整改不符合项后,内审员审核并录入跟踪结论。通过首页“待办”可查看需要处理事项,如图 8-1-80 所示。

工作事由	创建单位	上一环节	上一处理人	时间
【内审管理】-2020年气象探测中心观测质量管理体系内部审核(4月)	业务处	整改措施	陈挺	2020-04-26 15:55:18
【内审管理】-2020年全国观测质量测试	综合观测司	发布内审计划	观测司质量管理员1	2020-04-25 17:10:01
【内审管理】-测试内审1	业务处	制定内审计划	探测中心内审员1	2020-04-25 14:45:34
【内审管理】-4月24质量1	业务处	制定内审计划	探测中心内审员1	2020-04-24 20:17:12

图 8-1-80　首页—待办—审核并录入跟踪结论

单击“待办”列表中的事项,系统打开新页。在“内审管理”页查看该事项的详细信息,如图 8-1-81 所示。

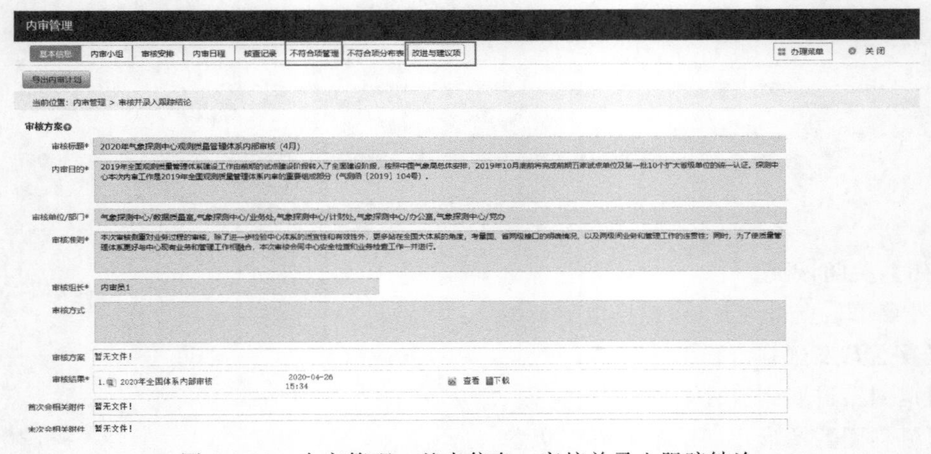

图 8-1-81　内审管理—基本信息—审核并录入跟踪结论

【导出内审计划】:以 Word 文件形式导出审核方案。

【关闭】:关闭当前页。

【办理菜单】：点击该菜单，选择以下菜单项：

● 【发送】：发送到下一环节；

● 【退回】：退回到上一环节；

● 【流程图】：图形化展示当前流程状态。

8.1.12.1　不符合项管理

打开“内审管理”页，点击“不符合项管理”，如图 8-1-82 所示。

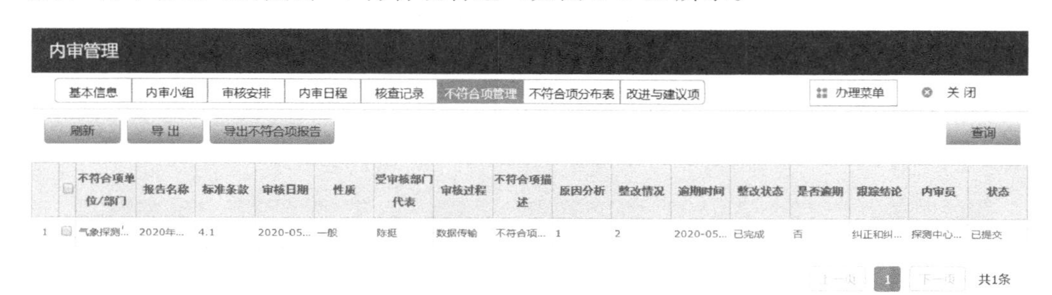

图 8-1-82　内审管理—不符合项管理

【刷新】：更新不符合项列表。

【导出】：导出指定字段的 Excel 文件。

【导出不符合项报告】：以 Word 文件形式导出不符合项报告。

双击不符合项列表信息字段，系统打开不符合项页，如图 8-1-83 所示。

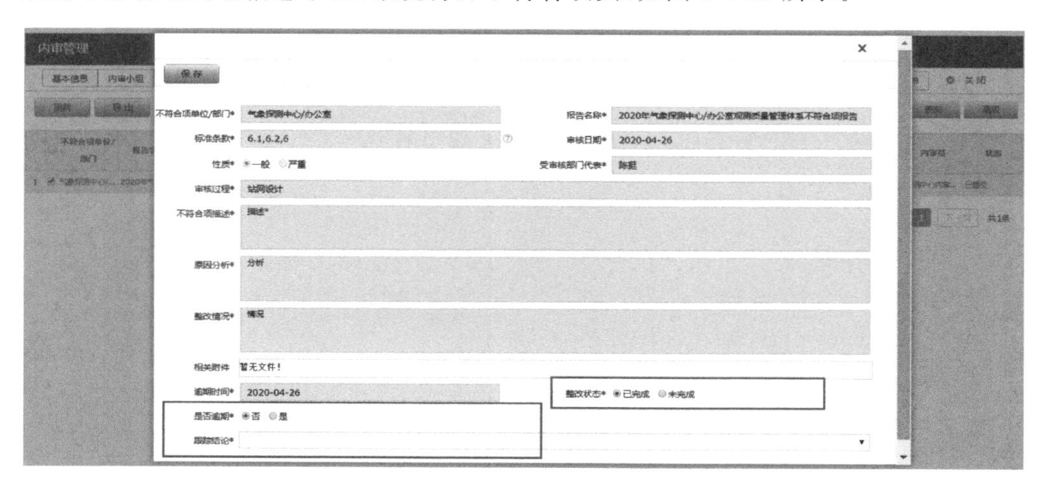

图 8-1-83　内审管理—不符合项管理—添加信息

【保存】：保存编辑的信息。

保存不符合项时，“ * ”标识的为必填项。

● 整改状态：整改是否完成。

● 是否逾期：整改是否逾期。

● 跟踪结论：跟踪结论判定。

信息填写完成后，点击“保存”按钮保存信息，如图 8-1-84 所示。

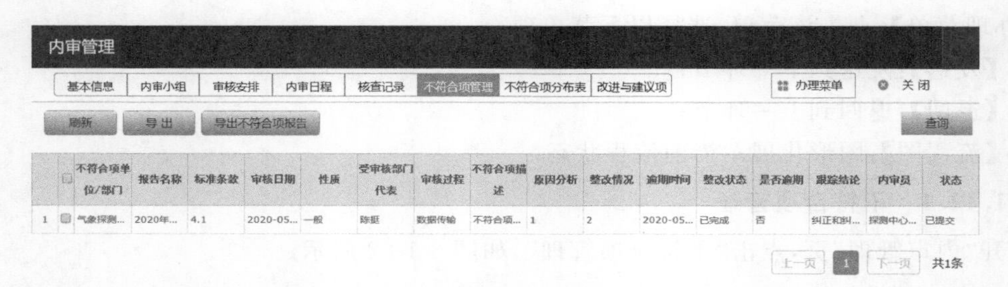

图 8-1-84　内审管理—不符合项管理

8.1.12.2　改进与建议项

打开“内审管理”页，点击“改进与建议项”，如图 8-1-85 所示。

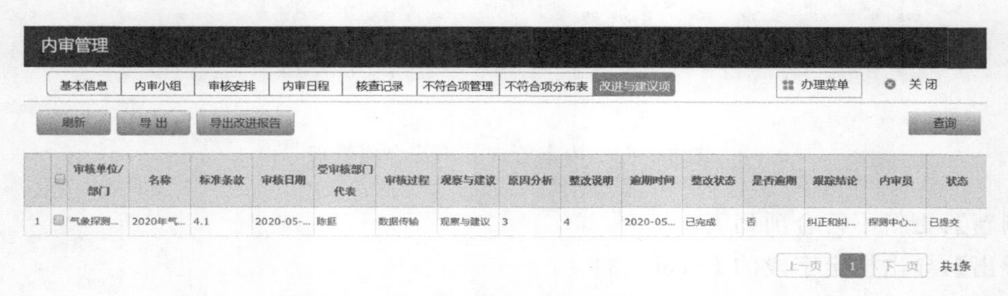

图 8-1-85　内审管理—改进与建议项

【刷新】：更新不符合项列表。

【导出】：导出指定字段的 Excel 文件。

【导出改进报告】：以 Word 文件形式导出改进与建议项报告。

双击“改进与建议项”列表信息，系统打开“改进与建议项”页，可添加信息，如图 8-1-86 所示。

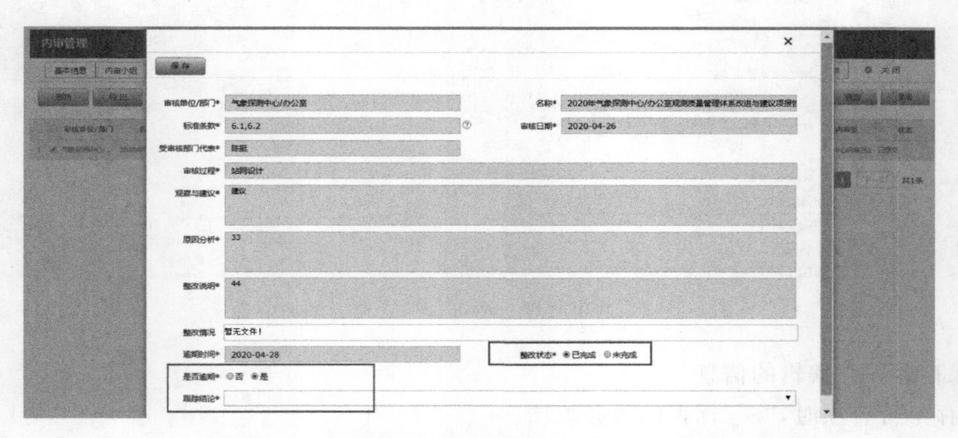

图 8-1-86　内审管理改进与建议项—添加信息

【保存】：保存编辑的信息。

保存改进与建议项时，“＊”标识的为必填项。

● 整改状态：整改是否完成。

● 是否逾期：整改是否逾期。

● 跟踪结论：改进与建议项的跟踪结论。

8.1.12.3　发送

打开"内审管理"页，如图 8-1-87 所示。

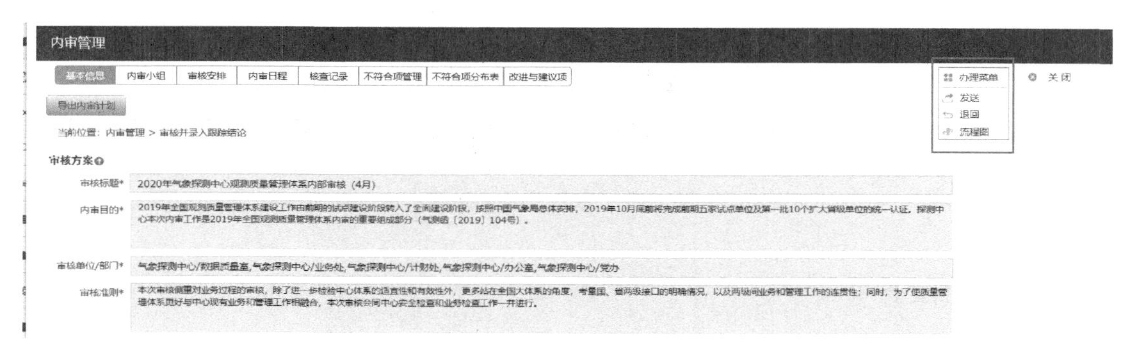

图 8-1-87　内审管理—改进与建议项—办理菜单

【关闭】：关闭该页。

【办理菜单】：点击该菜单，选择以下菜单项：

●【发送】：发送到流程下一环节；

●【退回】：退回到流程上一环节；

●【流程图】：图形化展示当前流程状态。

选择"办理菜单"，点击"发送"菜单项。在系统弹出的对话框中选择下一环节，点击"确定"进行下一步，发送给各小组组长，如图 8-1-88 所示。

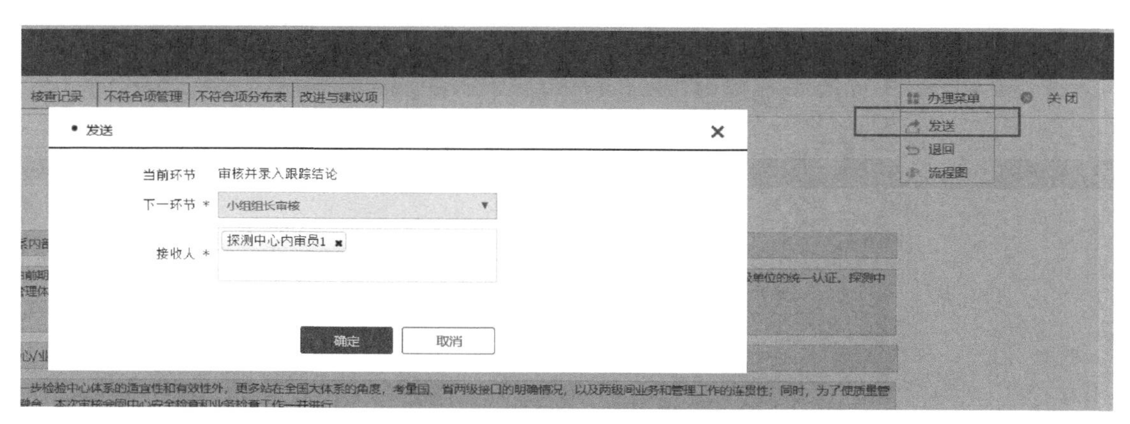

图 8-1-88　内审管理—审核并录入跟踪结论—发送

【确定】：发送到流程下一环节。

【取消】：关闭当前对话框。

● 当前环节：流程的当前环节。

● 下一环节：流程下一步送交的环节。

● 接收人：下一环节的处理人。

退回当前申请，选择"办理菜单"，点击"退回"菜单项。在打开的对话框中点击"确定"提交，如图 8-1-89 所示。

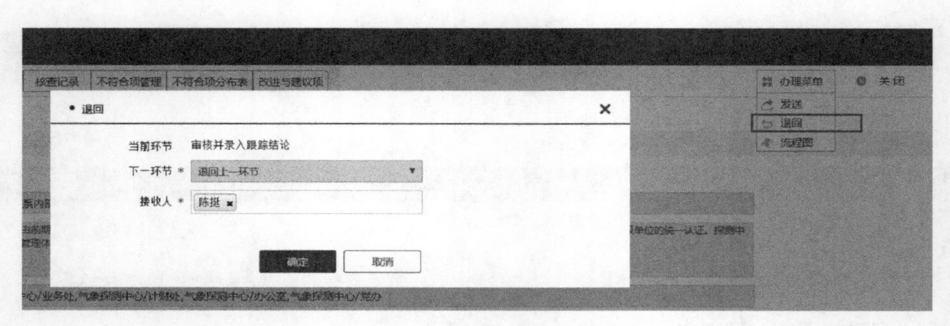

图 8-1-89　内审管理—审核并录入跟踪结论—退回

8.1.13　小组组长审核

录入核查记录完成后，内审组小组长对内审员上传的记录进行审核或修改。通过首页“待办”页可查看需要处理的事项，如图 8-1-90 所示。

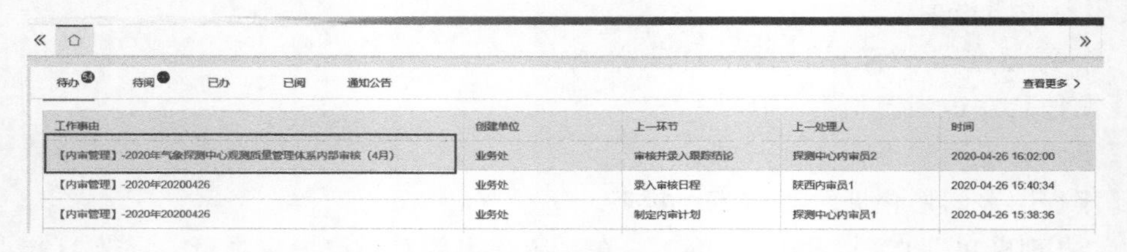

图 8-1-90　首页—待办—小组组长审核

单击“待办”列表中的事项，系统打开新页。打开“内审管理”页，如图 8-1-91 所示。

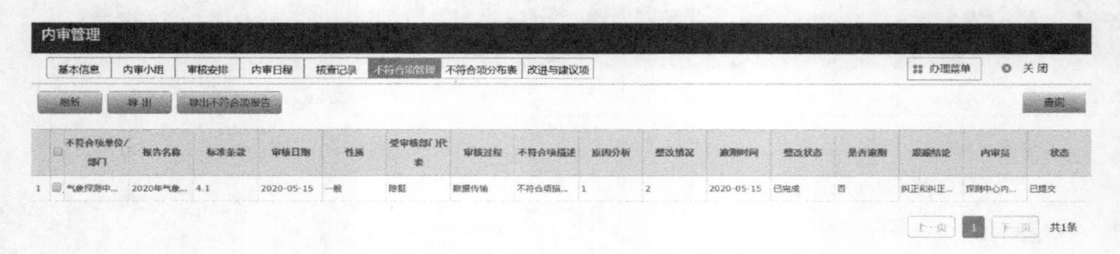

图 8-1-91　内审管理—小组组长审核

8.1.13.1　不符合项管理

打开“内审管理”页，点击“不符合项管理”，如图 8-1-92 所示。

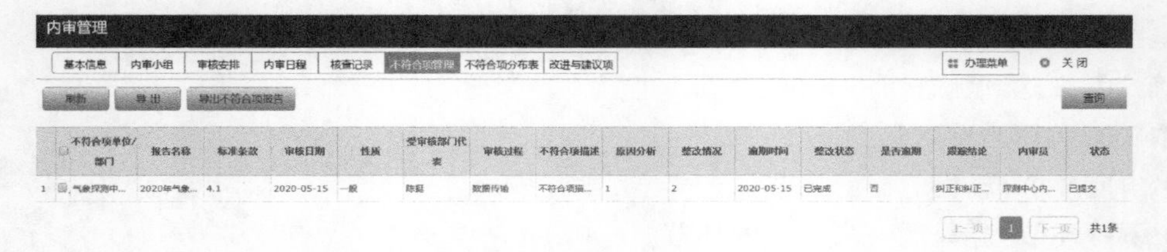

图 8-1-92　内审管理—不符合项整改

【刷新】：更新不符合项列表。

【导出】：导出指定字段的 Excel 文件。

【导出不符合项报告】:以 Word 文件形式导出不符合项报告。

双击“不符合项”列表信息,系统打开“不符合项”页,可对整改状态、是否逾期和跟踪结论进行修改,如图 8-1-93 所示。

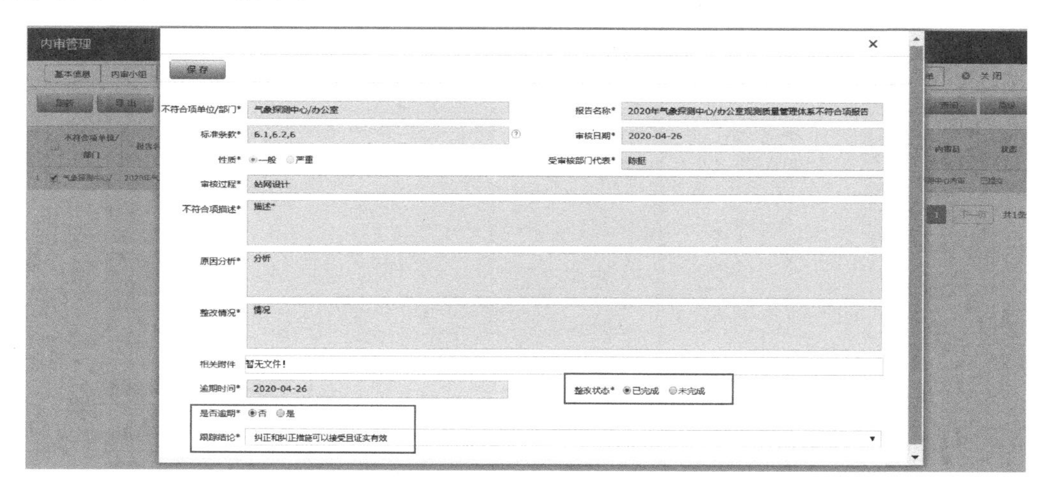

图 8-1-93 内审管理—不符合项管理—修改信息

【保存】:保存编辑的信息。

信息修改完成后,点击“保存”按钮保存信息,如图 8-1-94 所示。

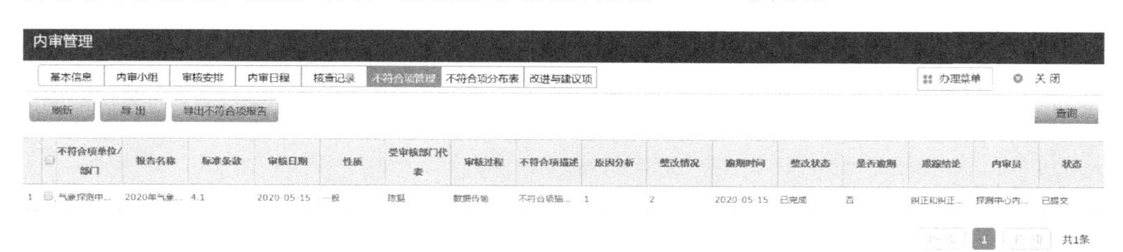

图 8-1-94 内审管理—不符合项管理—保存

8.1.13.2 改进与建议项整改

打开“内审管理”页,点击“改进与建议项”,如图 8-1-95 所示。

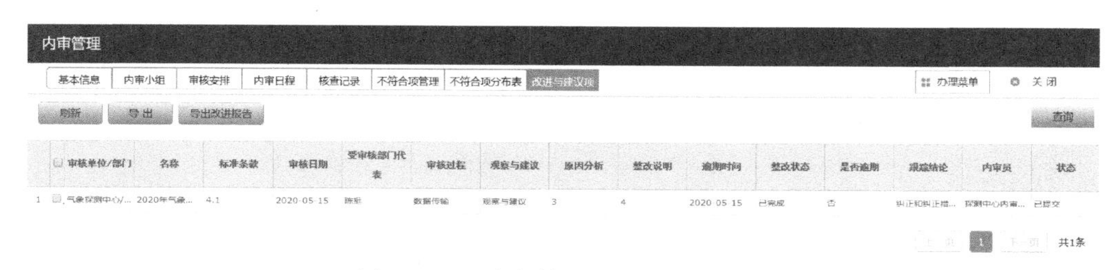

图 8-1-95 内审管理—改进与建议项

【刷新】:更新改进与建议项列表。

【导出】:导出指定字段的 Excel 文件。

【导出改进报告】:以 Word 文件形式导出改进与建议项报告。

双击“改进与建议项”列表信息,系统打开“改进与建议项”页,如图 8-1-96 所示。

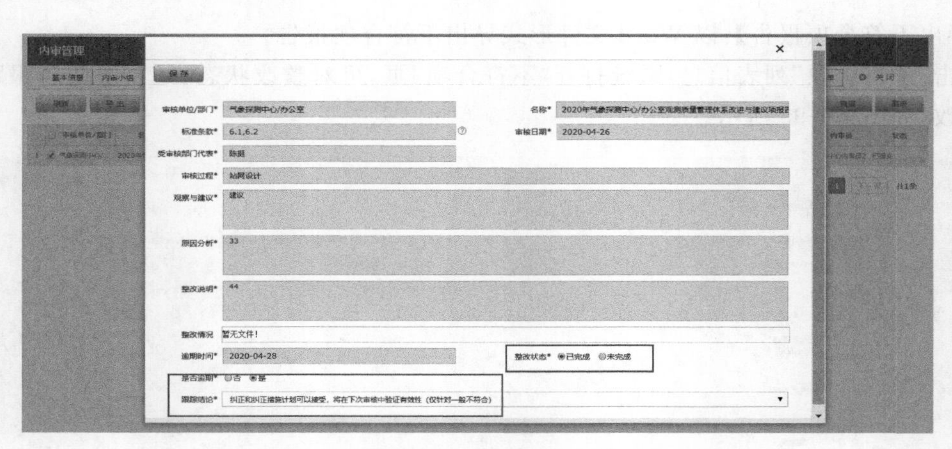

图 8-1-96　内审管理—改进与建议项—添加信息

【保存】：保存编辑的信息。

可对整改状态、是否逾期和跟踪结论进行修改。信息修改完成后，点击“保存”按钮保存信息，如图 8-1-97 所示。

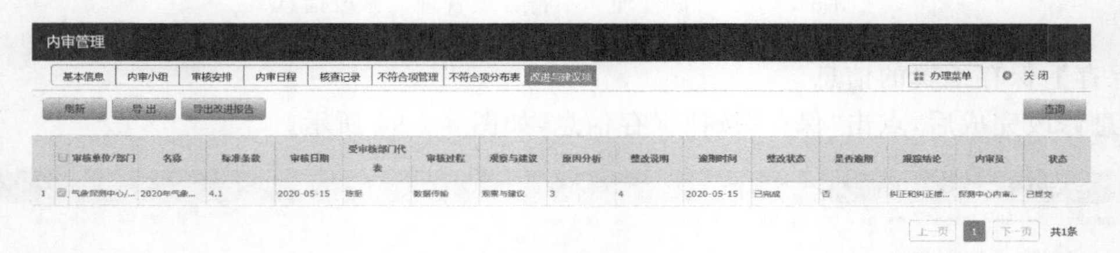

图 8-1-97　内审管理—改进与建议项—保存

8.1.13.3　发送

打开“内审管理”页，如图 8-1-98 所示。

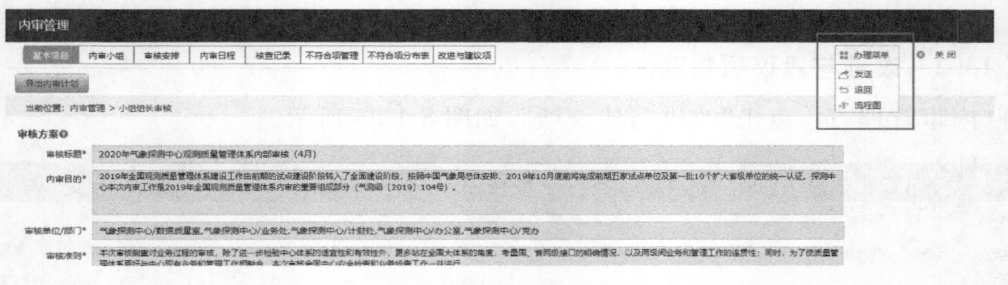

图 8-1-98　内审管理—小组审核—办理菜单

【关闭】：关闭该页。

【办理菜单】：点击该菜单，选择以下菜单项：

● 【发送】：发送到流程下一环节；

● 【退回】：退回到流程上一环节；

● 【流程图】：图形化展示当前流程状态。

选择“办理菜单”，点击“发送”菜单项。在系统弹出的对话框中选择下一环节及接收人，点击“确定”提交。处理人为内审组长，如图 8-1-99 所示。

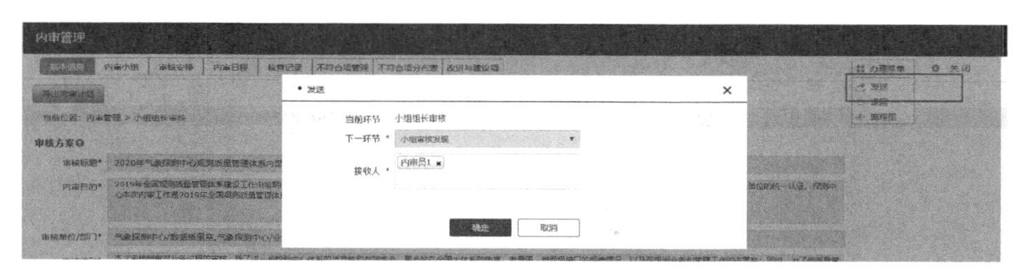

图 8-1-99　内审管理—小组组长审核—发送

【确定】:发送到流程下一环节。

【取消】:关闭当前对话框。

- 当前环节:流程的当前环节。
- 下一环节:流程下一步送交的环节。
- 接收人:下一环节的处理人。

8.1.14　小组审核发现

内审组长通过首页“待办”可查看需要处理的事项,如图 8-1-100 所示。

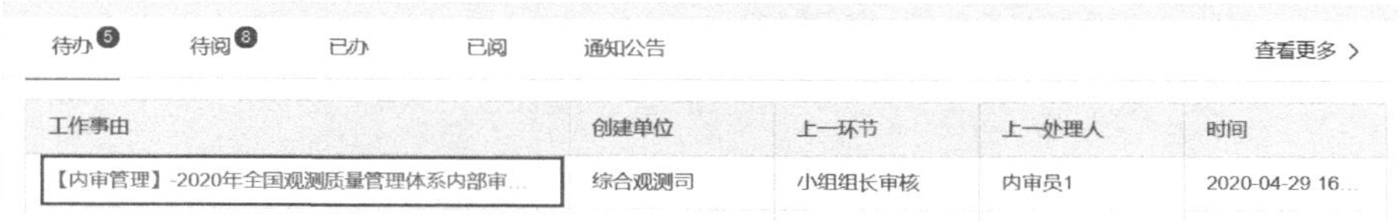

待办 5　待阅 8　已办　已阅　通知公告　查看更多 >

工作事由	创建单位	上一环节	上一处理人	时间
【内审管理】-2020年全国观测质量管理体系内部审…	综合观测司	小组组长审核	内审员1	2020-04-29 16…

图 8-1-100　首页—待办—小组审核发现

单击“待办”列表中的事项,系统打开新页。在“内审管理”页查看该事项的详细信息,如图 8-1-101 所示。

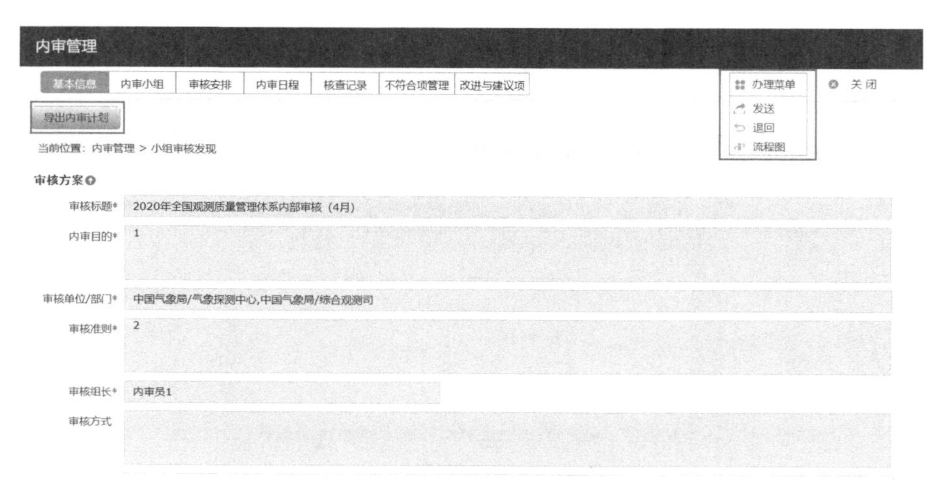

图 8-1-101　小组审核发现—办理菜单

【导出内审计划】:以 Word 文件形式导出审核计划。

内审组长在该步骤仍可对小组组长提交的“不符合项”和“改进与建议项”中的整改状态、

是否逾期和跟踪结论进行修改。如果有小组组长未提交，则提示“有小组长没有提交，不能提交下一步”，如图 8-1-102 所示。

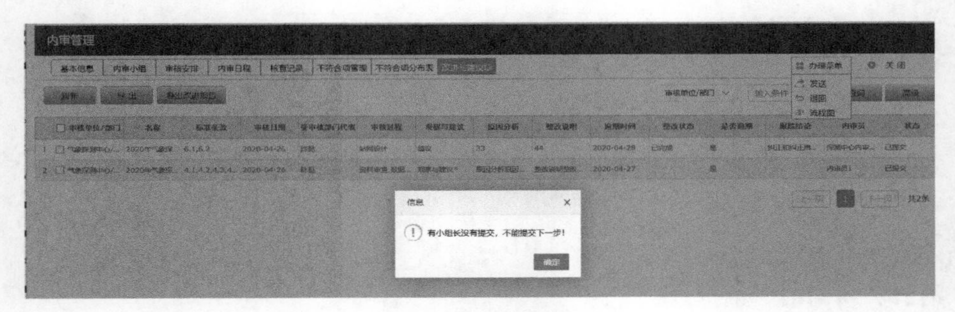

图 8-1-102　小组审核发现—提交

所有小组组长都提交审核后，内审组长可打开基本信息页，如图 8-1-103 所示。

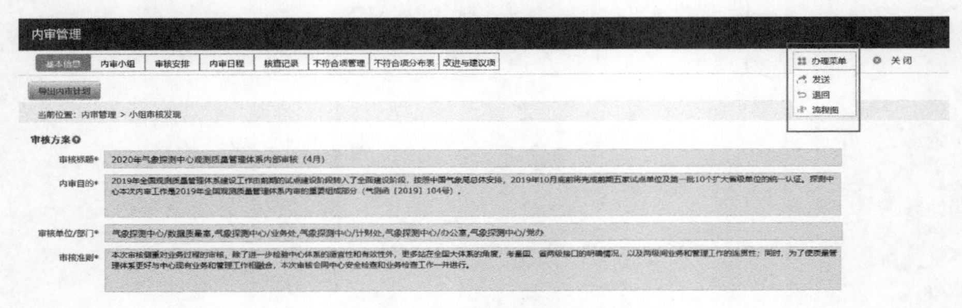

图 8-1-103　小组审核发现—办理菜单

【关闭】：关闭该页。

【办理菜单】：点击该菜单，选择以下菜单项：

●【发送】：发送到流程下一环节；

●【退回】：退回到流程上一环节；

●【流程图】：图形化展示当前流程状态。

选择“办理菜单”，点击“发送”菜单项。在系统弹出的对话框中选择下一环节及接收人，点击“确定”提交。处理人为单位质量管理员，如图 8-1-104 所示。

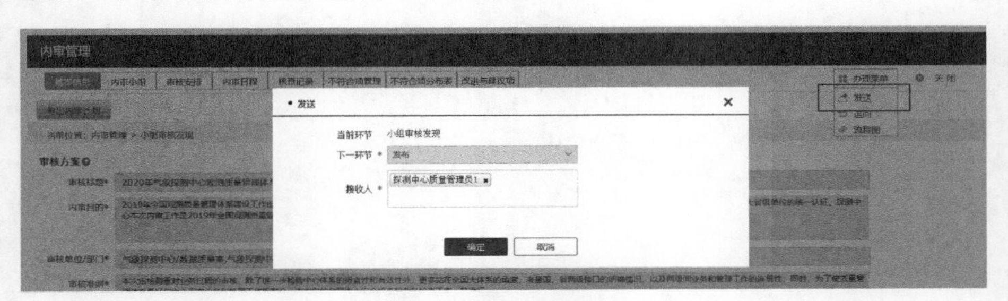

图 8-1-104　小组审核发现—发送

8.1.15　发布

单位质量管理员通过首页“待办”页可查看需要处理的事项，如图 8-1-105 所示。

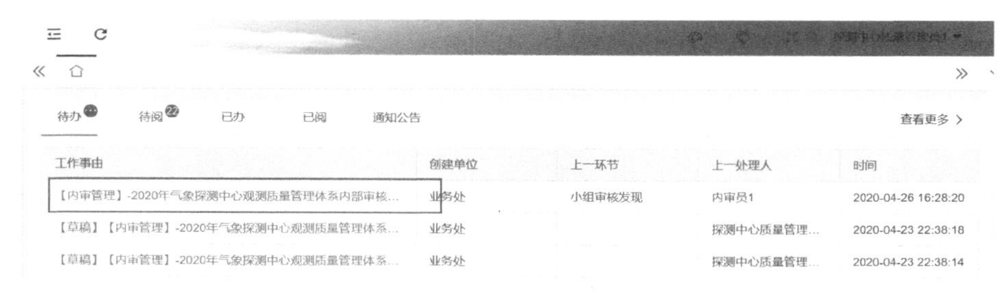

图 8-1-105　首页—待办—发布

打开“内审管理”页，如图 8-1-106 所示。

图 8-1-106　发布—办理菜单

【保存待发】：保存当前页。

【导出内审计划】：导出审核计划的 Word 文件。

【导出内审报告】：导出审核报告的 Excel 文件。

【关闭】：关闭当前页。

【办理菜单】：点击该菜单，选择以下菜单项：

◆【发送】：发送到下一环节；

◆【退回】：退回到上一环节；

◆【流程图】：图形化展示当前流程状态；

● 内审综述：内审综述相关描述；

● 审核发现及分析：审核发现及分析相关描述；

● 内审结论：内审结论相关描述。

单位质量管理员选择“办理菜单”，点击“发送”菜单项。在系统弹出的对话框中选择下一环节，点击“确定”进行办结，如图 8-1-107 所示。

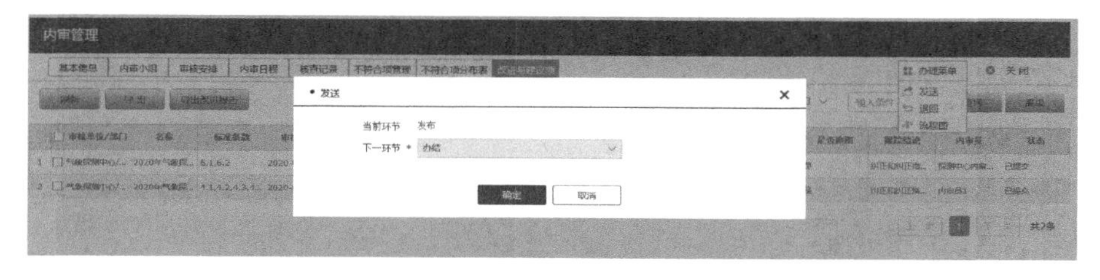

图 8-1-107　内审管理—发布—发送

【确定】:发送到流程下一环节。

【取消】:关闭当前对话框。

● 下一环节:发送办结。

8.1.16 查看编辑内审管理

选择菜单栏“检查(C)”的“内审管理”,列表中为本单位的内审信息,如图 8-1-108 所示。

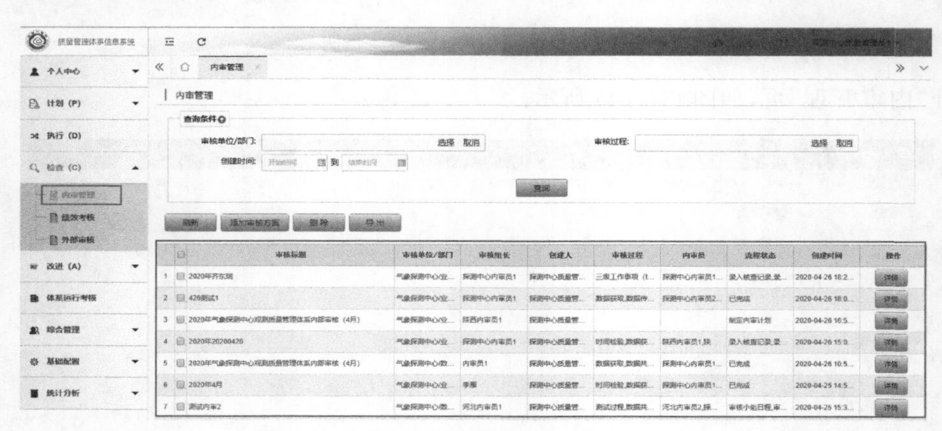

图 8-1-108 内审管理—查看

【查询条件】:根据输入条件进行组合条件查询。没有信息的空白字段,不作为条件。

● 审核单位/部门:选择审核单位/部门,系统查询包含该单位/部门的所有内审信息。

● 审核过程:审核过程名称,系统查询包含该名称的所有内审信息。

● 创建时间:内审信息创建的时间范围。

【查询】:点击该按钮,系统按条件进行查询并分页显示结果。

在列表中双击“内审管理”项,系统打开“内审管理”页显示详细信息。系统根据当前用户权限及流程流转状态显示可访问的功能按钮及“办理菜单”的菜单项。选择“办理菜单”的“流程图”菜单项可查看流程的流转信息。

8.2 外部审核

8.2.1 添加外部审核

“单位质量管理员”须上传外部审核计划时,选择菜单栏“检查(C)”,点击“外部审核”菜单项,如图 8-2-1 所示。

【刷新】:更新外部审核列表。

【添加外部审核】:添加新的本单位外部审核。

【删除】:勾选所要删除项后,点击“删除”,可删除所选外部审核。

【导出】:以 Excel 文件形式导出外部审核列表信息。

8.2.1.1 添加基本信息

点击“添加外部审核”按钮,如图 8-2-2 所示。

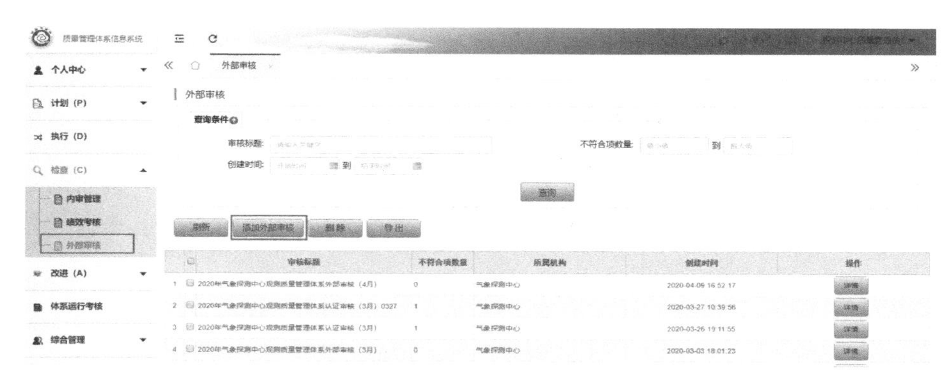

图 8-2-1　外部审核—添加外部审核

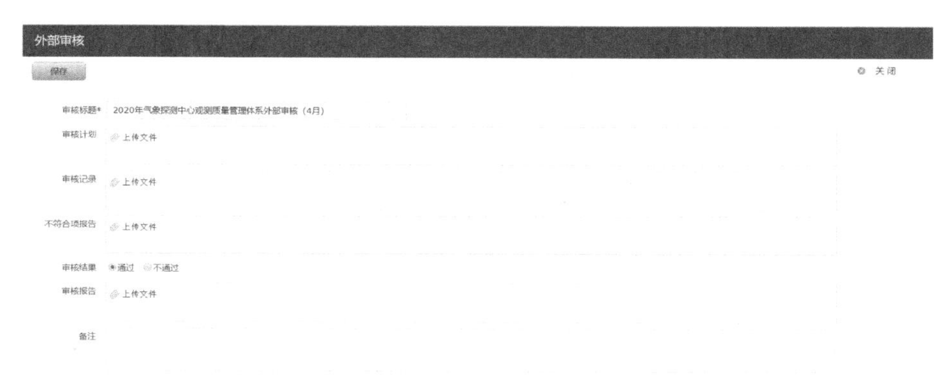

图 8-2-2　外部审核—添加信息

【保存】:保存外部审核信息。

【关闭】:关闭该页。

新建外部审核时,“＊”标识的为必填项。

- 审核标题:新建外部审核名称。
- 审核计划:审核计划相关附件。
- 审核记录:审核记录相关附件。
- 不符合项报告:不符合项报告相关附件。
- 审核结果:外部审核是否通过。
- 审核报告:审核报告相关附件。
- 备注:相关备注说明。

信息填写完成后,点击“保存”按钮保存信息,如图 8-2-3 所示。

8.2.1.2　添加不符合项

在“外部审核”页,点击“不符合项”,如图 8-2-4 所示。

【刷新】:更新不符合项列表。

【添加】:增加不符合项。

【删除】:勾选所要删除项后,点击“删除”,可删除所选不符合项。

【导出】:导出指定字段的 Excel 文件。

【导出不符合项报告】:以 Word 文件形式导出不符合项报告。

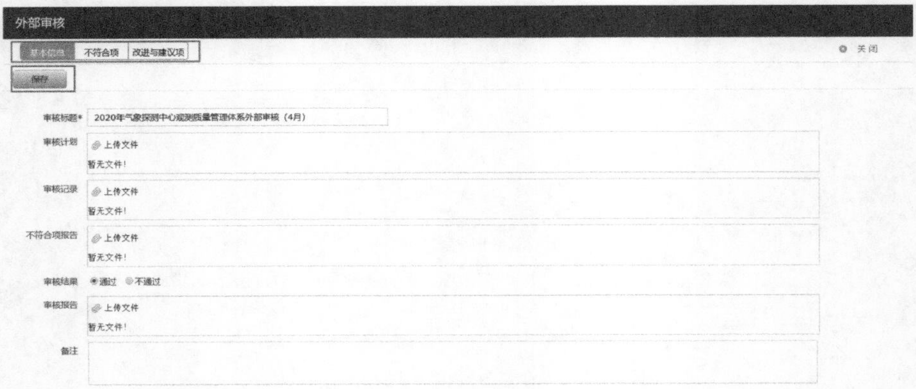

外部审核

基本信息　不符合项　改进与建议项　关闭

保存

审核标题* 2020年气象探测中心观测质量管理体系外部审核（4月）

审核计划 上传文件 暂无文件！

审核记录 上传文件 暂无文件！

不符合项报告 上传文件 暂无文件！

审核结果 ◉通过 ◯不通过

审核报告 上传文件 暂无文件！

备注

图 8-2-3　外部审核—基本信息

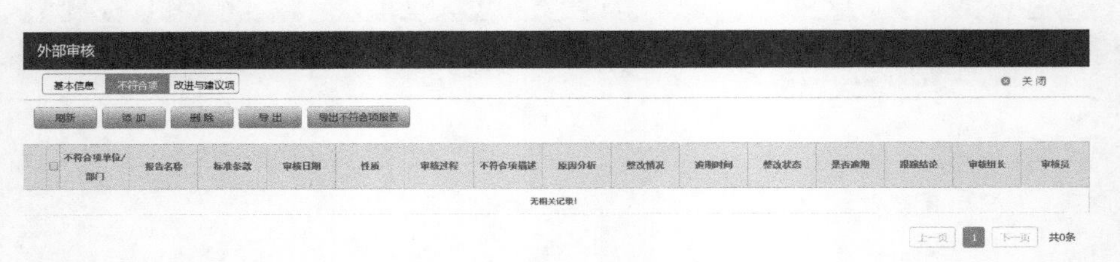

图 8-2-4　外部审核—不符合项

在“外部审核”页，点击“不符合项”页中的“添加”按钮，如图 8-2-5 所示。

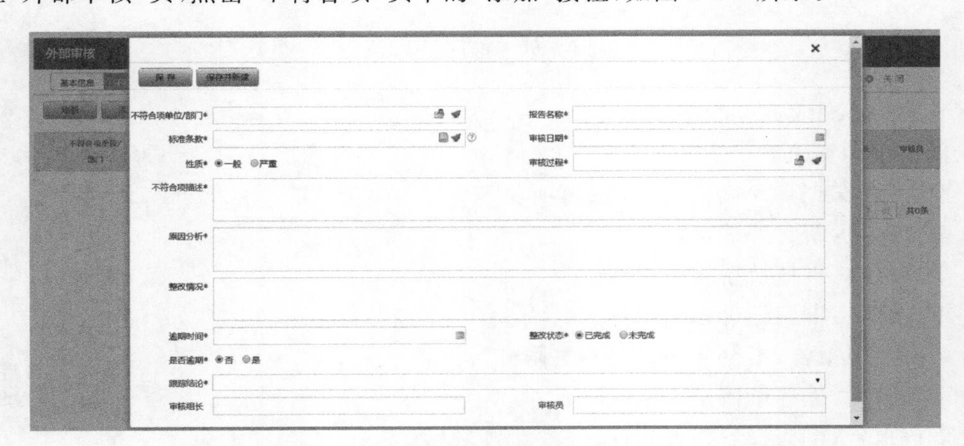

图 8-2-5　外部审核—不符合项—添加

【保存】：保存不符合项信息。

【保存并新建】：保存当前不符合项信息，然后打开新的不符合项页。

新建不符合项时，“ * ”标识的为必填项。

- 不符合项单位/部门：不符合项受审核单位/部门，可选择本省单位/部门。
- 报告名称：不符合项报告的名称。默认名可修改。
- 标准条款：质量管理体系要求标准条款号，从不符合项库中选择。
- 审核日期：审核时间。
- 性质：不符合项的严重程度。

- 审核过程:不符合项受审核业务过程。先选择不符合项单位/部门,才可选择对应的审核过程。
- 不符合项描述:不符合项内容描述。
- 原因分析:不符合项分析说明。
- 整改情况:不符合项整改情况。
- 逾期时间:整改逾期时间。
- 整改状态:整改完成状态,未完成或已完成。
- 是否逾期:整改是否按期完成。
- 跟踪结论:整改跟踪结论。
- 审核组长:审核组长,从本单位内审员和国家级内审员中选择。
- 审核员:审核员,从本单位内审员和国家级内审员中选择。

选择条款号,点击“?”号图标,系统提示对应条款号描述,如图 8-2-6 所示。

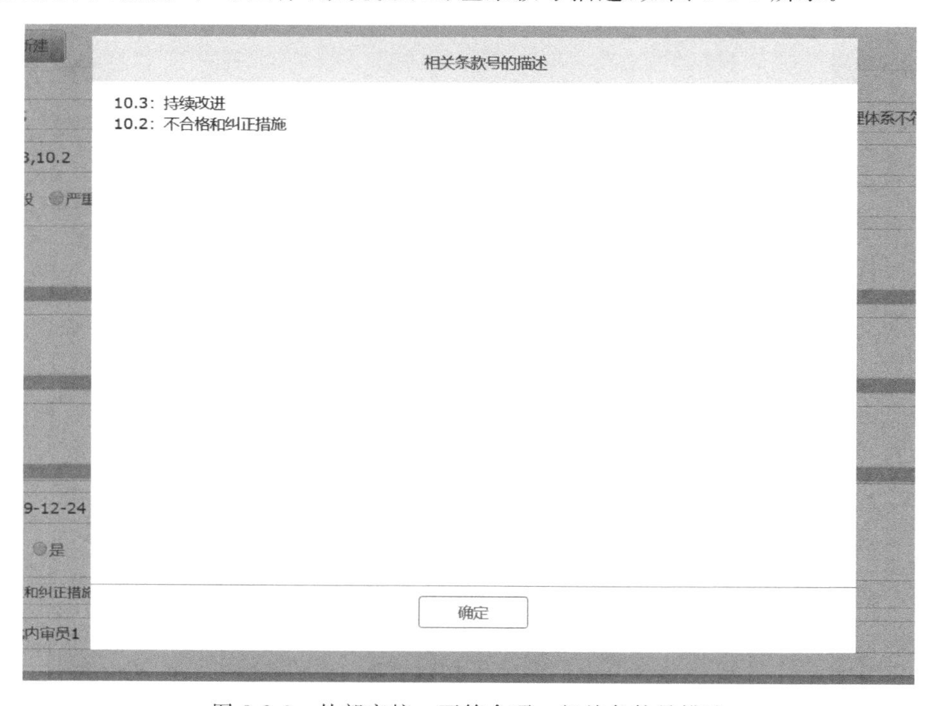

图 8-2-6　外部审核—不符合项—相关条款号描述

信息填写完成后,点击“保存”按钮保存信息,如图 8-2-7 所示。

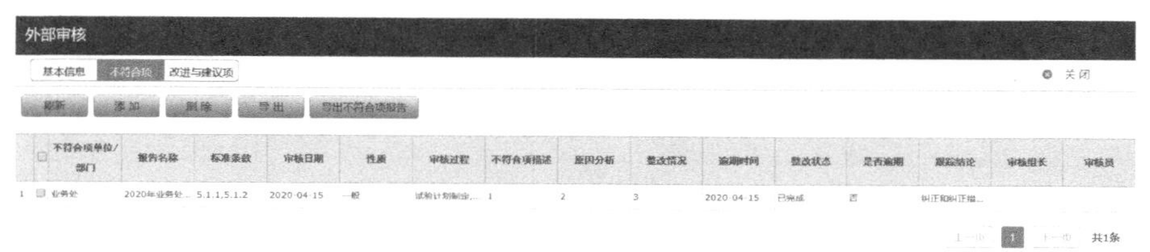

图 8-2-7　外部审核—不符合项—保存

8.2.1.3　添加改进与建议项

点击“外部审核”页“改进与建议项”,如图 8-2-8 所示。

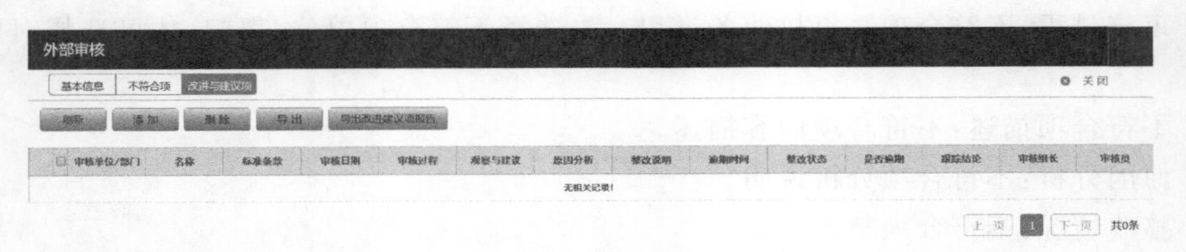

图 8-2-8　外部审核—改进与建议项

【刷新】:更新改进与建议项列表。

【添加】:增加改进与建议项。

【删除】:勾选所要删除项后，点击“删除”，可删除所选改进与建议项。

【导出】:导出指定字段的 Excel 文件。

【导出改进建议项报告】:以 Word 文件形式导出改进与建议项报告。

点击“改进与建议项”页中的“添加”按钮，如图 8-2-9 所示。

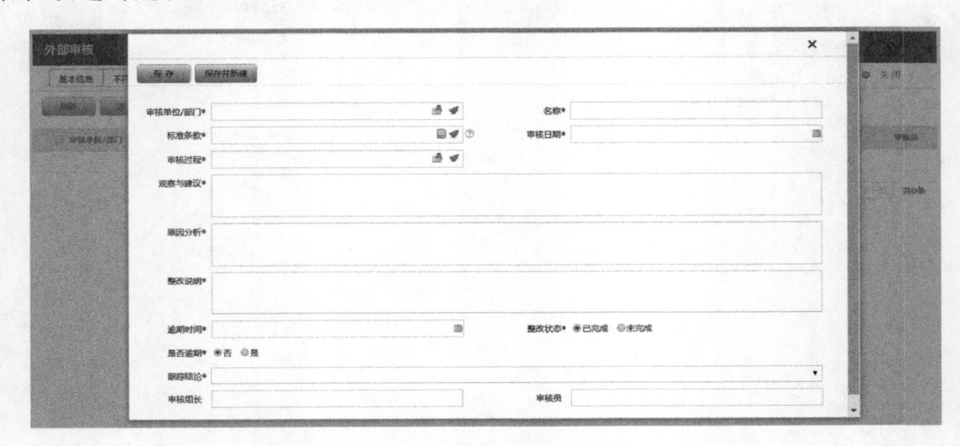

图 8-2-9　外部审核—改进与建议项—添加

【保存】:保存不符合项信息。

【保存并新建】:保存当前改进与建议信息，然后打开新“改进与建议项”页。

新建改进与建议项时，“ * ”标识的为必填项。

- 审核单位/部门:改进与建议项的受审核单位/部门，选择范围为本单位/部门。
- 名称:改进与建议项报告的名称。
- 标准条款:质量管理体系要求标准条款号，从不符合项库中选择。
- 审核日期:审核时间。
- 审核过程:受审核业务过程。先选择“审核单位/部门”，才可选择“审核过程”。
- 观察与建议:观察与建议描述。
- 原因分析:改进与建议项分析说明。
- 整改说明:改进与建议项整改说明情况。
- 逾期时间:改进与建议项整改逾期时间。
- 整改状态:整改完成状态，未完成或已完成。
- 是否逾期:整改是否按期完成。
- 跟踪结论:整改跟踪结论。

● 审核组长：审核组长，从本单位内审员和国家级内审员中选择。

● 审核员：审核员，从本单位内审员和国家级内审员中选择。

选择条款号，点击“?”号图标，系统提示对应条款号描述，如图 8-2-10 所示。

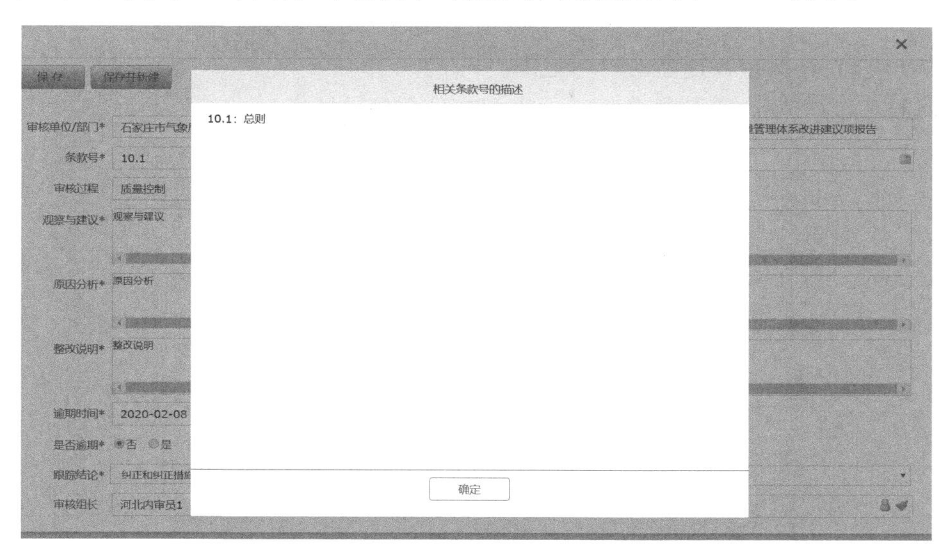

图 8-2-10　外部审核—改进与建议项—相关条款号描述

信息填写完成后，点击“保存”按钮保存信息，如图 8-2-11 所示。

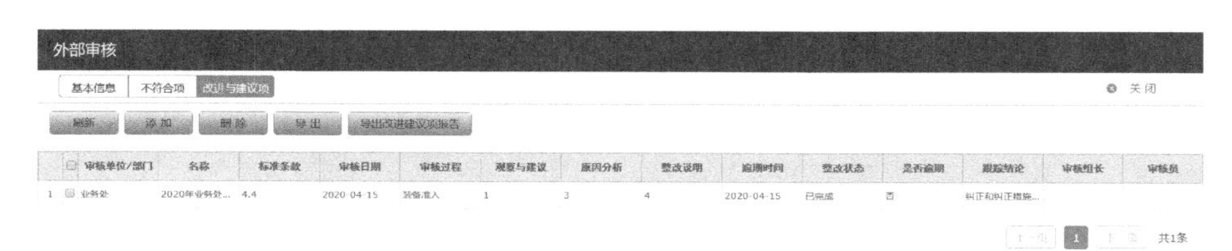

图 8-2-11　外部审核—改进与建议项—保存

8.2.2　查看外部审核

选择菜单栏“检查(C)”的“外部审核”，列表中为本单位的外部审核信息，如图 8-2-12 所示。

图 8-2-12　外部审核—查看

【查询条件】:根据输入条件进行组合条件查询。没有信息的空白字段,不作为条件。

● 审核标题:外部审核标题关键字。系统查询包含该标题的所有外部审核信息。

● 不符合项数量:选择不符合项数量范围。系统查询包含该范围内的所有外部审核信息。

● 创建时间:外部审核创建的时间范围。

【查询】:点击该按钮,系统按条件进行查询并分页显示结果。

第9章　改进管理子系统

9.1　管理评审

9.1.1　管理评审流程

“单位质量管理员”角色用户编制管理评审计划，“单位管理者代表”角色用户审批。审批通过后，“单位质量管理员”角色发布管理评审计划，“部门质量管理员(责任部门、单位)”用户上传评审材料，“单位质量管理员”角色用户汇总管理评审(以下简称管评)输入信息，组织评审会议，生成管理评审报告，“单位管理者代表”角色用户审批。审批通过后，“单位质量管理员”角色用户发布管理评审报告。若没有“问题整改及跟踪验证”可直接办结。若有“问题整改及跟踪验证”问题记录，“部门质量员(责任部门、单位)”角色用户制定改进措施，“部门质量员(验证部门、单位)”验证实施结果，“单位质量管理员”角色用户审核跟踪验证，进行管理措施有效性评价，办结。管理评审业务流程如图 9-1-1 所示。

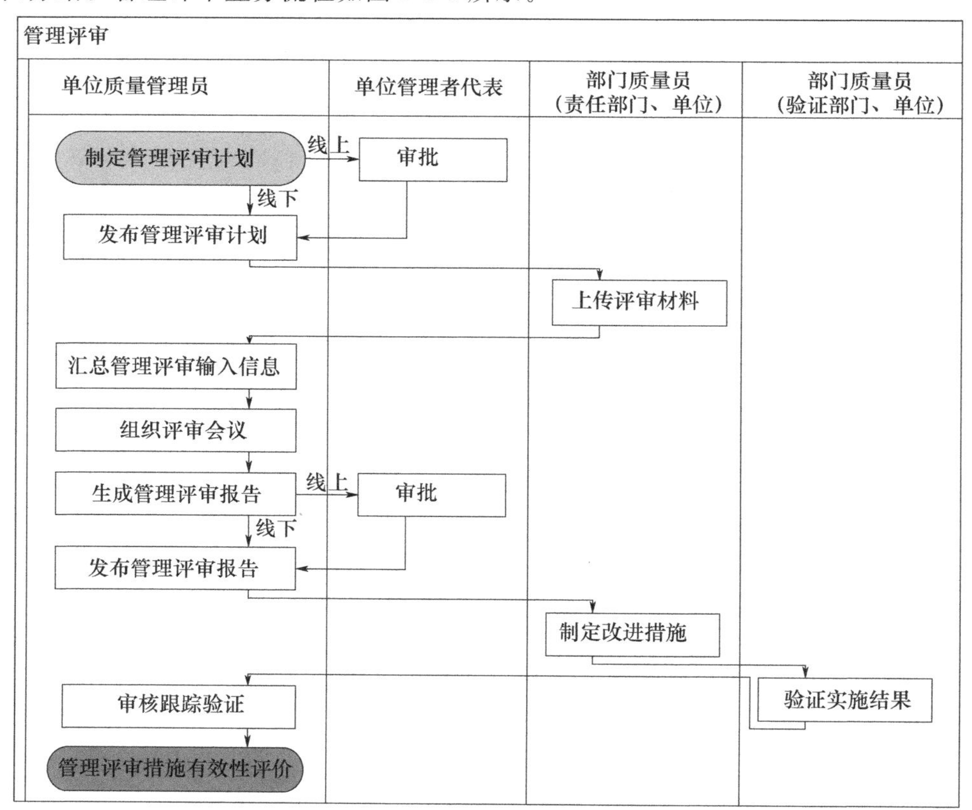

图 9-1-1　管理评审业务流程

9.1.2 编辑管理评审计划

“单位质量管理员”选择菜单栏“改进(A)”的“管理评审”菜单项并单击，如图 9-1-2 所示。

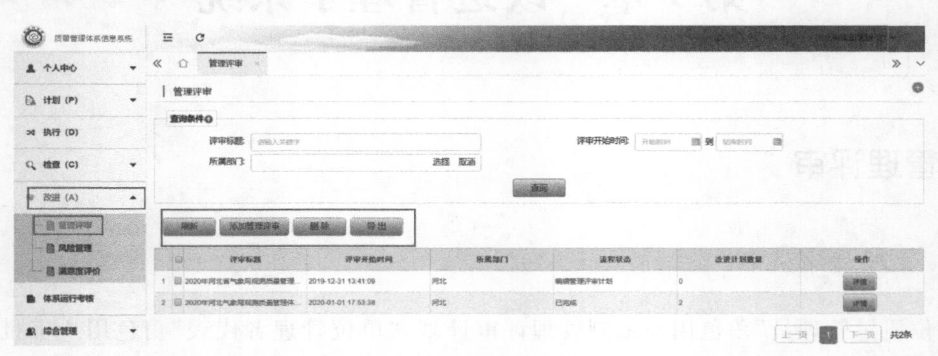

图 9-1-2 管理评审—添加管理评审

【刷新】:更新管理评审列表。

【添加管理评审】:添加本单位管理评审计划。

【删除】:勾选所要删除的项后，点击“删除”，可删除所选评审计划。只有“流程状态”为“编辑管理评审计划”的才允许删除操作。

【导出】:以 Excel 文件形式导出管理评审列表信息。

点击“添加管理评审”按钮，可添加制定管理评审计划如图 9-1-3 所示。

图 9-1-3 管理评审—制定管理评审计划

【保存待发】:保存管理评审计划信息。

【关闭】:关闭该页。

新建管理评审时，“ * ”标识的为必填项。

- 评审标题:新建管理评审计划名称。默认值可修改。
- 评审开始时间/结束时间:评审进行时间。结束时间不能小于开始时间。
- 评审目的:目的的简要描述。
- 评审参加部门:单、多选评审参加部门，可选本单位部门。
- 参加部门负责人:单、多选参加部门负责人。

● 评审参加人员：参与评审人员。

● 评审内容：评审内容的简要描述。

● 各部门、各单位评审准备工作要求：评审准备工作要求简要描述。

● 评审计划审批流程："线下"为在本系统外执行审批流程；"线上"为在本系统中执行审批流程。

● 评审计划审批文件："线下"审批的留痕文件。

信息填写完成后，点击"保存"按钮保存信息，如图 9-1-4 所示。

图 9-1-4　管理评审—编制管理评审计划—办理菜单

【保存待发】：保存信息草稿，该流程的状态为"编辑管理评审计划"。

【导出管评计划】：以 Word 文件形式导出管理评审计划。

【关闭】：关闭当前页。

【办理菜单】：点击该菜单，选择以下菜单项：

●【发送】：发送到流程下一环节。

●【流程图】：图形化展示当前流程状态。

选择"办理菜单"的"流程图"菜单项，系统打开流程流转状态页，如图 9-1-5 所示。

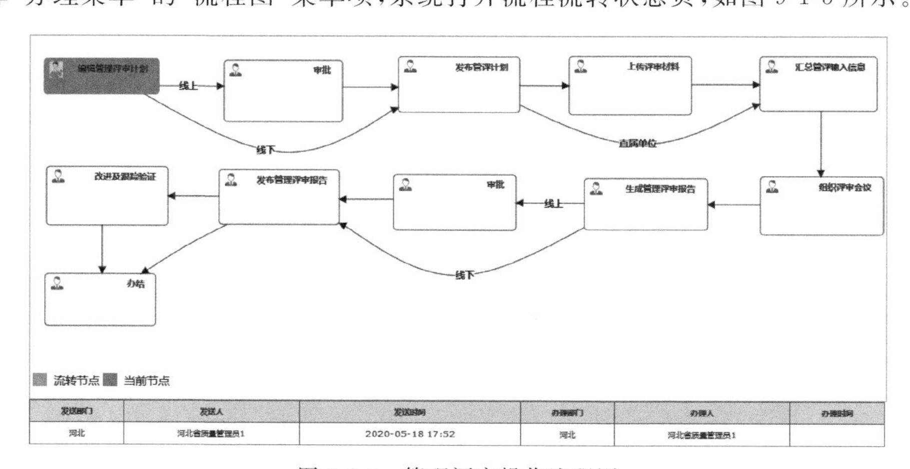

发送部门	发送人	发送时间	办理部门	办理人	办理时间
河北	河北省质量管理员1	2020-05-18 17:52	河北	河北省质量管理员1	

图 9-1-5　管理评审操作流程图

选择"办理菜单"，点击"发送"菜单项。在系统弹出的对话框中选择下一环节及接收人，点击“确定”提交，如图 9-1-6 所示。

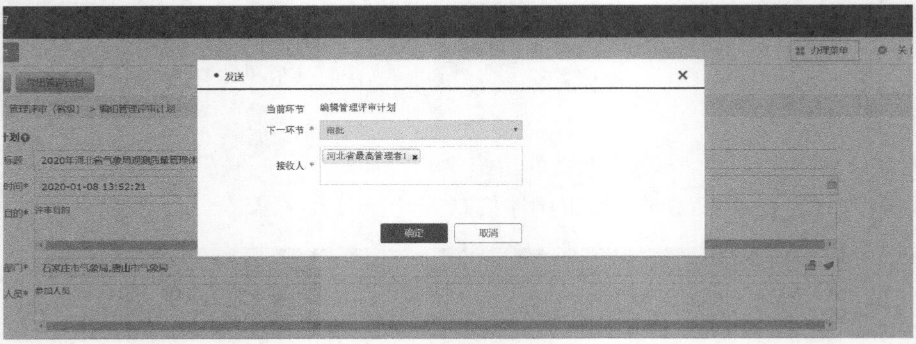

图 9-1-6 管理评审—编制管理评审计划—发送

【确定】：发送到流程下一环节。

【取消】：关闭当前对话框。

● 当前环节：流程的当前环节。

● 下一环节：流程下一步送交的环节。

● 接收人：下一环节的处理人。

9.1.3 管理评审计划审批

提交管理评审计划后，审批人进行审批。通过首页“待办”页或者菜单栏“改进”下的“管理评审”列表查看需要处理的事项，如图 9-1-7 所示。

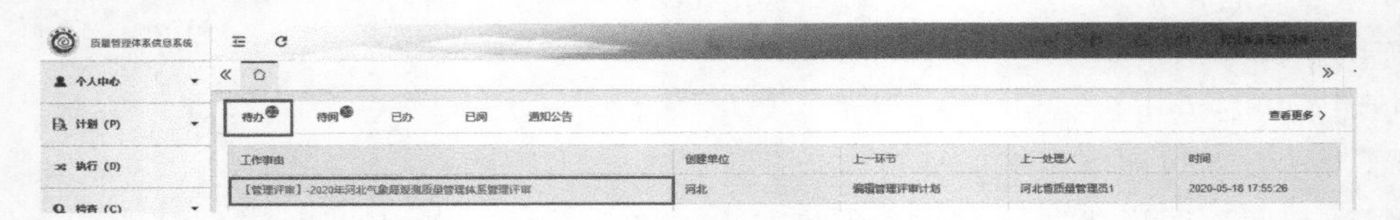

图 9-1-7 首页—待办—管理评审计划审批

单击“待办”列表中的事项，系统打开新页。在“管理评审（省级）”页查看该事项的详细信息，如图 9-1-8 所示。

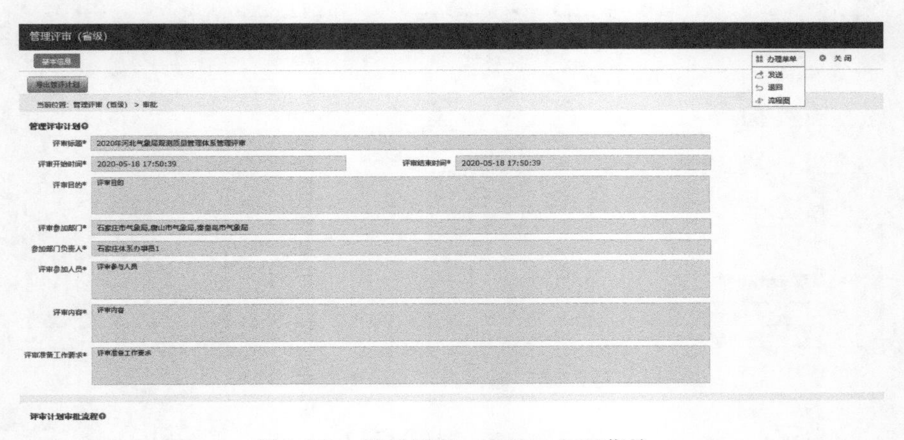

图 9-1-8 管理评审—审批—办理菜单

【导出管评计划】:以 Word 文件形式导出管理评审计划。

【关闭】:关闭当前页。

【办理菜单】:点击该菜单,选择以下菜单项:

●【发送】:发送到流程下一环节;

●【退回】:退回到流程上一环节;

●【流程图】:图形化展示当前流程状态。

选择“办理菜单”,点击“发送”菜单项。在打开的“发送”对话框中选择提交下一环节及接收人,填写审核意见。点击“确定”按钮提交,如图 9-1-9 所示。

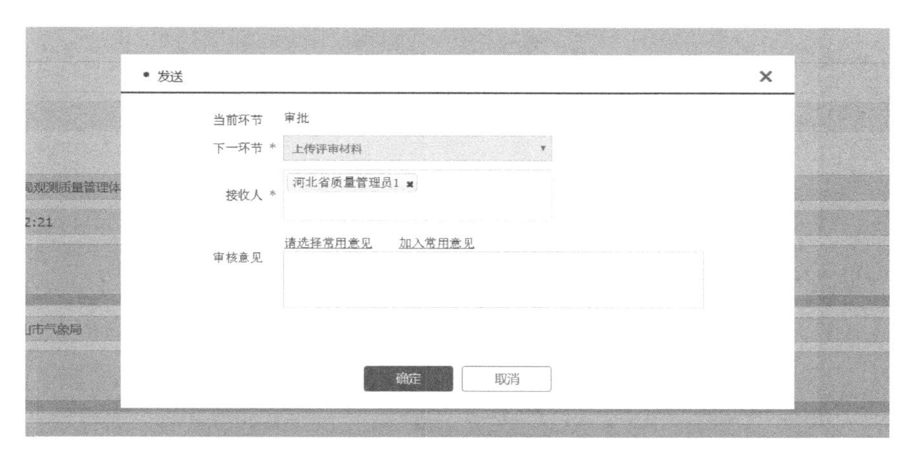

图 9-1-9　管理评审—审批—发送

【确定】:发送到流程下一环节。

【取消】:关闭当前对话框。

● 当前环节:流程的当前环节。

● 下一环节:流程下一步送交的环节。

● 接收人:下一环节的处理人。

退回当前申请,选择“办理菜单”,点击“退回”菜单项,在打开的对话框中点击“确定”提交,如图 9-1-10 所示。

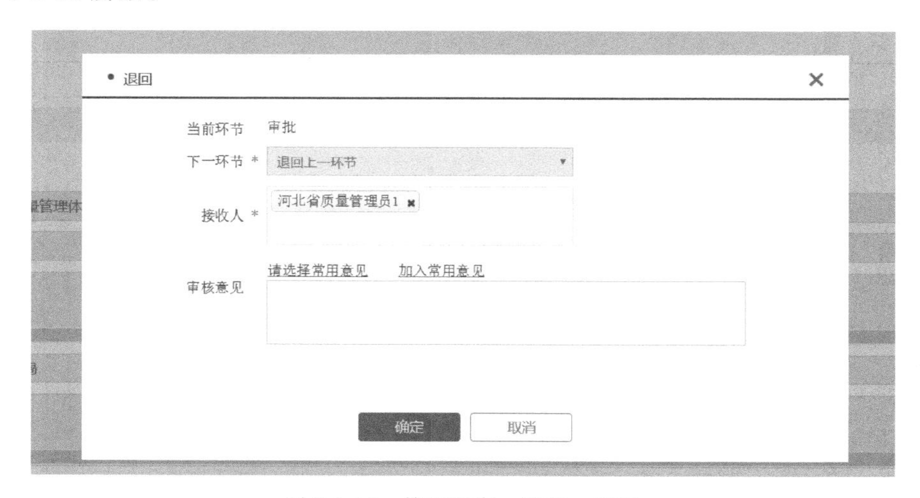

图 9-1-10　管理评审—审批—退回

9.1.4 发布管理评审计划

管理评审计划审批后，“单位质量管理员”发布管理评审计划，通过首页“待办”页或者菜单栏“改进”下的“管理评审”列表查看需要处理的事项，如图 9-1-11 所示。

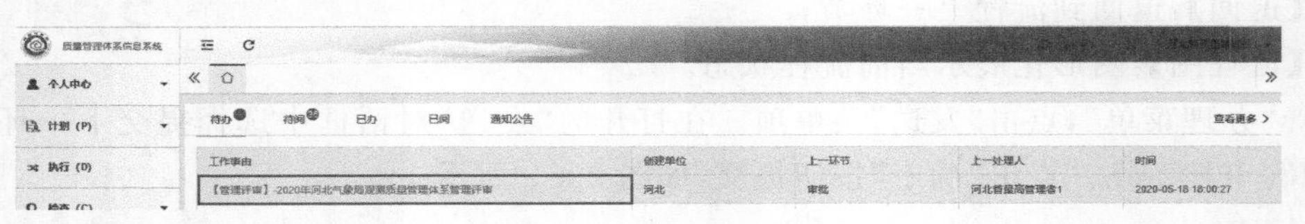

图 9-1-11　首页—待办—发布管理评审计划

单击“待办”列表中的事项，系统打开新页。在“管理评审”页查看该事项的详细信息，如图 9-1-12 所示。

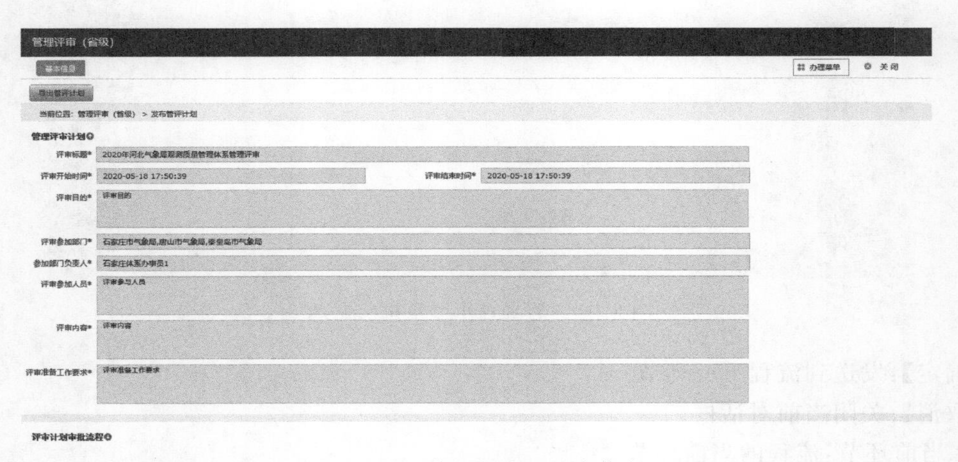

图 9-1-12　管理评审—基本信息

【关闭】：关闭当前页。

【办理菜单】：点击该菜单，选择以下菜单项：

●【发送】：发送到流程下一环节；

●【退回】：退回到流程上一环节；

●【流程图】：图形化展示当前流程状态。

选择“办理菜单”，点击“发送”菜单项。在系统弹出的对话框中选择下一环节，点击“确定”进行下一步，如图 9-1-13 所示。

9.1.5 上传管理评审材料

管理评审计划发布后，参评部门上传评审相关材料。通过首页“待办”页或者菜单栏“改进”下的“管理评审”列表查看需要处理的事项，如图 9-1-14 所示。

单击“待办”列表中的事项，系统打开新页。在“管理评审（省级）”页上传评审材料 Tab 页中，双击“评审记录”，查看该事项的详细信息，如图 9-1-15 所示。

【刷新】：更新管理评审—上传评审材料信息。

【关闭】：关闭当前页。

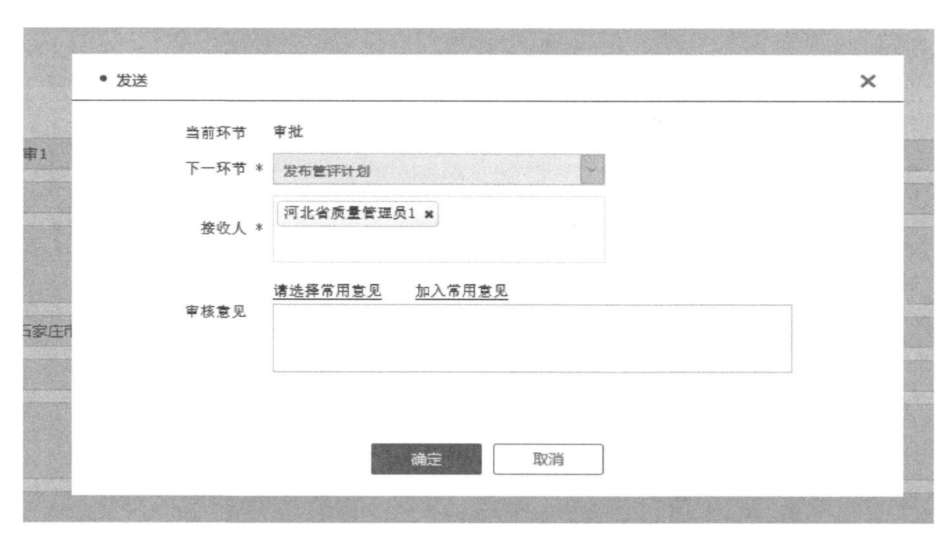

图 9-1-13　管理评审—审批

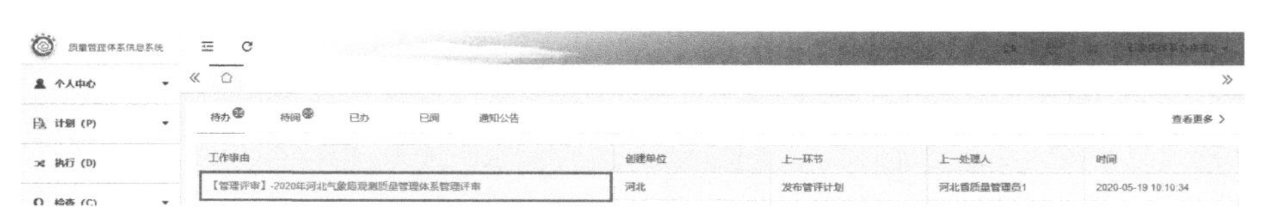

图 9-1-14　首页—待办—上传管理评审材料

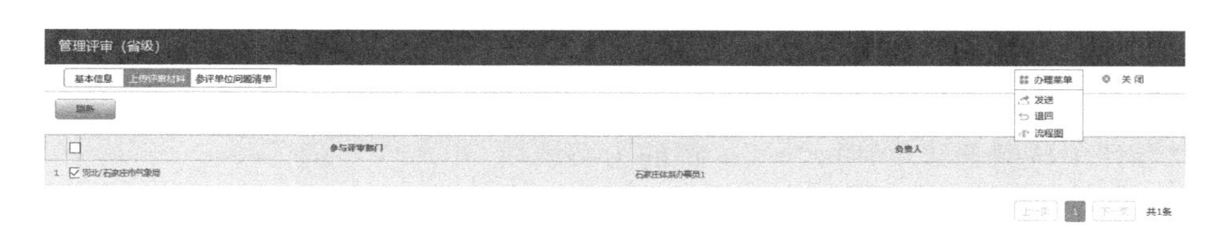

图 9-1-15　管理评审—上传评审材料

【办理菜单】:点击该菜单,选择以下菜单项:

- 【发送】:发送到流程下一环节;
- 【退回】:退回到流程上一环节;
- 【流程图】:图形化展示当前流程状态。

双击列表项,打开“上传评审材料”详细页面,添加信息,如图 9-1-16 所示。

添加信息时,“ * ”标识的为必填项。

- 内部用户满意度:内部客户满意度及相关方反馈描述。
- 外部用户满意度:外部客户满意度及相关方反馈描述。
- 内部整改完成率:内审整改情况。
- 已识别的风险数量:应对风险和机遇所采取措施的有效性。
- 已制定的风险措施数量:应对风险和机遇所采取措施的有效性。
- 管理评审改进事项数量:以往管理评审措施。
- 体系文件总数和修订数量:体系文件修订需求。
- 外供方用户满意度:外部供方绩效。

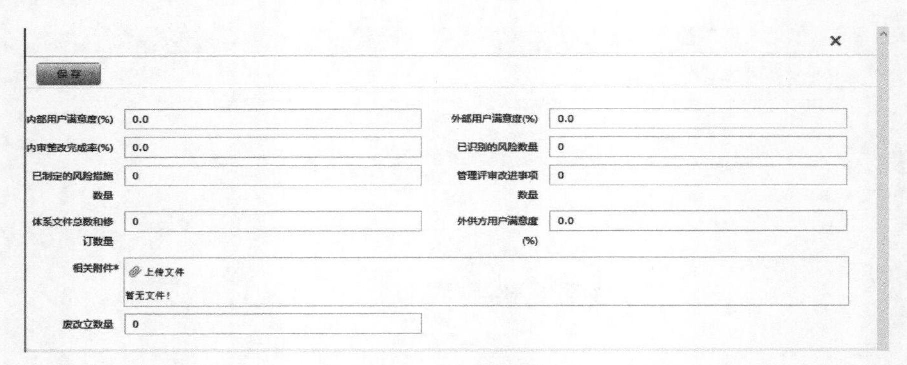

图 9-1-16　管理评审—上传评审材料—添加信息

● 相关附件(必填项):上传相关附件。

● 废立改数量:改进的机会。

在“管理评审(省级)”页“参评单位问题清单”Tab 页中,查看详细信息,如图 9-1-17 所示。

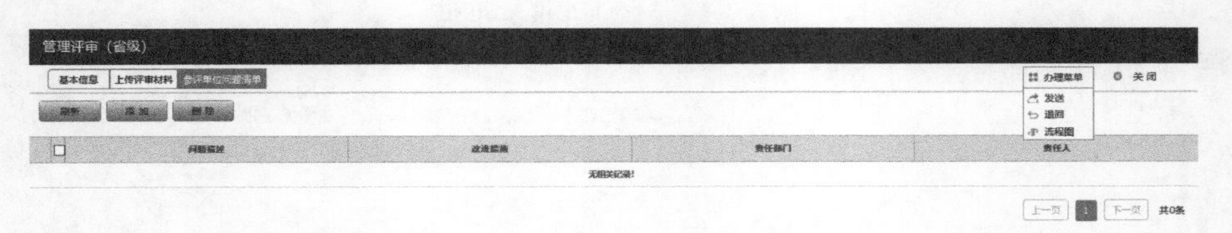

图 9-1-17　管理评审—参评单位问题清单—添加信息

【刷新】:刷新当前页面。

【添加】:新增参评单位问题清单。

【删除】:删除参评单位问题记录清单。

新建“参评单位问题清单”时,“ * ”标识的为必填项。

● 问题描述:参评单位问题的描述。

● 改进措施:改进措施的描述。

● 责任部门:责任部门(可单选、多选)。

● 责任人:参评的单位的负责人。

● 验证部门:验证部门(可单选、多选)。

● 验证人:验证人员。

信息填写完成后,点击“保存”按钮保存信息,如图 9-1-18 所示。

图 9-1-18　管理评审—参评单位问题清单—添加信息详情页

【保存】:保存信息,自动关闭当前详情页。

【关闭】:关闭当前页。

【办理菜单】:点击该菜单,选择以下菜单项:

- 【发送】:发送到流程下一环节;
- 【退回】:退回到流程上一环节;
- 【流程图】:图形化展示当前流程状态。

选择“办理菜单”,点击“发送”菜单项。在打开的“发送”对话框中选择提交下一环节及接收人,填写审核意见。点击“确定”按钮提交,如图 9-1-19 所示。

图 9-1-19　上传评审材料—审批—发送

【确定】:发送到流程下一环节。

【取消】:关闭当前对话框。

- 当前环节:流程的当前环节。
- 下一环节:流程下一步送交的环节。
- 接收人:下一环节的处理人。

退回当前申请,选择“办理菜单”,点击“退回”菜单项。在打开的对话框中点击“确定”提交,如图 9-1-20 所示。

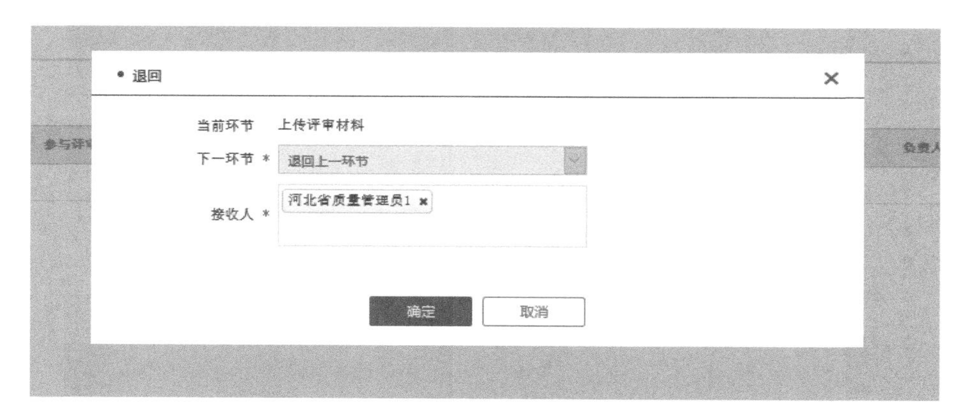

图 9-1-20　上传评审材料—审批—退回

9.1.6 汇总管评输入信息

上传评审材料后,“单位质量管理员”进行汇总管理评审输入信息。通过首页“待办”页或者菜单栏“改进”下的“管理评审”列表查看需要处理的事项,如图 9-1-21 所示。

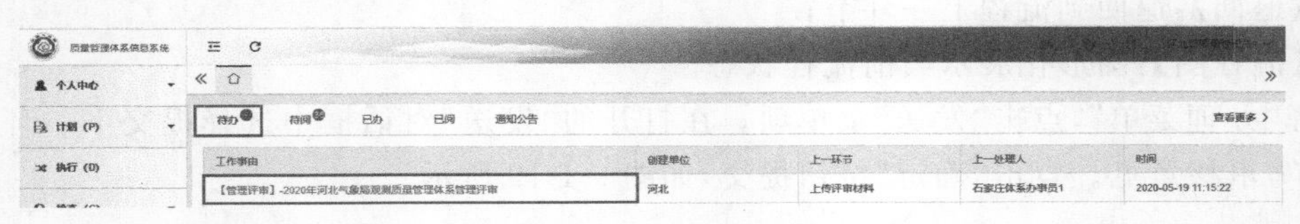

图 9-1-21 首页—待办—汇总管评输入信息

单击“待办”列表中的事项,系统打开新页。在“管理评审”页查看该事项的详细信息,如图 9-1-22 所示。

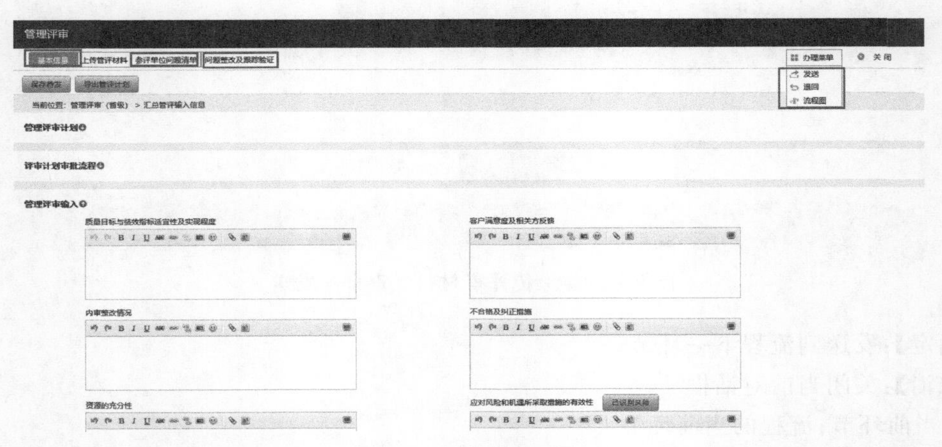

图 9-1-22 管理评审—基本信息—汇总管评输入信息

【保存待发】:保存信息草稿。

【导出管评计划】:以 Word 文件形式导出管理评审计划。

【关闭】:关闭当前页。

【办理菜单】:点击该菜单,选择以下菜单项:

● 【发送】:发送到流程下一环节;

● 【退回】:退回到流程上一环节;

● 【流程图】:图形化展示当前流程状态。

汇总管评输入信息:

● 质量目标与绩效指标适宜性及实现程度:质量目标与绩效指标适宜性及实现程度描述。

● 客户满意度及相关方反馈:客户满意度及相关方反馈描述。

● 内审整改情况:内审整改情况描述。

● 不合格及纠正措施:不合格及纠正措施描述。

● 资源的充分性:资源充分性描述。

● 应对风险和机遇所采取措施的有效性:应对风险和机遇所采取措施有效性描述。

点击“已识别风险”按钮，选择已识别风险（可按照识别风险条件查询）：

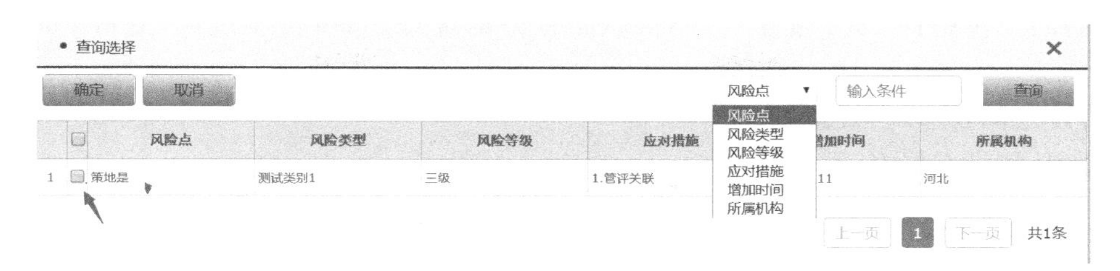

选择确定后，返回“上传评审材料”页，内容可修改。

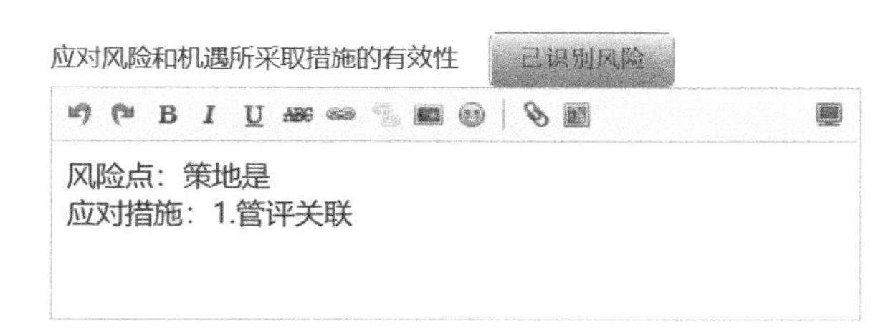

省级只显示上次本省管理评审办结到本次选择时间内的本部门已创建并且已办结“风险管理”关联的“风险点”。

- 改进的机会：改进机会描述。
- 体系文件修订需求：体系文件修订需求描述。
- 外部供方绩效：外部供方绩效描述。
- 内外部环境因素变化：内外部环境因素变化描述。
- 以往管理评审措施：以往管理评审措施描述。
- 需要最高管理者决策的其他事项：需要最高管理者决策的其他事项描述。

其中，内容编辑器的各部分名称及作用如下：

① 撤销：撤销最近一次操作；

② 重做：恢复最近一次操作；

③ 加粗：选中文字字体加粗；

④ 斜体：选中文字改为斜体；

⑤ 下划线：选中文字添加下划线；

⑥ 删除线：选中文字添加删除线；

⑦ 超链接：选中文字添加超链接；

⑧ 取消链接：选中文字的超链接取消；

⑨ 图片：上传图片，如不能上传，请确认是否浏览器的 Flash 版本过低，更新 FlashPlayer 后重试；

⑩ 表情:添加表情;

⑪ 附件:上传附件,如不能上传,请确认是否浏览器的 Flash 版本过低,更新 FlashPlayer 后重试;

⑫ 百度地图:添加百度地图;

⑬ 全屏:切换全屏显示。

点击“参评单位问题清单”,进入“参评单位问题清单”页,如图 9-1-23 所示。

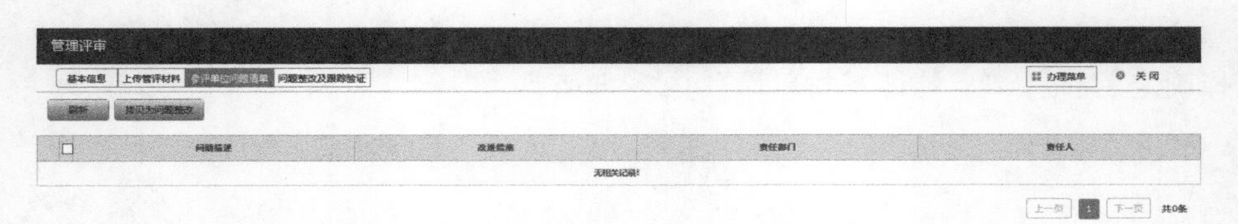

图 9-1-23　管理评审—参评单位问题清单

【刷新】:刷新管理评审信息页。

【拷贝单位问题清单】:将“参评单位问题清单”,直接拷贝为“问题整改及跟踪验证”记录。

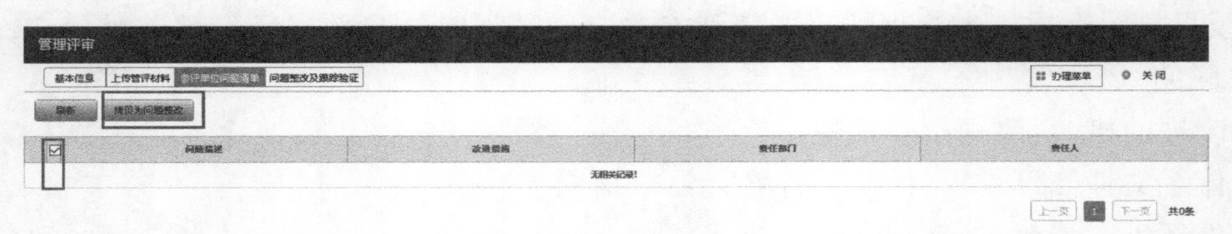

图 9-1-24　管理评审—参评单位问题清单—拷贝为问题整改记录图

勾选问题清单记录,点击“拷贝为问题整改”,同时在问题整改及跟踪验证中生成相关记录。

点击“管理评审”页的“问题整改及跟踪验证”,如图 9-1-25 所示。

图 9-1-25　管理评审—问题整改及跟踪验证

【刷新】:刷新问题整改及跟踪验证列表。

【添加】:添加问题整改及跟踪验证列表信息。

【删除】:勾选所要删除的项后,点击“删除”,可删除所选问题整改及跟踪验证列表信息。

【导出改进计划】:以 Word 形式导出改进计划。

点击“添加”按钮,系统打开问题整改及跟踪验证详细信息编辑页,如图 9-1-26 所示。

【保存】:保存填写的内容。

● 问题描述:问题信息描述。

● 改进措施:改进措施描述。

● 整改情况:整改情况的相关附件。

● 负责人:负责人信息。

● 责任部门:可选本单位部门(可多选)。

图 9-1-26　管理评审—问题整改及跟踪验证—添加

- 验证部门:可选本单位部门(可多选)。
- 验证人:验证人信息。
- 是否长期:是否是长期整改。

选择“是否长期”为“否”时,需要输入整改完成期限,如图 9-1-27 所示。

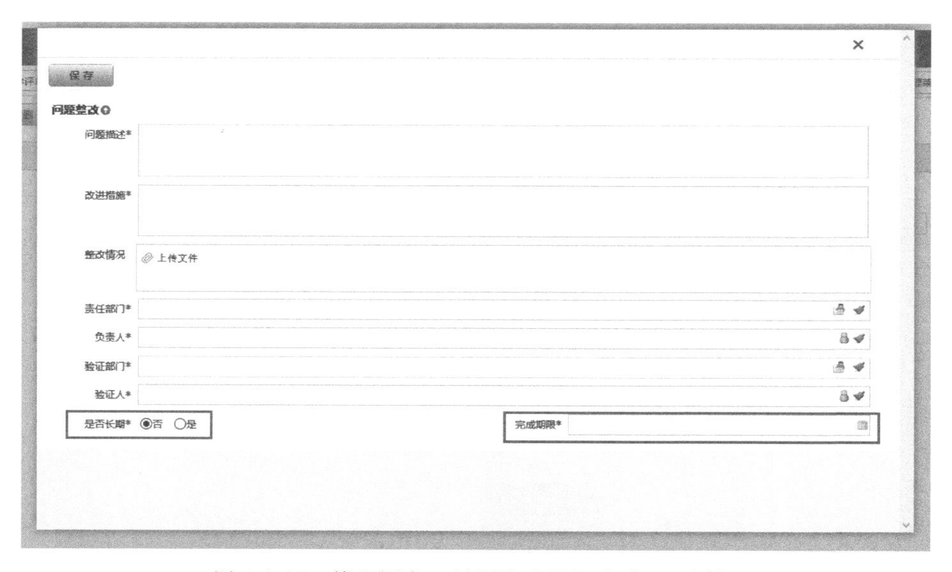

图 9-1-27　管理评审—问题整改及跟踪验证—添加

- 完成期限:整改完成时间。

信息填写完成后,点击“保存”按钮保存信息,如图 9-1-28 所示。

选择“办理菜单”,点击“发送”菜单项。在打开的对话框中选择提交下一环节,点击“确定”提交,如图 9-1-29 所示。

【确定】:发送到流程下一环节。

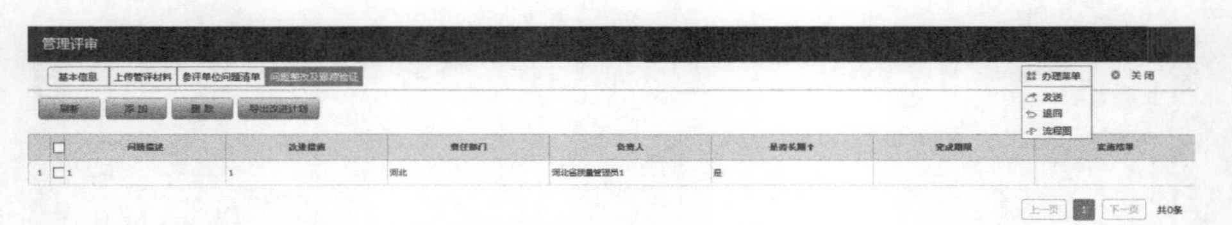

图 9-1-28　管理评审—问题整改及跟踪验证—办理菜单

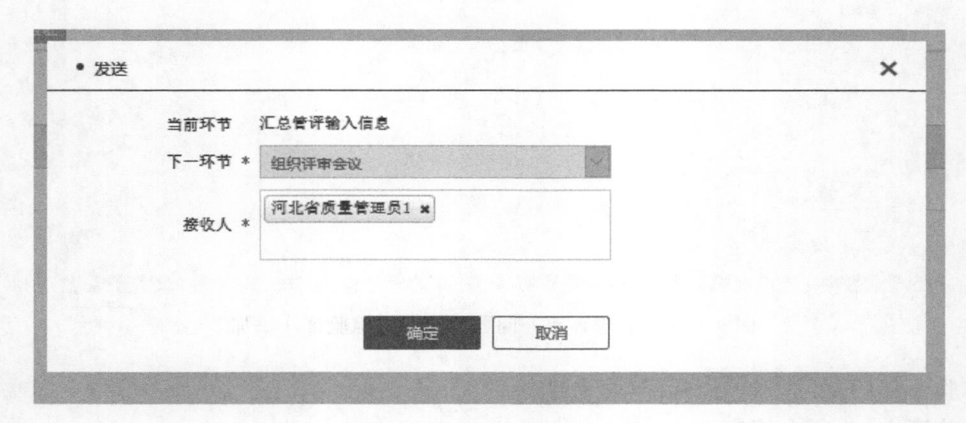

图 9-1-29　管理评审—汇总管评输入信息—发送

【取消】:关闭当前对话框。

● 当前环节:流程的当前环节。

● 下一环节:流程下一步送交的环节。

● 接收人:下一环节的处理人。

退回当前申请,选择“办理菜单”,点击“退回”菜单项,在打开的对话框中点击“确定”提交,如图 9-1-30 所示。

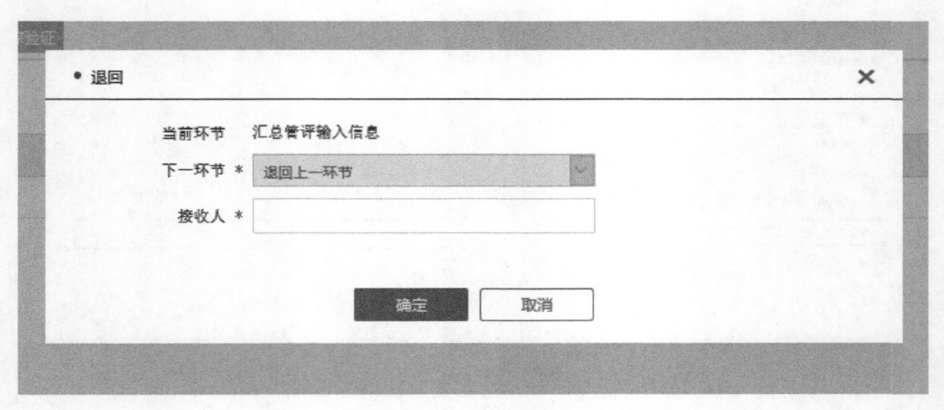

图 9-1-30　管理评审—汇总管评输入信息—退回

9.1.7　组织管理评审会议

上传评审材料后,进行组织评审会议。通过首页“待办”页或者菜单栏“改进”下的“管理评审”列表查看需要处理的事项,如图 9-1-31 所示。

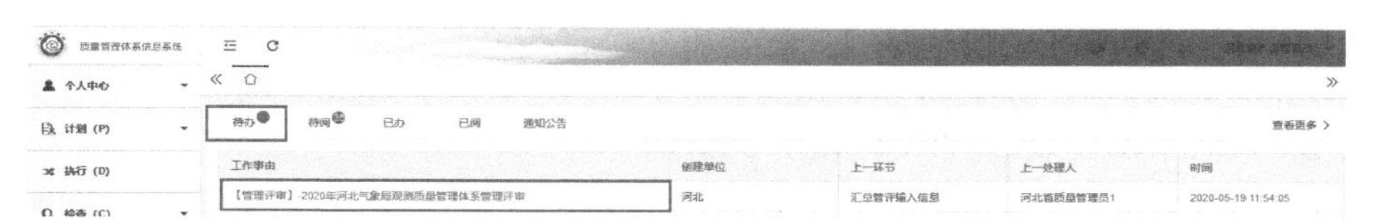

图 9-1-31　首页—待办—组织管理评审会议

单击“待办”列表中的事项，系统打开新页。在“管理评审(省级)”页查看该事项的详细信息，如图 9-1-32 所示。

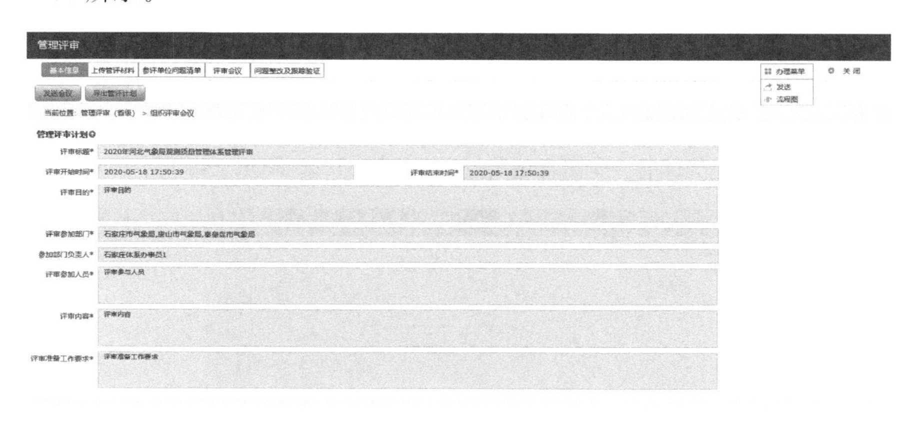

图 9-1-32　管理评审—基本信息—组织评审会议

【保存待发】：保存信息草稿。

【导出管评计划】：以 Word 文件形式导出管理评审计划。

【关闭】：关闭当前页。

【办理菜单】：点击该菜单，选择以下菜单项：

● 【发送】：发送到流程下一环节；

● 【退回】：退回到流程上一环节；

● 【流程图】：图形化展示当前流程状态。

点击“评审会议”，进入“评审会议”页，如图 9-1-33 所示。

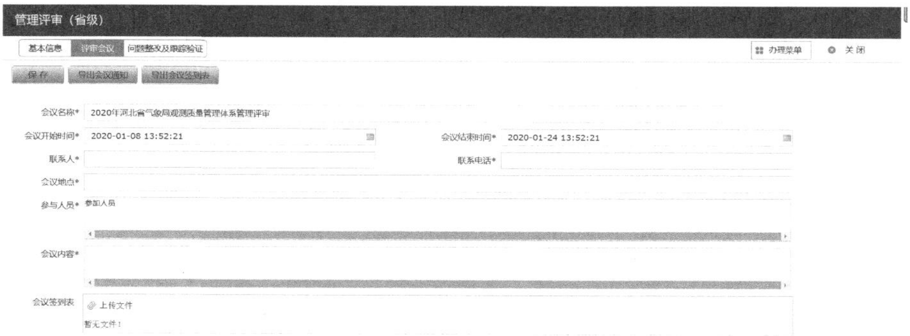

图 9-1-33　管理评审—评审会议—添加信息

【保存】：保存评审会议信息。

【导出会议通知】：以 Word 文件形式导出会议通知。

【导出会议签到表】:以 Word 文件形式导出会议签到表。

添加评审会议时,“ * ”标识的为必填项。

- 会议名称:本次会议名称。默认名可修改。
- 会议开始时间/会议结束时间:会议进行时间。系统预填“基本信息”页中的“评审开始”和“评审结束时间”。结束时间不能小于开始时间。
- 联系人:联系人信息。
- 联系电话:联系电话号码。
- 会议地点:参加会议地点。
- 参与人员:本次会议的参加人员。
- 会议内容:会议内容摘要。
- 会议签到表:会议签到表相关附件。

信息填写完成后,点击“保存”按钮保存信息,如图 9-1-34 所示。

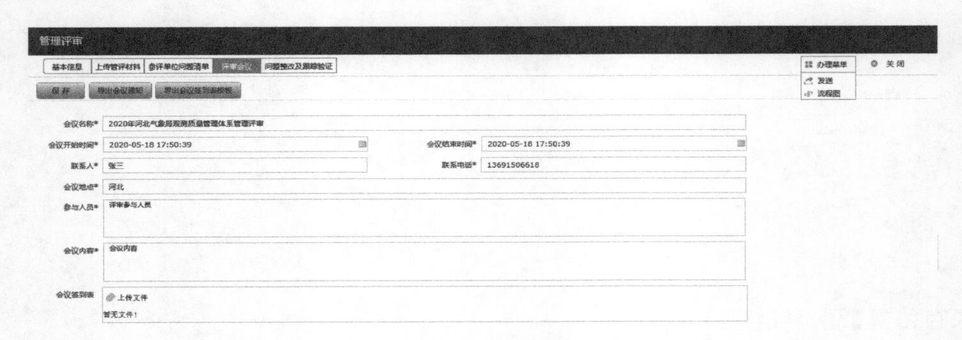

图 9-1-34 管理评审—评审会议

在“基本信息”页点击“发送会议”按钮,组织评审会议信息,下发至参加部门负责人(图 9-1-35)。

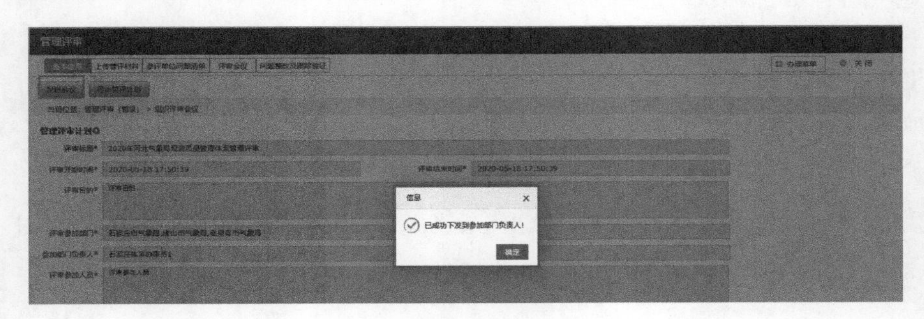

图 9-1-35 管理评审—基本信息—发送会议

点击“管理评审”进入“基本信息”页,如图 9-1-36 所示。

图 9-1-36 管理评审—基本信息—办理菜单

选择“办理菜单”，点击“发送”菜单项。在打开的对话框中选择提交下一环节，点击“确定”提交，如图9-1-37所示。

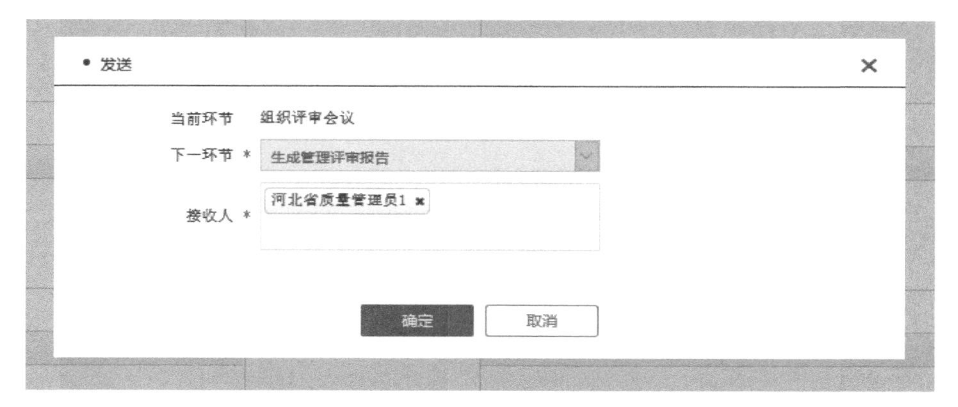

图9-1-37 管理评审—组织评审会议—发送

【确定】：发送到流程下一环节。

【取消】：关闭当前对话框。

● 当前环节：流程的当前环节。

● 下一环节：流程下一步送交的环节。

● 接收人：下一环节的处理人。

退回当前申请，选择“办理菜单”，点击“退回”菜单项，在打开的对话框中点击“确定”提交，如图9-1-38所示。

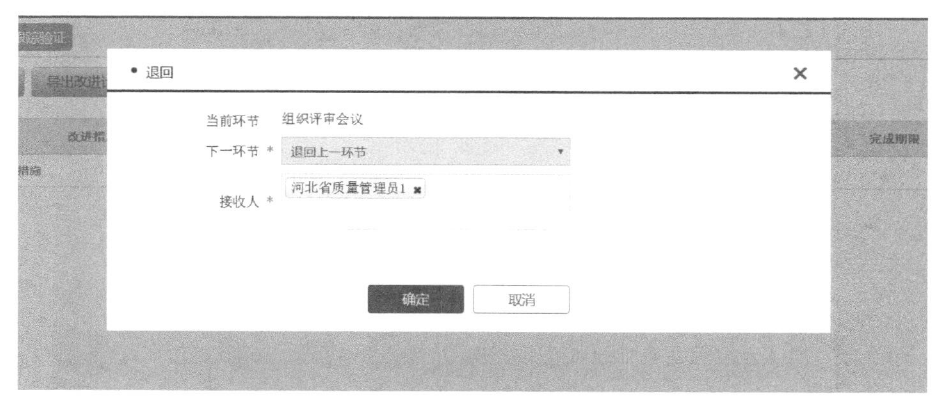

图9-1-38 管理评审—组织评审会议—退回

9.1.8 生成管理评审报告

组织评审会议提交后，“单位质量管理员”生成管理评审报告。通过首页“待办”页或者菜单栏“改进”下的“管理评审”列表查看需要处理的事项，如图9-1-39所示。

单击“待办”列表中的事项，系统打开新页。在“管理评审(省级)”页查看该事项的详细信息，如图9-1-40所示。

【保存待发】：保存信息草稿。

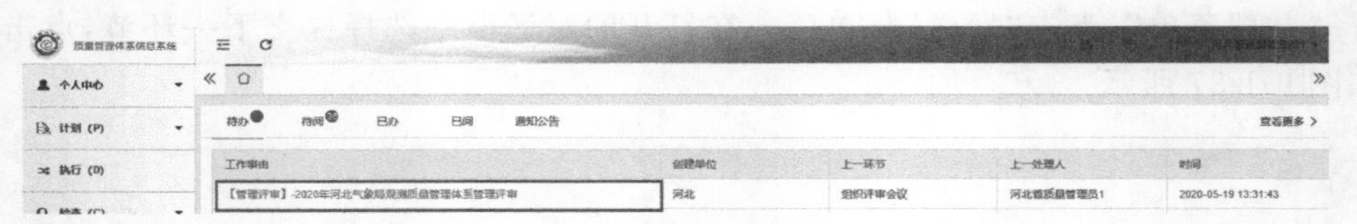

图 9-1-39　首页—待办—生成管理评审报告

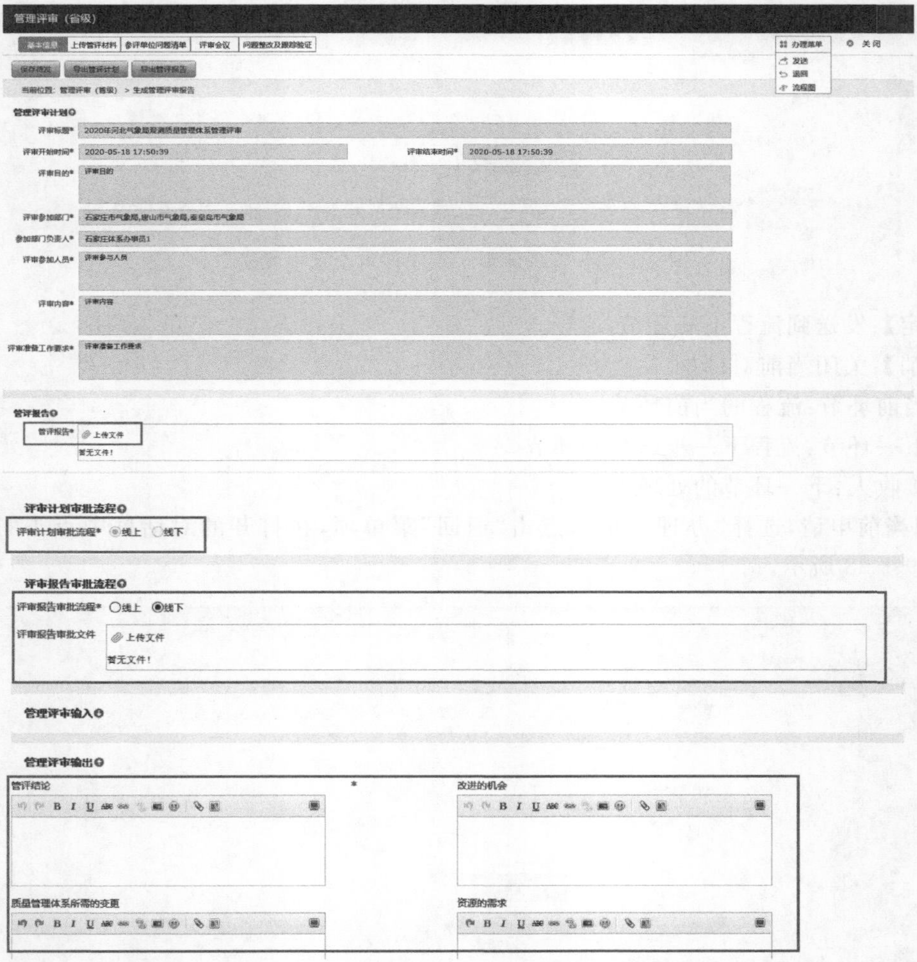

图 9-1-40　管理评审—基本信息—添加信息

【导出管评计划】:以 Word 文件形式导出管评计划。

【导出管评报告】:以 Word 文件形式导出管评报告。

【关闭】:关闭当前页。

【办理菜单】:点击该菜单,选择以下菜单项:

● 【发送】:发送到流程下一环节;
● 【退回】:退回到流程上一环节;
● 【流程图】:图形化展示当前流程状态;
● 管评报告:管评报告相关附件;

- 评审计划审批流程："线下"为在本系统外执行审批流程；"线上"为在本系统中执行审批流程；
- 评审报告审批流程："线下"为在本系统外执行审批流程；"线上"为在本系统中执行审批流程；
- 评审报告审批文件："线下"审批的留痕文件；
- 管评结论：管评结论简要描述；
- 改进的机会：改进机会简要描述；
- 质量管理体系所需的变更：质量管理体系所需变更简要描述；
- 资源的需求：资源需求简要描述。

信息填写完成后，点击"保存待发"按钮保存信息，如图 9-1-41 所示。

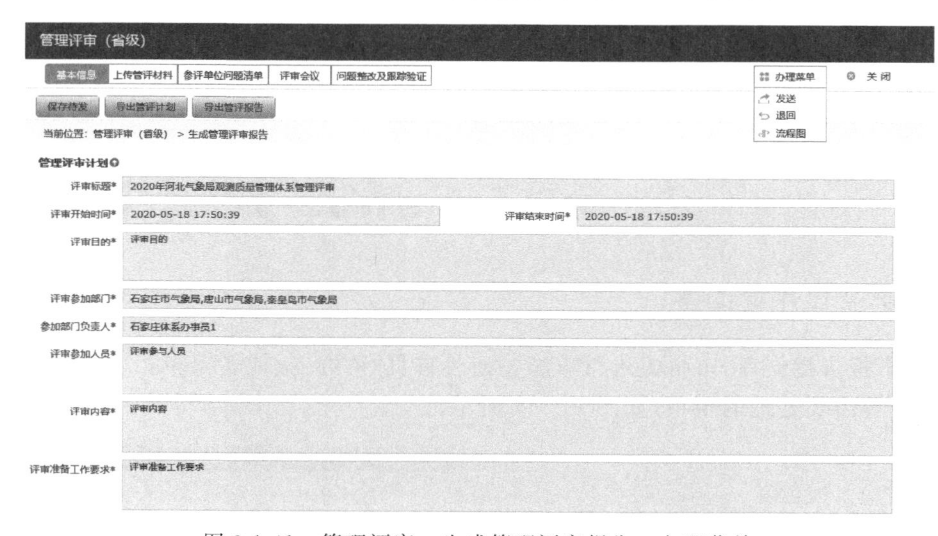

图 9-1-41　管理评审—生成管理评审报告—办理菜单

选择"办理菜单"，点击"发送"菜单项。在系统弹出的对话框中选择下一环节，如图 9-1-42 所示。

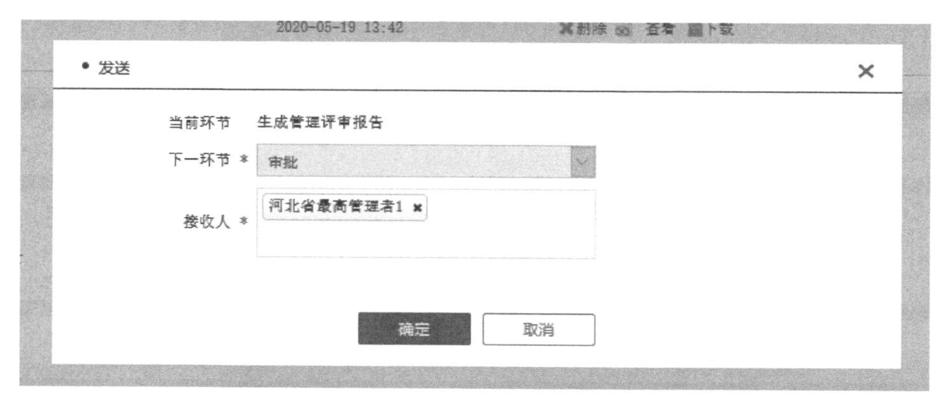

图 9-1-42　管理评审—生成管理评审报告—发送

【确定】：发送到流程下一环节。

【取消】：关闭当前对话框。

- 当前环节：流程的当前环节。
- 下一环节：流程下一步送交的环节。
- 接收人：下一环节的处理人。

退回当前申请，选择“办理菜单”，点击“退回”菜单项。在打开的对话框中点击“确定”提交，如图 9-1-43 所示。

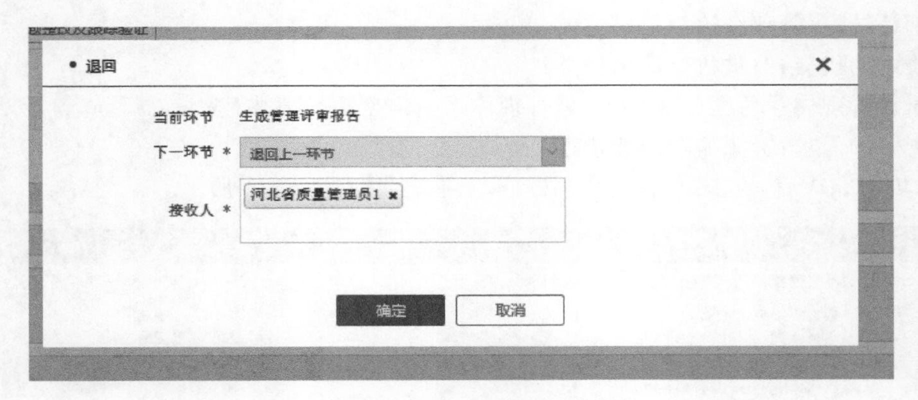

图 9-1-43 管理评审—生成管理评审报告—退回

9.1.9 审批管理评审报告

管理评审报告提交后，审批人进行审核。通过首页“待办”页或者菜单栏“改进”下的“管理评审”列表查看需要处理的事项，如图 9-1-44 所示。

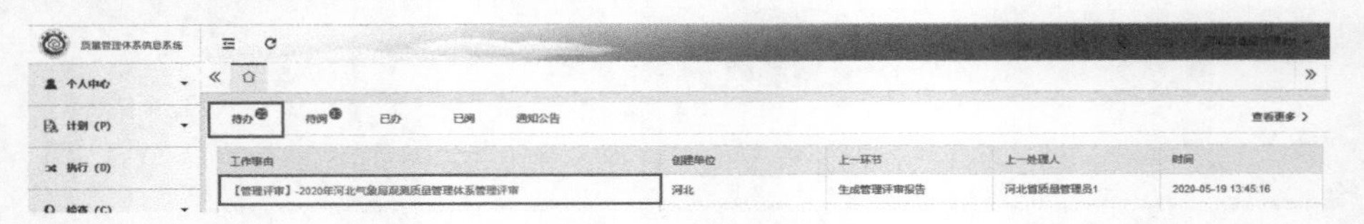

图 9-1-44 首页—待办—审批管理评审报告

单击“待办”列表中的事项，系统打开新页。在“管理评审（省级）”页查看该事项的详细信息，如图 9-1-45 所示。

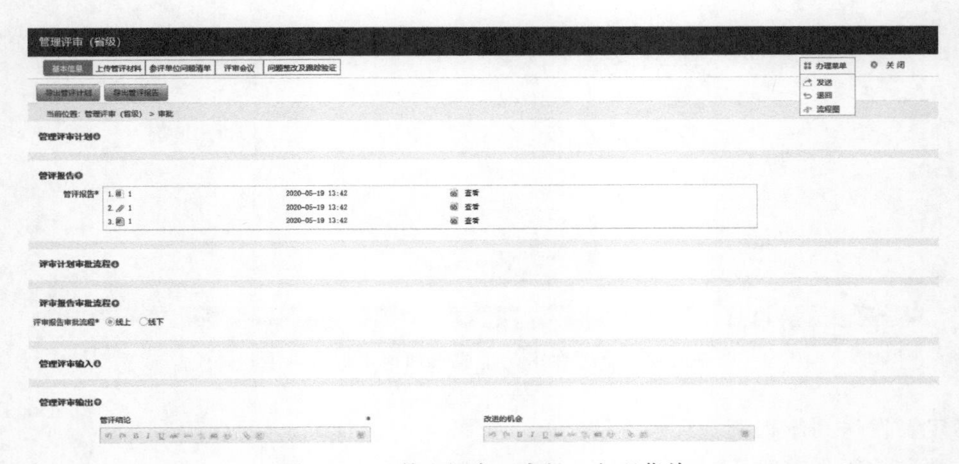

图 9-1-45 管理评审—审批—办理菜单

【导出管评计划】:以 Word 文件形式导出管评计划。
【导出管评报告】:以 Word 文件形式导出管评报告。
【关闭】:关闭当前页。
【办理菜单】:点击该菜单,选择以下菜单项:

- 【发送】:发送到流程下一环节;
- 【退回】:退回到流程上一环节;
- 【流程图】:图形化展示当前流程状态。

选择“办理菜单”,点击“发送”菜单项。在打开的“发送”对话框中选择提交下一环节及接收人,填写审核意见。点击“确定”按钮提交,如图 9-1-46 所示。

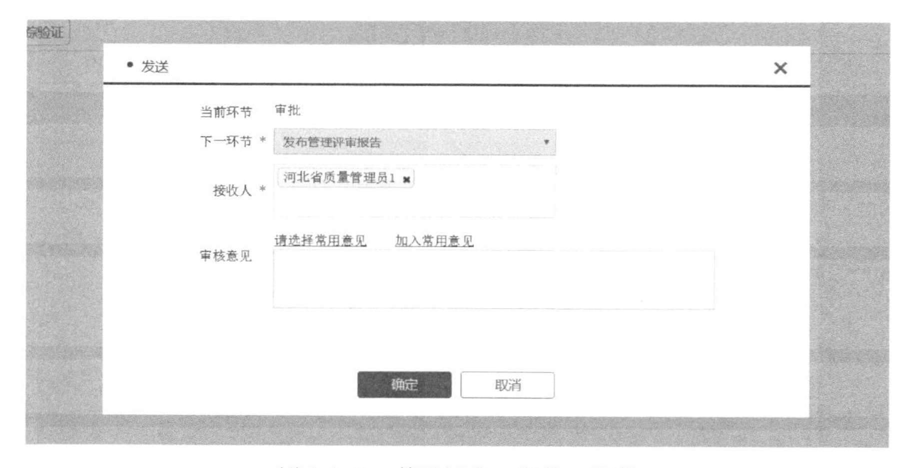

图 9-1-46 管理评审—审批—发送

【确定】:发送到流程下一环节。
【取消】:关闭当前对话框。

- 当前环节:流程的当前环节。
- 下一环节:流程下一步送交的环节。
- 接收人:下一环节的处理人。

退回当前申请,选择“办理菜单”,点击“退回”菜单项。在打开的对话框中点击“确定”提交,如图 9-1-47 所示。

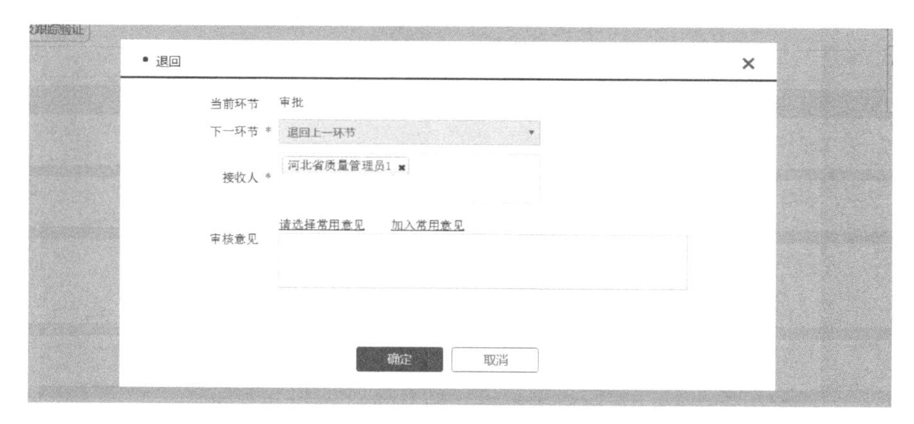

图 9-1-47 管理评审—审批—退回

9.1.10 发布管理评审报告

管理评审报告审批通过后,"单位质量管理员"在系统中发布管理评审报告。通过首页"待办"页或者菜单栏"改进"下的"管理评审"列表查看需要处理的事项,如图 9-1-48 所示。

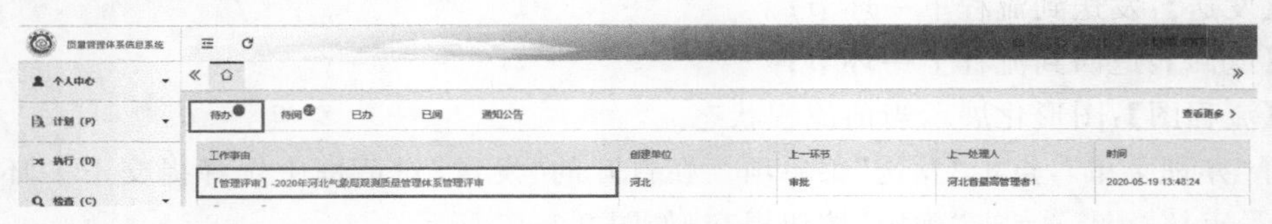

图 9-1-48 首页—待办—发布管理评审报告

单击"待办"列表中的事项,系统打开新页。在"管理评审(省级)"页查看该事项的详细信息,如图 9-1-49 所示。

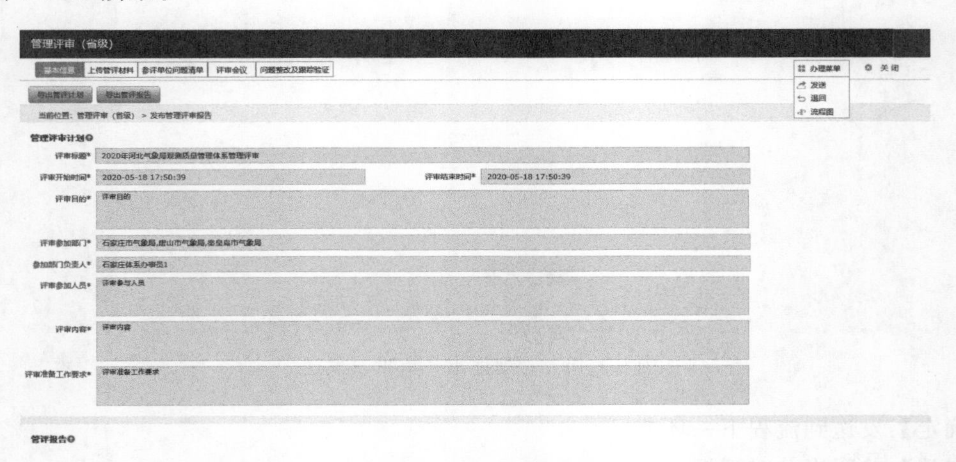

图 9-1-49 管理评审—发布管理评审报告—办理菜单

【保存待发】:保存当前信息为草稿。

【导出管评计划】:以 Word 文件形式导出管理评审计划。

【导出管评报告】:以 Word 文件形式导出管理评审报告。

【关闭】:关闭当前页。

【办理菜单】:点击该菜单,选择以下菜单项:

- 【发送】:发送到流程下一环节;
- 【退回】:退回到流程上一环节;
- 【流程图】:图形化展示当前流程状态。

选择"办理菜单",点击"发送"菜单项。在系统弹出的对话框中选择下一环节,点击"确定"进行提交,如图 9-1-50 所示。

【确定】:发送到流程下一环节。

【取消】:关闭当前对话框。

- 当前环节:流程的当前环节。
- 下一环节:流程下一步送交的环节。
- 接收人:下一环节的处理人。

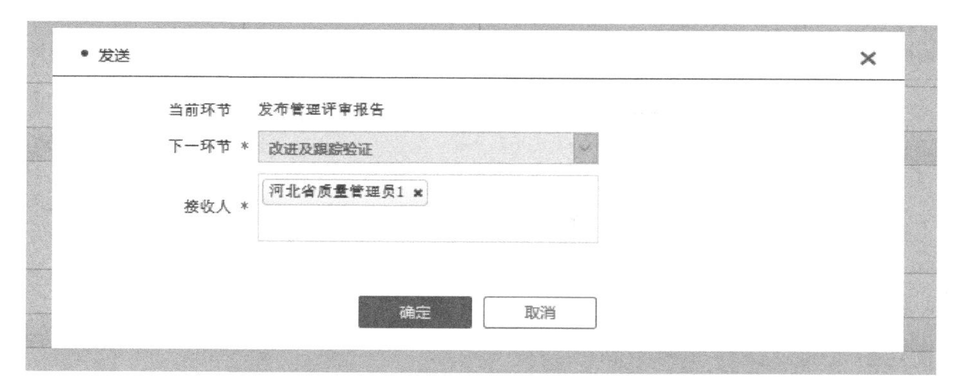

图 9-1-50　管理评审—发布管理评审报告—发送

退回当前申请，选择“办理菜单”，点击“退回”菜单项。在打开的对话框中点击“确定”提交，如图 9-1-51 所示。

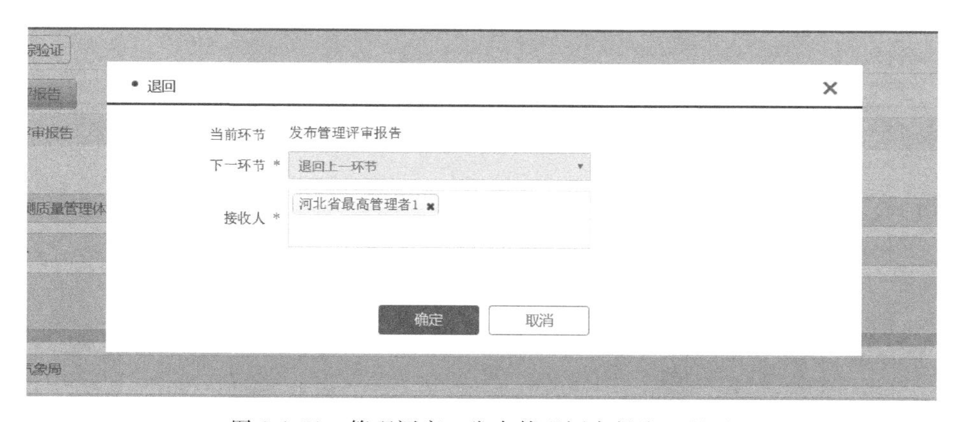

图 9-1-51　管理评审—发布管理评审报告—退回

9.1.11　改进及跟踪验证

发布管理评审报告后，“单位质量管理员”录入改进及跟踪验证信息。通过首页“待办”页或者菜单栏“改进”下的“管理评审”列表查看需要处理的事项，如图 9-1-52 所示。

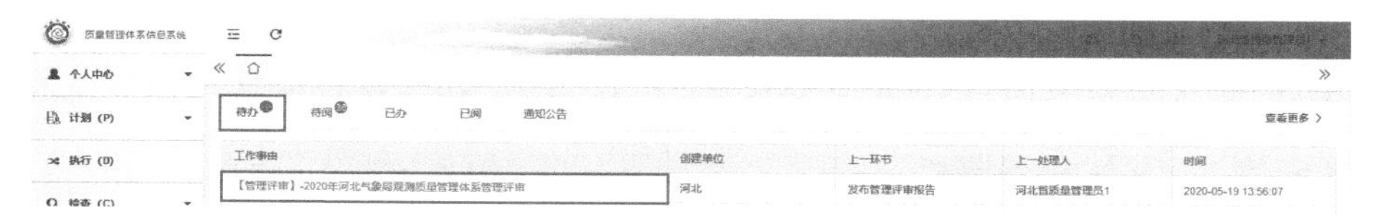

图 9-1-52　首页—待办—改进及跟踪验证

单击“待办”列表中的事项，系统打开新页。在“管理评审(省级)”页查看该事项的详细信息。打开后系统默认进入“问题整改及跟踪验证”页，如图 9-1-53 所示。

【刷新】：刷新列表。

【导出改进计划】：以 Word 文件形式导出问题整改及跟踪验证信息。

【关闭】：关闭当前页。

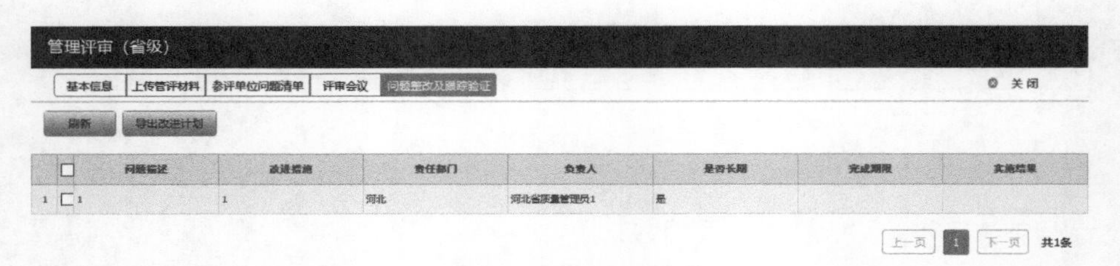

图 9-1-53　管理评审—问题整改及跟踪验证

【办理菜单】:点击该菜单,选择以下菜单项:

- 【发送】:发送到流程下一环节;
- 【退回】:退回到流程上一环节;
- 【流程图】:图形化展示当前流程状态。

双击"问题整改及跟踪验证"列表信息,系统打开跟踪验证编辑页,如图 9-1-54 所示。

图 9-1-54　管理评审—问题整改及跟踪验证—添加信息

【保存】:保存当前页信息。

- 实施结果:实施结果描述。
- 附件:跟踪验证相关附件。

点击发送,进入编辑界面,信息填写完成后,点击"保存"按钮保存信息,如图 9-1-55 所示。

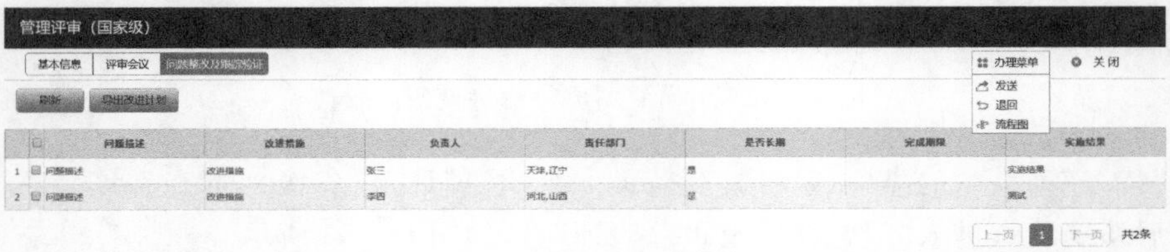

图 9-1-55　管理评审—问题整改及跟踪验证—办理菜单

【确定】:发送到流程下一环节。

【取消】:关闭当前对话框。

● 当前环节：流程的当前环节。
● 下一环节：流程下一步送交的环节。
● 接收人：下一环节的处理人。

选择“办理菜单”，点击“发送”菜单项。在系统弹出的对话框中选择下一环节，如图 9-1-56 所示。

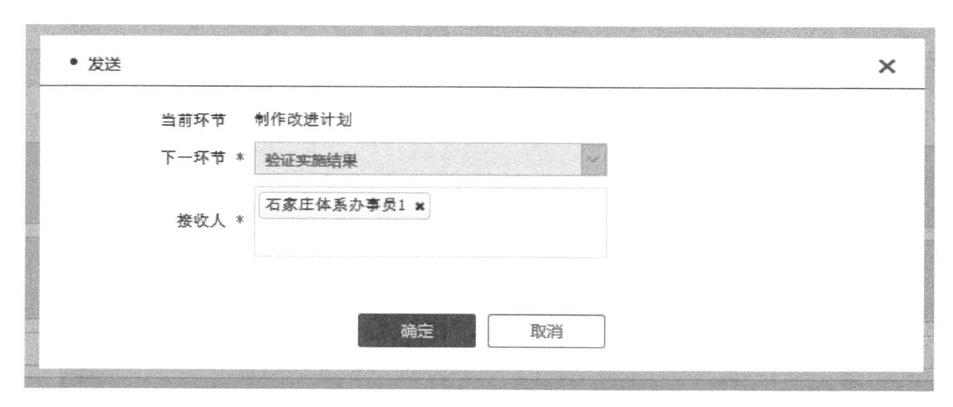

图 9-1-56　管理评审—制作改进计划—发送

9.1.12　验证实施结果

责任部门验证人选择“待办”列表中的事项或菜单栏“改进(A)”的“管理评审”，如图 9-1-57 所示。

图 9-1-57　管理评审—改进及跟踪验证—验证实施结果

单击“待办”列表中的事项，系统打开新页。在“管理评审(省级)”页查看该事项的详细信息，如图 9-1-58 所示。

图 9-1-58　管理评审—改进及跟踪验证—验证实施结果详情页

【关闭】:关闭当前页。

【办理菜单】:点击该菜单,选择以下菜单项:

●【发送】:发送到流程下一环节;

●【退回】:退回到流程上一环节;

●【流程图】:图形化展示当前流程状态。

选择“办理菜单”,点击“发送”菜单项。在系统弹出的对话框中选择下一环节,点击“确定”,如图 9-1-59 所示。

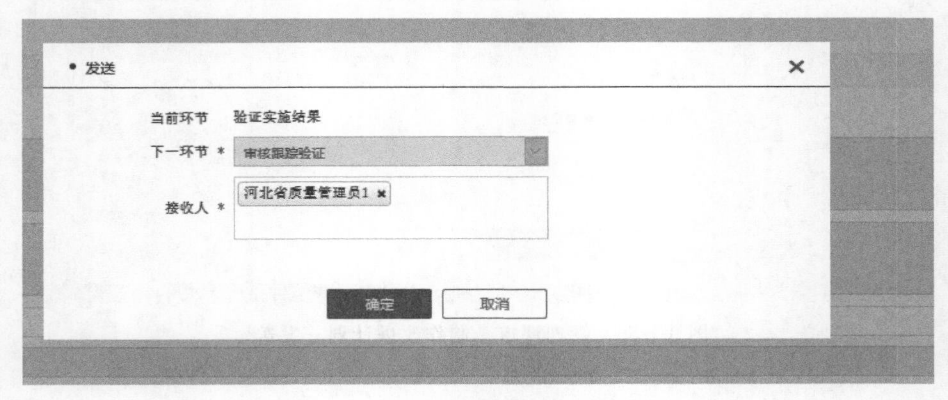

图 9-1-59　管理评审—改进及跟踪验证

9.1.13　审核跟踪验证

“单位质量管理员”选择菜单栏“改进(A)”的“管理评审”,列表中为本单位的管理评审信息,如图 9-1-60 所示。

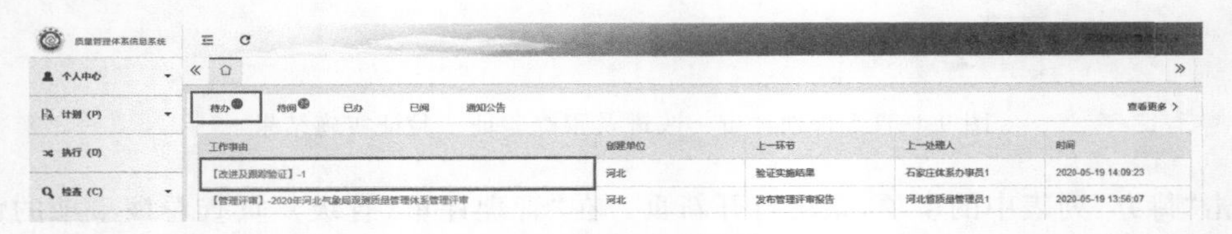

图 9-1-60　首页—待办—审核跟踪验证

单击“待办”列表中的事项,系统打开新页。在“管理评审(省级)”页查看该事项的详细信息,如图 9-1-61 所示。

【关闭】:关闭当前页。

【办理菜单】:点击该菜单,选择以下菜单项:

●【发送】:发送到流程下一环节;

●【退回】:退回到流程上一环节;

●【流程图】:图形化展示当前流程状态。

选择“办理菜单”,点击“发送”菜单项。在系统弹出的对话框中选择下一环节,点击“确定”进行办结,如图 9-1-62 所示。

图 9-1-61　管理评审—审核跟踪验证—验证实施结果详情页

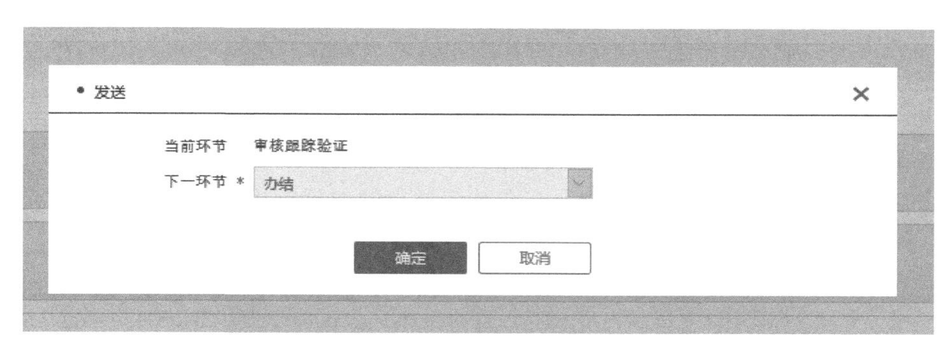

图 9-1-62　管理评审—审核跟踪验证—发送

9.1.14　办结

审核跟踪验证通过后，“单位质量管理员”进行办结。通过首页“待办”页或者菜单栏“改进”下的“管理评审”列表可查看需要处理的事项，如图 9-1-63 所示。

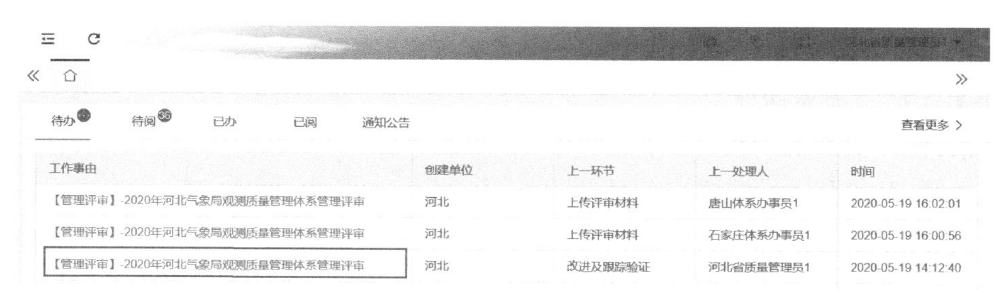

图 9-1-63　首页—待办—办结

单击“待办”列表中的事项，系统打开新页。在“管理评审(省级)”页查看该事项的详细信息，如图 9-1-64 所示。

【导出管评计划】：以 Word 文件形式导出管评计划。

【导出管评报告】：以 Word 文件形式导出管评报告。

【关闭】：关闭当前页。

管理评审
基本信息 上传管评材料 参评单位问题清单 评审会议 问题整改及跟踪验证
办理菜单 关闭
发送
流程图
导出管评计划 导出管评报告
当前位置：管理评审（省级）> 办结
管理评审计划
评审标题* 2020年河北气象局观测质量管理体系管理评审
评审开始时间* 2020-05-18 17:50:39 评审结束时间* 2020-05-18 17:50:39
评审目的* 评审目的
评审参加部门* 石家庄市气象局,唐山市气象局,秦皇岛市气象局
参加部门负责人* 石家庄体系办事员1
评审参加人员* 评审参与人员
评审内容* 评审内容
评审准备工作要求* 评审准备工作要求

图 9-1-64 管理评审—办结—办理菜单

【办理菜单】：点击该菜单，选择以下菜单项：

● 【发送】：发送到流程下一环节；

● 【流程图】：图形化展示当前流程状态。

选择“办理菜单”，点击“发送”菜单项。在系统弹出的对话框中选择下一环节，点击“确定”进行办结，如图 9-1-65 所示。

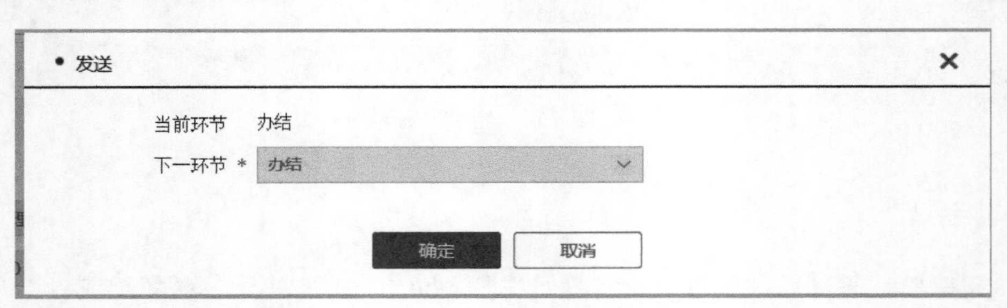

图 9-1-65 管理评审—办结—发送

【确定】：发送到流程下一环节。

【取消】：关闭当前对话框。

● 当前环节：流程的当前环节。

● 下一环节：流程下一步送交的环节。

9.1.15 查看编辑管理评审

选择菜单栏“改进(A)”的“管理评审”，列表中为本单位的管理评审信息，如图 9-1-66 所示。

【查询条件】：根据输入条件进行组合条件查询。没有信息的空白字段，不作为条件。

● 评审标题：评审标题关键字。系统查询包含该标题的所有评审信息。

● 评审开始时间：选择评审开始的时间范围。系统查询包含该范围内的所有评审信息。

● 所属部门：选择所属部门。系统查询包含该部门的所有评审信息。

【查询】：点击该按钮，系统按条件进行查询并分页显示结果。

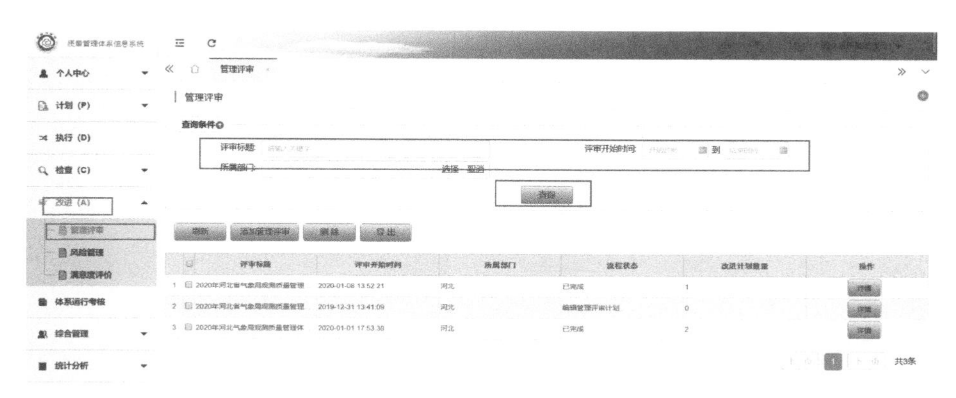

图 9-1-66　管理评审—查看

在列表中双击管理评审项,系统打开“管理评审”页显示详细信息。系统根据当前用户权限及流程流转状态显示可访问的功能按钮及“办理菜单”的菜单项。选择“办理菜单”的“流程图”菜单项可查看流程的流转信息,如图 9-1-67 所示。

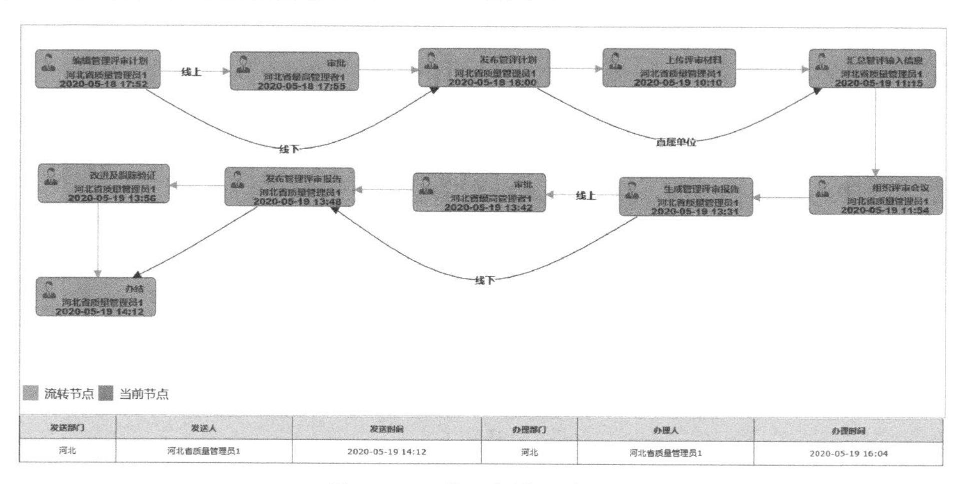

发送部门	发送人	发送时间	办理部门	办理人	办理时间
河北	河北省质量管理员1	2020-05-19 14:12	河北	河北省质量管理员1	2020-05-19 16:04

图 9-1-67　管理评审—流程图

9.2　风险管理

9.2.1　风险库管理

风险库信息在添加风险管理时使用。选择菜单栏“改进(A)”的“风险管理”菜单项并点击,如图 9-2-1 所示。

点击“风险管理”页“风险库管理”,如图 9-2-2 所示。

【刷新】:刷新风险库列表。

【添加风险】:添加风险库数据。

【删除】:勾选所要删除项后,点击“删除”,可删除所选风险库数据。

【导出】:以 Excel 文件形式导出风险库列表信息。

点击“添加风险”按钮,系统打开“风险库管理”页。如图 9-2-3 所示。

图 9-2-1　风险管理

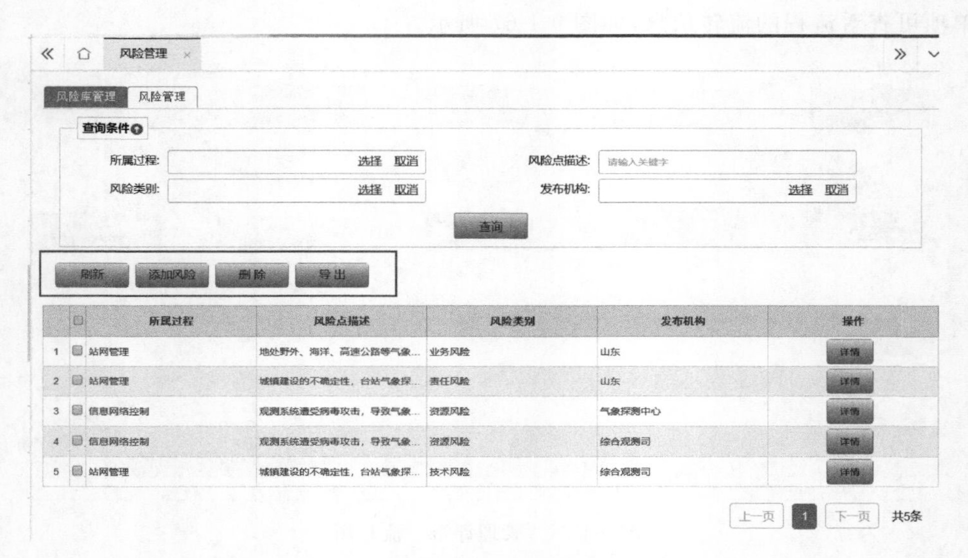

图 9-2-2　风险管理—风险库管理—添加

风险库管理

保存　　关闭

所属过程*

风险点描述

风险类别*

图 9-2-3　风险管理—风险点—保存

【保存】：保存编制的信息。

【关闭】：关闭当前页面。

【添加】：添加风险数据。

● 所属过程：选择风险点对应的所属过程。

● 风险点描述：风险点相关信息描述。
● 风险类别：选择风险点对应风险类别。

信息填写完成后，点击“保存”保存信息，下方显示“风险应对”管理（图9-2-4）。

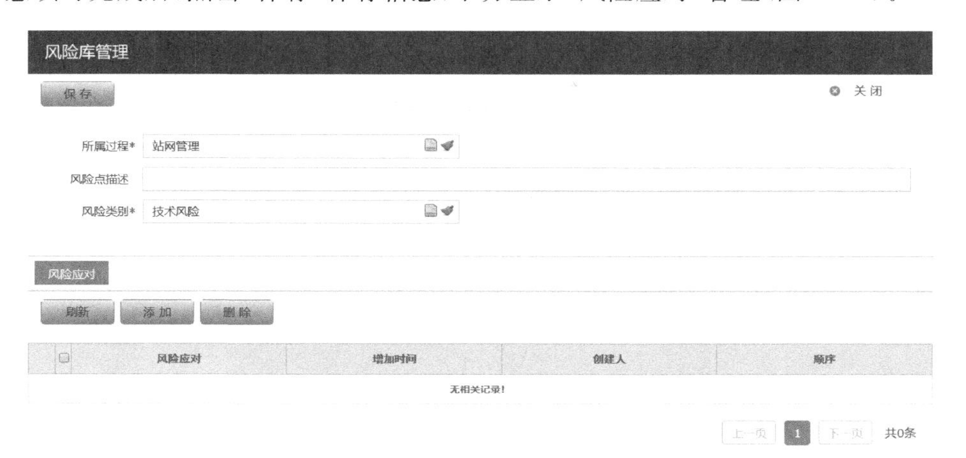

图9-2-4　风险点—风险应对—列表

【刷新】：刷新风险应对列表。

点击“添加”按钮，添加应对措施，如图9-2-5所示。

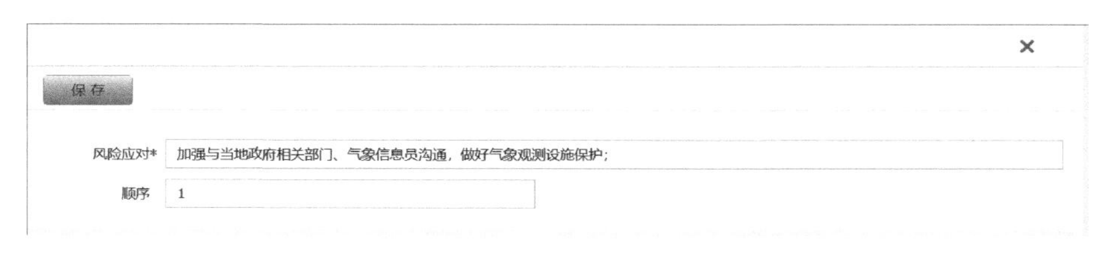

图9-2-5　风险点—风险应对—添加

【添加】：添加风险应对数据。
● 风险应对：填写风险应对措施内容。
● 顺序：风险应对顺序。

【删除】：勾选所要删除项后，点击“删除”，可删除所选的应对措施。

信息填写完成后，点击“保存”保存信息，保存成功后，如图9-2-6所示。

根据“所属过程”“风险点描述”“风险类别”“发布机构”查询风险库。点击“查询”按钮，查询结果显示在列表中，如图9-2-7所示。

【查询条件】：根据输入条件进行组合条件查询。没有信息的空白字段，不作为条件。
● 所属过程：选择所属过程。系统查询包含该所属过程的所有风险信息。
● 风险点描述：风险点描述关键字。系统查询包含该关键字的所有风险信息。
● 风险类别：选择风险类别。系统查询包含该风险类别的所有风险信息。
● 发布机构：选择发布机构。系统查询包含该机构的所有风险信息。

【查询】：点击该按钮，系统按条件进行查询并分页显示结果。

图 9-2-6　风险管理—风险库管理—查看

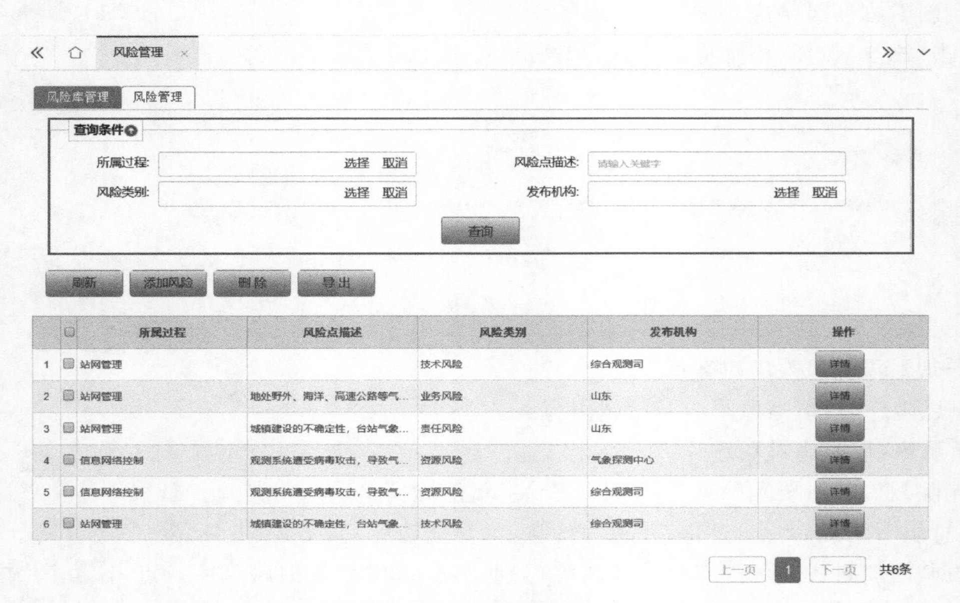

图 9-2-7　风险类别—查询条件

9.2.2　风险管理

9.2.2.1　管理流程

“国家级/单位质量管理员”角色用户制定风险应对计划，“国家级/单位管理者代表”角色用户审批。审批通过后，“国家级/单位质量管理员”发布。业务流程如图 9-2-8 所示。

9.2.2.2　制定风险应对计划

需要制定风险应对计划时，选择菜单栏“改进(A)”并单击，系统显示当前用户可访问的所有功能菜单。选择菜单“风险管理”并单击,如图 9-2-9 所示。

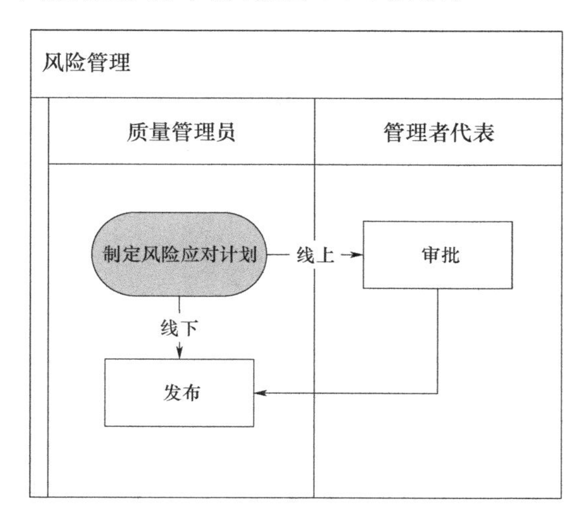

图 9-2-8　风险管理业务流程

图 9-2-9　风险管理

点击“风险管理”页“风险管理”,如图 9-2-10 所示。

【刷新】:更新风险管理列表。

【添加】:添加本单位风险应对计划。

【删除】:勾选所要删除项后,点击“删除”,可删除所选风险应对计划。只有“流程状态”为“制定风险应对计划”才允许删除操作。

【导出】:以 Excel 文件形式导出风险管理列表信息。

点击“添加”按钮,如图 9-2-11 所示。

【保存待发】:保存风险应对计划信息。

【关闭】:关闭该页。

新建风险管理时,“ * ”标识的为必填项。

● 风险应对计划:新建风险应对计划名称。默认值可修改。

图 9-2-10　风险管理—添加

图 9-2-11　风险管理—制定风险应对计划

- 业务过程：选择对应的业务过程。
- 备注：风险应对计划简要备注。
- 审批流程："线下"为在本系统外执行审批流程；"线上"为在本系统中执行审批流程。
- 审批文件："线下"审批的留痕文件。

信息填写完成后，点击"保存"按钮保存信息，如图 9-2-12 所示。

图 9-2-12　风险管理—制定风险应对计划—办理菜单

【保存待发】：保存信息草稿，该流程的状态为"制定风险应对计划"。

【关闭】：关闭当前页。

【办理菜单】：点击该菜单，选择以下菜单项：

●【发送】:发送到流程下一环节;

●【流程图】:图形化展示当前流程状态。

点击“风险管理”标题,添加风险,如图 9-2-13 所示。

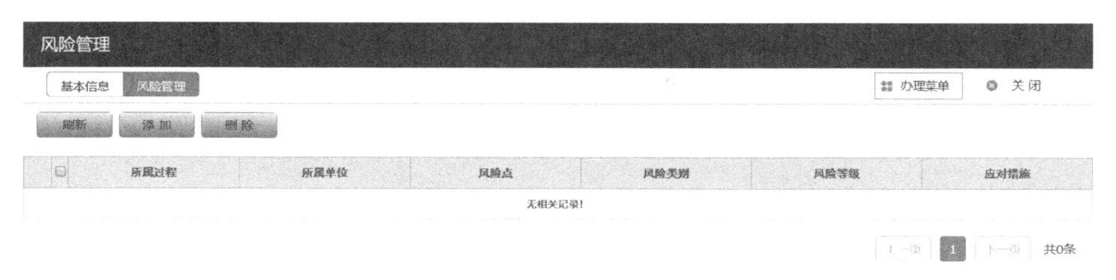

图 9-2-13　风险管理—添加

【刷新】:更新风险管理列表。

【添加】:添加风险管理信息。

【删除】:勾选所要删除项后,点击“删除”,可删除所选风险管理信息。

点击“添加”按钮,进入添加页面,如图 9-2-14 所示。

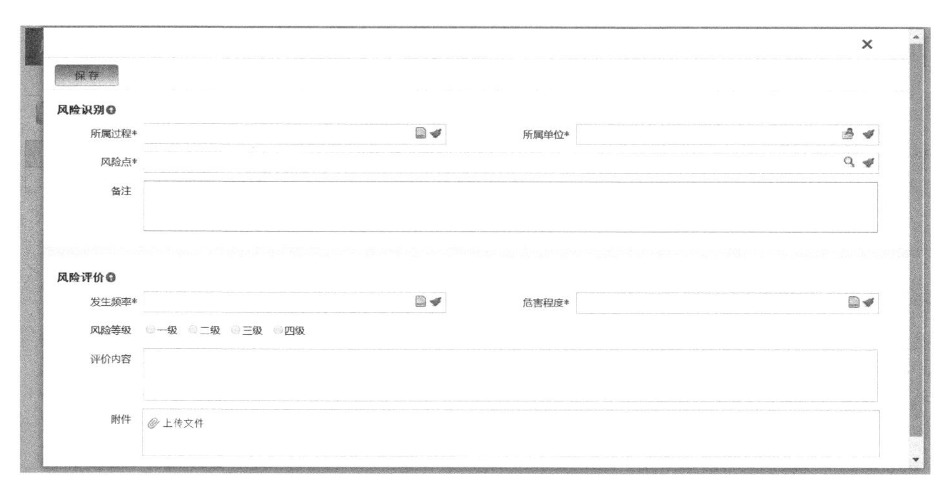

图 9-2-14　风险管理—保存

【保存】:保存风险识别、评价信息。

新建风险时,“ * ”标识的为必填项。

● 所属过程:从“基本信息”业务过程中选择对应的所属过程。

● 所属单位:选择所属部门/单位。

● 风险点:从风险库中选择对应风险点,只能选择对应“所属过程”的风险点。

● 备注:风险点简要备注。

● 发生频率:选择风险点对应发生频率。

● 危害程度:选择风险点对应的危害程度。

● 风险等级:选择完发生频率、危害程度后,系统自动判断。

● 评价内容:风险点评价内容。

● 附件:相关附件。

信息填写完后,点击“保存”按钮,如图 9-2-15 所示。

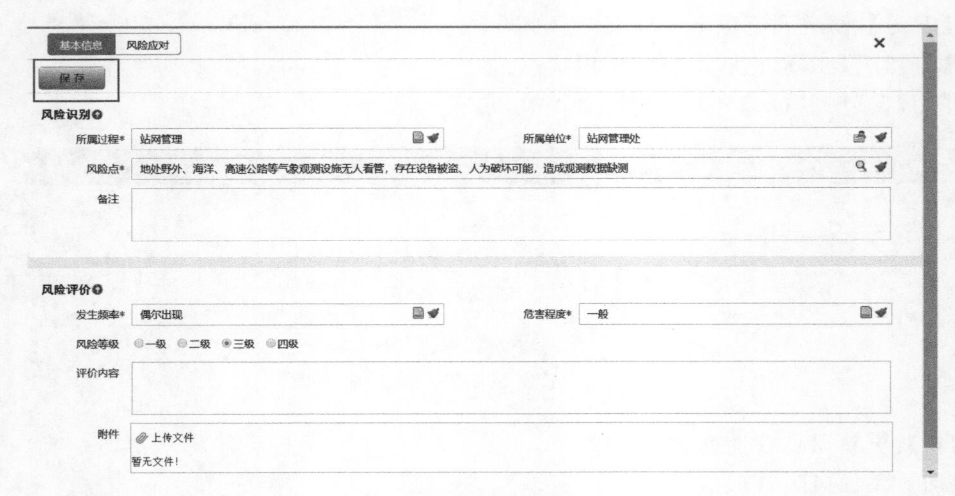

图 9-2-15　风险管理—基本信息—查看

点击“风险应对”标签，添加风险应对措施，如图 9-2-16 所示。

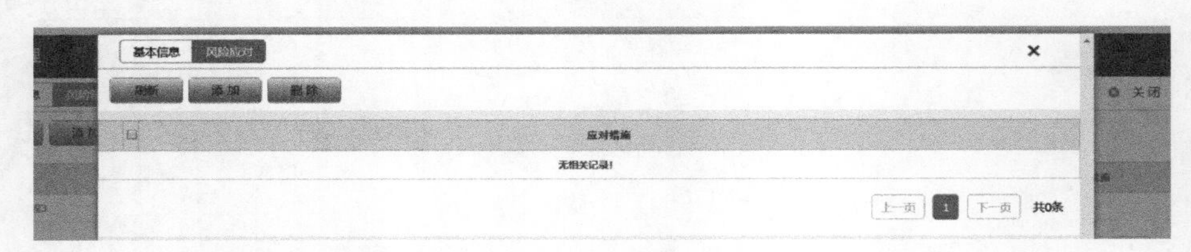

图 9-2-16　风险管理—风险应对—添加

【刷新】：更新风险应对列表。

【添加】：添加风险应对信息。

【删除】：勾选所要删除的项后，点击“删除”，可删除所选风险应对信息。

点击“添加”按钮，进入添加页面，如图 9-2-17 所示。

图 9-2-17　风险管理—风险应对—保存

【保存】：保存风险应对信息。

● 应对措施：选择对应风险应对措施，可以手动填写。

信息填写完后，点击“保存”按钮，然后返回选择“办理菜单”页，如图 9-2-18 所示。

选择“办理菜单”的“流程图”菜单项，系统打开流程流转状态页，如图 9-2-19 所示。

选择“办理菜单”，点击“发送”菜单项。在系统弹出的对话框中选择下一环节及接收人，点击“确定”提交，如图 9-2-20 所示。

【确定】：发送到流程下一环节。

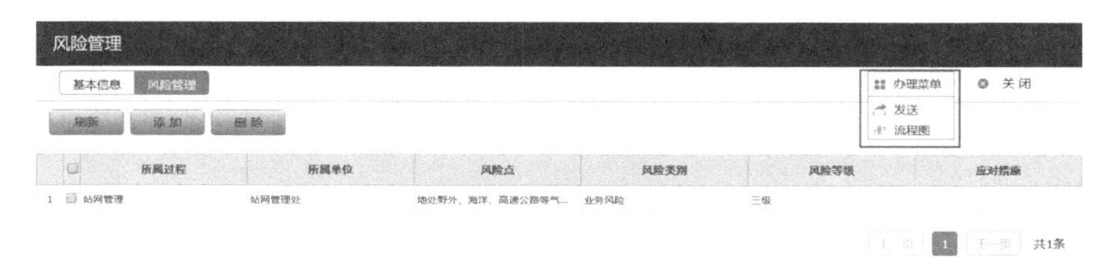

图 9-2-18　风险管理—办理菜单

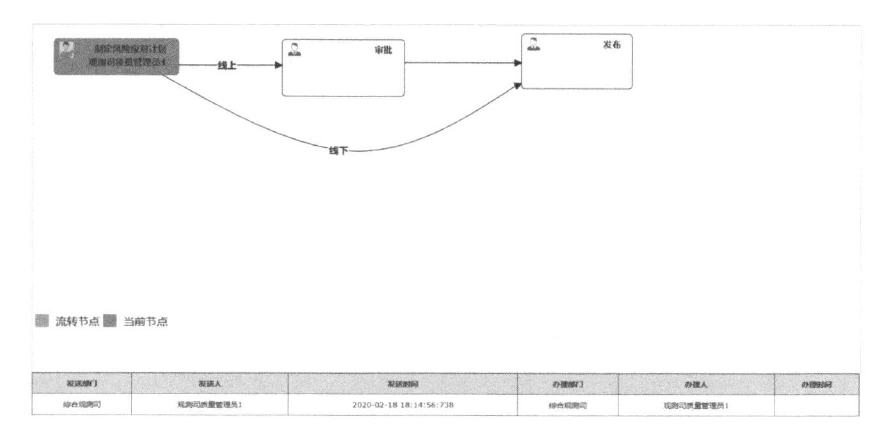

图 9-2-19　风险管理流程图

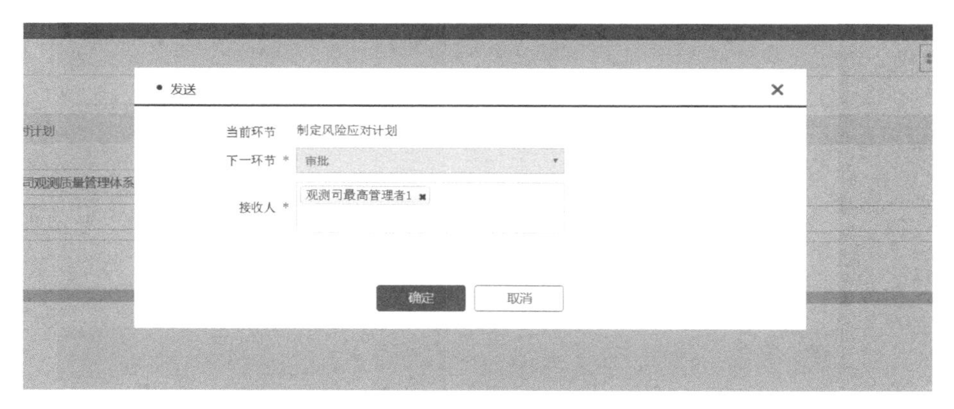

图 9-2-20　风险管理—制定风险应对计划—发送

【取消】:关闭当前对话框。

● 当前环节:流程的当前环节。

● 下一环节:流程下一步送交的环节。

● 接收人:下一环节的处理人。

9.2.2.3　审核风险应对计划

在编制人员提交了风险的申请后,审批人进行审核。通过首页"待办"页或者点击菜单栏"改进(A)"下的"风险管理"列表中"风险管理"标签,查看需要处理的事项,如图 9-2-21 所示。

单击"待办"列表中的事项,系统打开新页。在"风险管理"页查看该事项的详细信息,如图 9-2-22 所示。

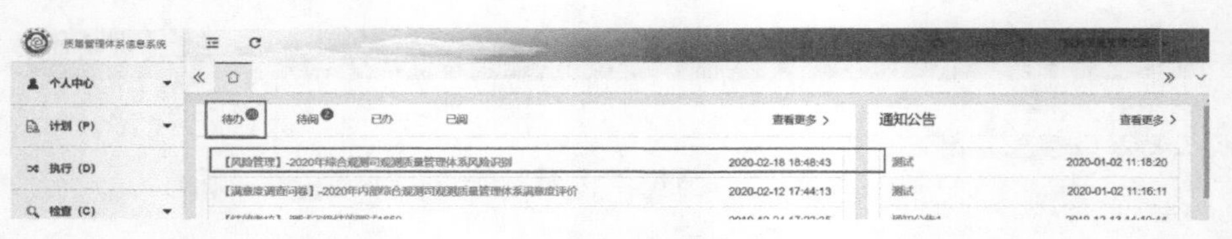

图 9-2-21　首页—待办—审核风险应对计划

图 9-2-22　风险管理—审批—办理菜单

【关闭】:关闭当前页。

【办理菜单】:点击该菜单,选择以下菜单项:

● 【发送】:发送到流程下一环节;

● 【退回】:退回到流程上一环节;

● 【流程图】:图形化展示当前流程状态。

审核完成后,选择"办理菜单",点击"发送"菜单项。在打开的"发送"对话框中选择提交下一环节及接收人,填写审核意见。点击"确定"按钮提交,如图 9-2-23 所示。

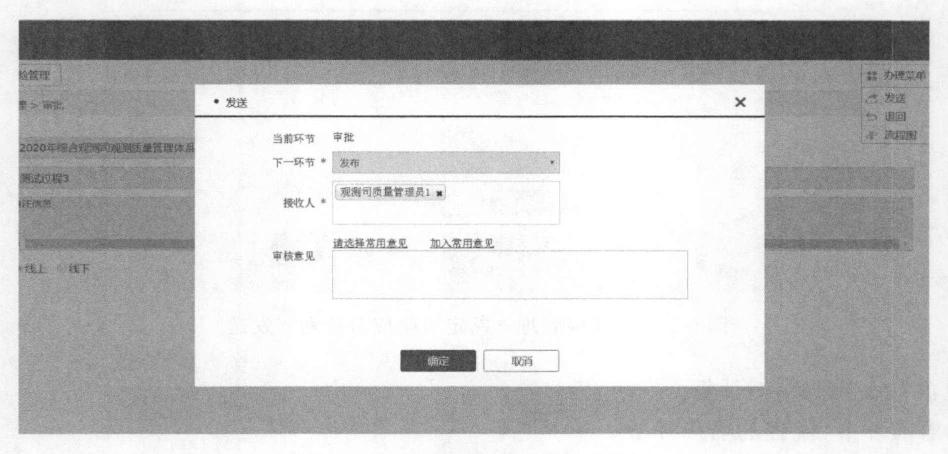

图 9-2-23　风险管理—审批—发送

【确定】:发送到流程下一环节。

【取消】:关闭当前对话框。

● 当前环节:流程的当前环节。

● 下一环节:流程下一步送交的环节。

● 接收人:下一环节的处理人。

退回当前申请,选择"办理菜单",点击"退回"菜单项。在打开的对话框中点击"确定"提交，如图 9-2-24 所示。

图 9-2-24　风险管理—审批—退回

9.2.2.4　发布风险应对计划

风险应对计划审批通过后，在系统中发布风险应对计划。通过首页“待办”页或者点击菜单栏“改进(A)”下的“风险管理”列表中“风险管理”标签，查看需要处理的事项，如图 9-2-25 所示。

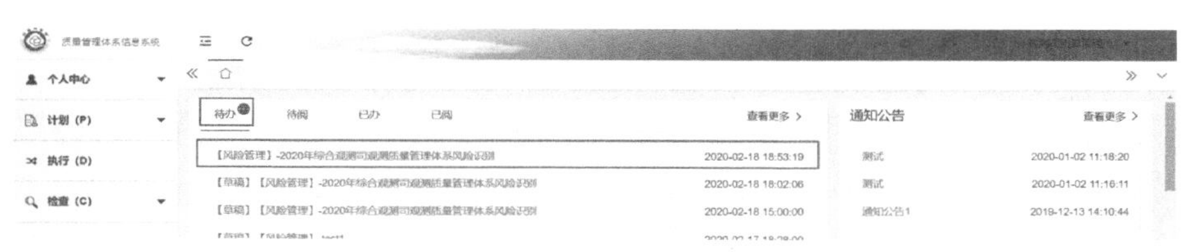

图 9-2-25　首页—待办—发布风险应对计划

单击“待办”列表中的事项，系统打开新页。在“风险管理”页查看该事项的详细信息，如图 9-2-26 所示。

图 9-2-26　风险管理—发布—办理菜单

【关闭】：关闭当前页。

【办理菜单】：点击该菜单，选择以下菜单项：

● 【发送】：发送到流程下一环节；

● 【退回】：退回到流程上一环节；

●【流程图】:图形化展示当前流程状态。

选择“办理菜单”,点击“发送”菜单项。在系统弹出的对话框中选择下一环节,点击“确定”进行办结,如图 9-2-27 所示。

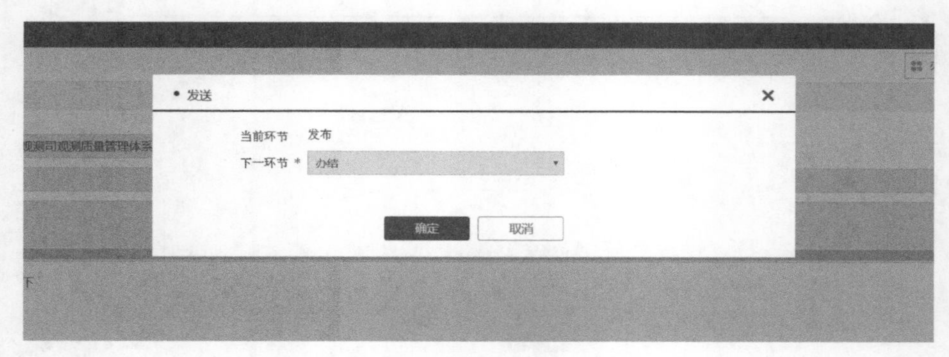

图 9-2-27 风险管理—发布—发送

【确定】:发送到流程下一环节。

【取消】:关闭当前对话框。

● 当前环节:流程的当前环节。

● 下一环节:流程下一步送交的环节。

● 接收人:下一环节的处理人。

退回当前申请,选择“办理菜单”,点击“退回”菜单项。在打开的对话框中点击“确定”提交,如图 9-2-28 所示。

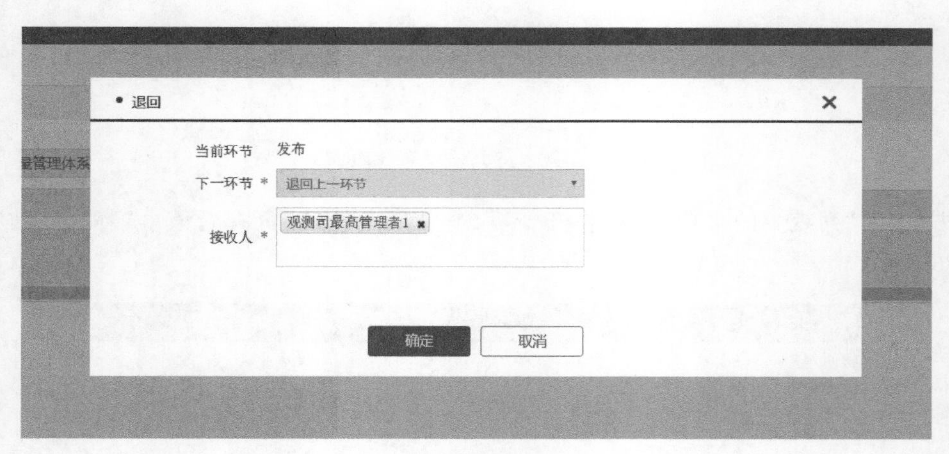

图 9-2-28 风险管理—发布—退回

9.2.2.5 查看风险管理

选择菜单栏“改进(A)”的“风险管理”中“风险管理”标签,登录用户为国家级,列表则展示所有单位风险管理信息;登录用户为省级,列表则只展示本单位的风险管理信息,如图 9-2-29 所示。

【查询条件】:根据输入条件进行组合条件查询。没有信息的空白字段,不作为条件。

● 风险应对计划:标题关键字。系统查询包含该关键字的所有风险信息。

● 业务过程:选择业务过程。系统查询包含该业务过程的所有风险信息。

图 9-2-29　风险管理—查看

● 风险点：风险点数量的范围。系统查询包含该范围内的所有风险信息。

● 所属部门：选择所属部门。系统查询包含该部门的所有风险信息。

【查询】：点击该按钮，系统按条件进行查询并分页显示结果。

在列表中双击风险管理项，系统打开“风险管理”页显示详细信息。系统根据当前用户权限及流程流转状态显示可访问的功能按钮及“办理菜单”的菜单项。选择“办理菜单”的“流程图”菜单项可查看流程的流转信息。

9.3　满意度评价

9.3.1　管理流程

“国家级/单位质量管理员”角色用户编制满意度评价方案，“国家级/单位管理者代表”角色用户审批。审批通过后，“国家级/单位质量管理员”角色用户下发问卷，接收人进行答题提交。提交后，“国家级/单位质量管理员”角色用户办结满意度评价。业务流程如图 9-3-1 所示。

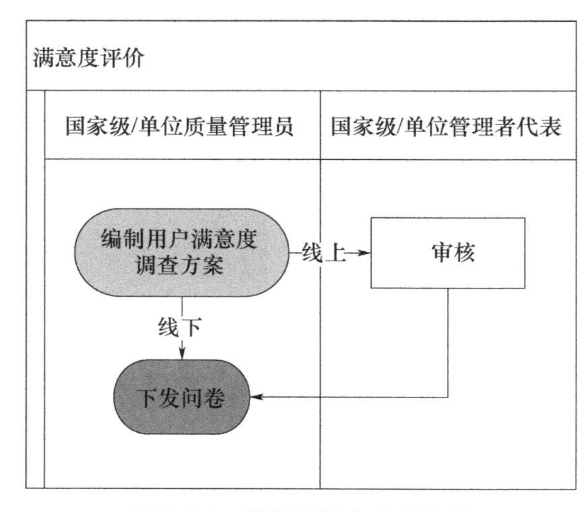

图 9-3-1　满意度评价业务流程

9.3.2 编制满意度评价方案

“国家级/单位质量管理员”角色用户基于当年实际工作和调查的需要编制满意度评价方案。选择菜单栏“改进(A)”并单击，系统显示当前用户可访问的所有功能菜单。选择菜单“满意度评价”并单击。如图 9-3-2 所示。

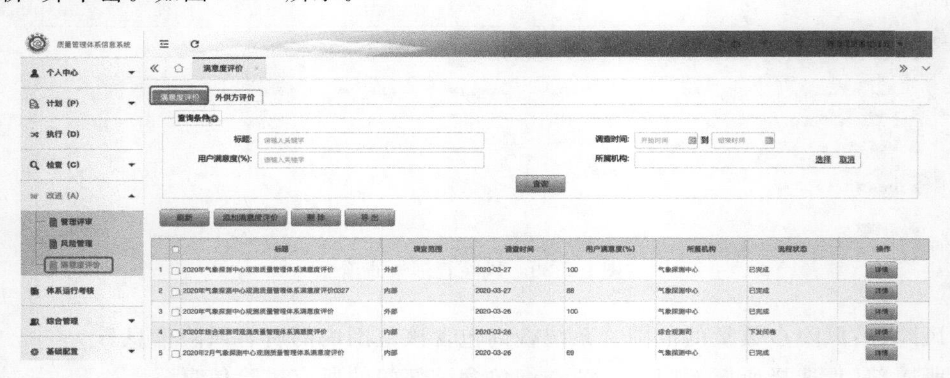

图 9-3-2 满意度评价列表页

【刷新】:更新满意度评价列表。

【添加满意度评价】:添加新的满意度评价。

【删除】:勾选所要删除项后，点击“删除”，可删除所选审核计划。只有“流程状态”为“编制用户满意度评价方案”才允许删除操作。

【导出】:以 Excel 文件形式导出满意度评价列表信息。

点击“添加满意度评价”按钮。如图 9-3-3、图 9-3-4 所示。

图 9-3-3 满意度评价—添加内部

图 9-3-4 满意度评价—添加外部

【保存待发】:保存满意度评价信息。

【关闭】:关闭该页。

新建满意度评价时,“ * ”标识的为必填项。

- 标题:新建满意度评价名称。
- 调查范围:调查用户范围。
- 调查时间:执行满意度评价时间。
- 调查内部部门:当调查范围为内部时,选择调查的部门。
- 调查内部用户:当调查范围为内部时,选择调查的用户。
- 调查组织单位:当调查范围为外部时,选择调查组织单位。
- 调查内容:满意度评价的内容描述。
- 调查方案审批结果:“线下”为在本系统外执行审批流程;“线上”为在本系统中执行审批流程。
- 调查方案批准文件:“线下”审批的留痕文件。

信息填写完成后,点击“保存待发”按钮保存信息。如图 9-3-5 所示。

图 9-3-5　满意度评价—保存

【保存待发】:保存信息草稿,该流程的状态为“编制用户满意调查方案”。

【问卷导出】:以 Word 形式导出本次满意度评价问卷。

【关闭】:关闭当前页。

【办理菜单】:点击该菜单,选择以下菜单项:

- 【发送】:发送到流程下一环节;
- 【流程图】:图形化展示当前流程状态。

选择“办理菜单”的“流程图”菜单项查看流程流转信息,需要查看流程图的各个节点的办理信息时,点击每个节点,下面列表就会展示对应节点信息。如图 9-3-6 所示。

打开“满意度评价”页,点击“问卷题目”,可以查看到本次满意度评价的问卷题目,如图 9-3-7 所示。

打开“满意度评价”页,点击“问卷统计”,可以查看到本次满意度评价的问卷每道题填写百分比,每提交一次都会进行实时计算每道题的百分比,如图 9-3-8 所示。

打开“满意度评价”页,点击“调查统计”,可以查看各单位填报满意度情况,并可根据调查用户(即参与问卷调查的单位或部门)的单位名称进行查询,如图 9-3-9 所示。

用户满意度分值计算公式:用户满意度(以单位或部门为单位)=单位调查人数得分总和/单位调查人数。

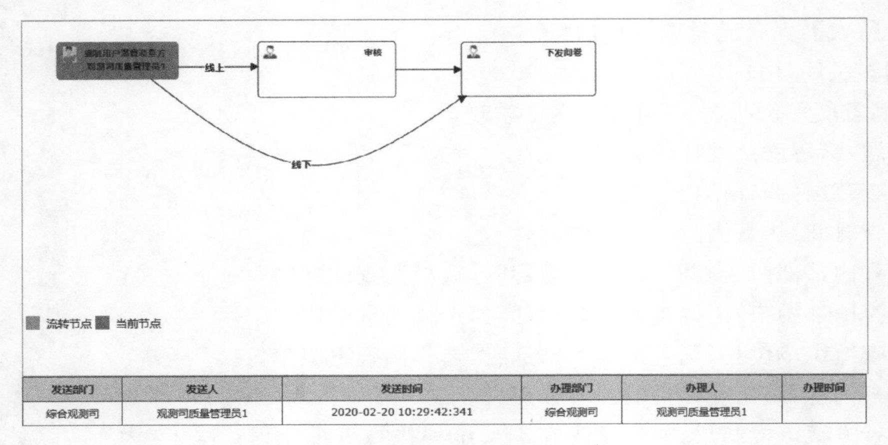

图 9-3-6　满意度评价—办理—流程图

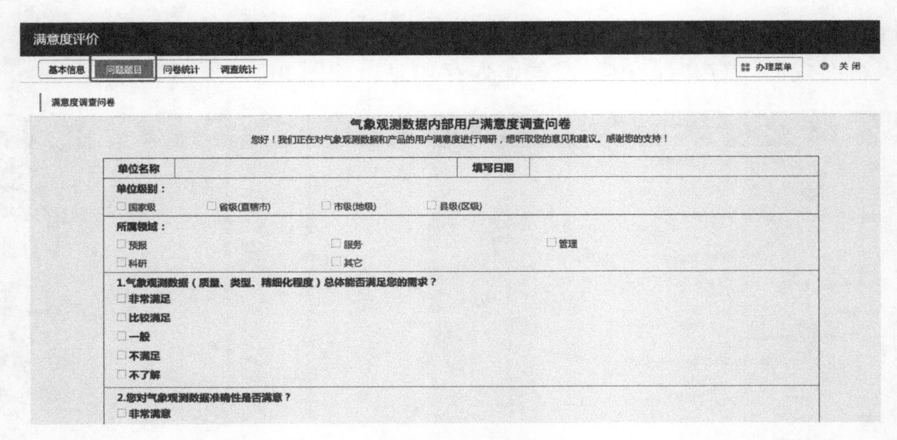

图 9-3-7　满意度评价—问卷题目

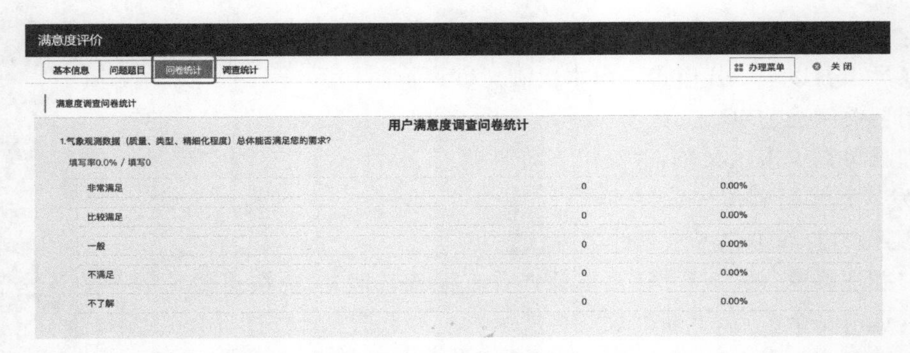

图 9-3-8　满意度评价—问卷题目统计页

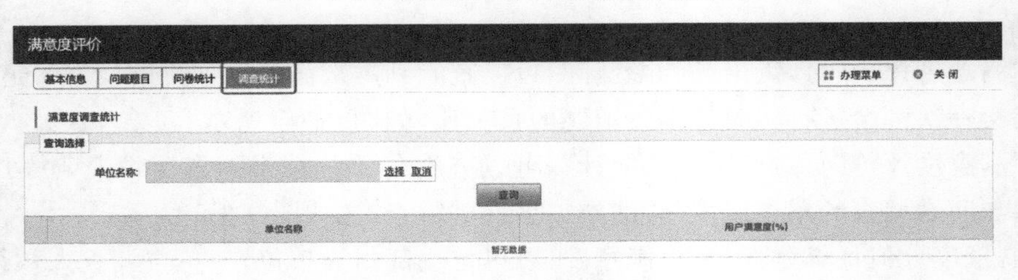

图 9-3-9　满意度评价—调查统计页

添加满意度评价方案后，选择“办理菜单”的“发送”菜单项，在系统弹出的对话框中选择下一环节及接收人，点击“确定”提交。如图 9-3-10 所示。

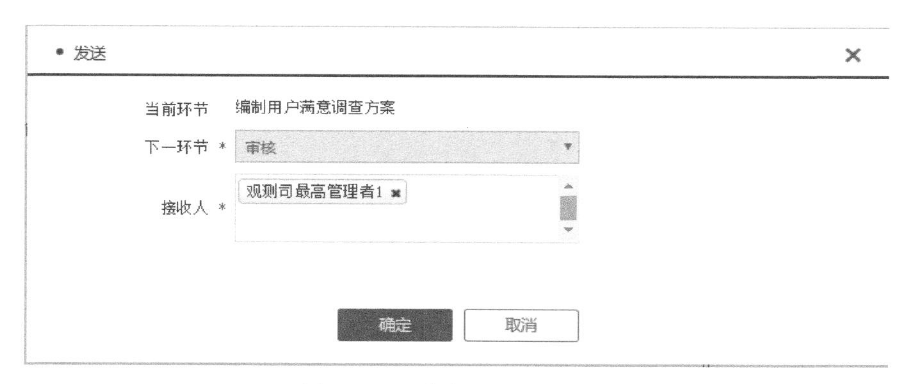

图 9-3-10　满意度评价—审核

【确定】：发送到流程下一环节。

【取消】：关闭当前对话框。

● 当前环节：流程的当前环节。
● 下一环节：流程下一步送交的环节。
● 处理人：进行选择下一环节的处理人。

9.3.3　审核满意度评价方案

在“国家级质量管理员”提交了满意度评价方案后，审批人进行审核、批准。通过首页的“待办”或者菜单栏“改进(A)”下的“满意度评价”列表查看需要处理的事项。如图 9-3-11 所示。

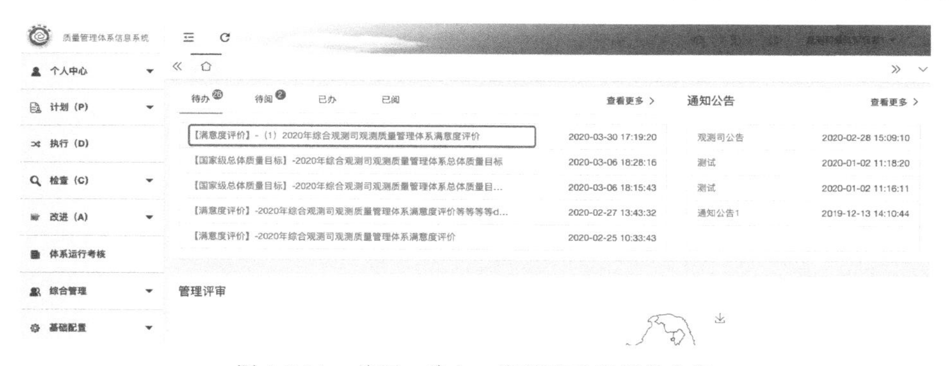

图 9-3-11　首页—待办—审核满意度评价方案

单击“待办”列表中的事项，系统打开新页。在新页中查看该事项的详细信息。如图 9-3-12 所示。

【问卷导出】：以 Word 文件形式导出问卷。

【关闭】：关闭该页。

【办理菜单】：点击该菜单，选择以下菜单项：

●【发送】：发送到流程下一环节；
●【退回】：退回到流程上一环节；
●【流程图】：图形化展示当前流程状态。

图 9-3-12 满意度评价—审核

选择“办理菜单”的“发送”菜单项，在打开的对话框中选择提交下一环节，填写审核意见。点击“确定”提交。如图 9-3-13 所示。

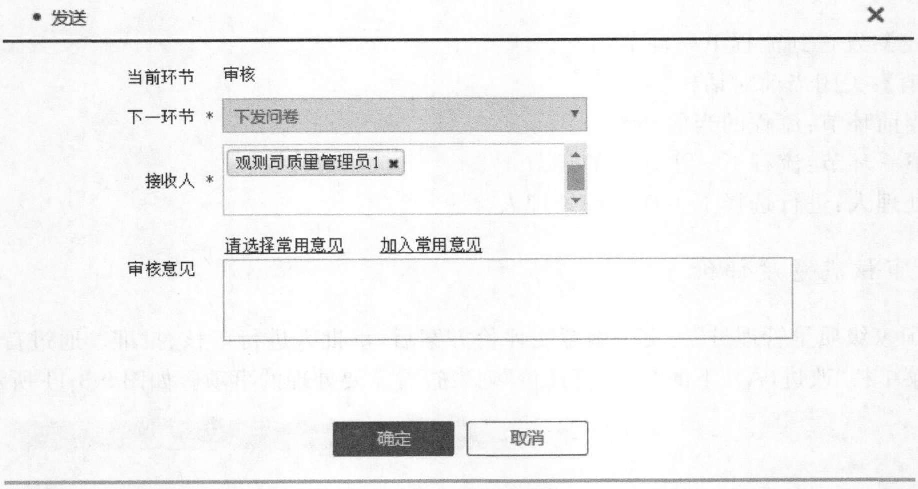

图 9-3-13 满意度评价—审核—发送

【确定】：发送到流程下一环节。

【取消】：关闭当前对话框。

● 当前环节：流程的当前环节。

● 下一环节：流程下一步送交的环节。

● 接收人：进行选择下一环节的处理人。

退回当前申请，选择“办理菜单”，点击“退回”菜单项。在打开的对话框中点击“确定”提交，如图 9-3-14 所示。

9.3.4 下发问卷

在最高管理者审核通过后，质量管理员进行下发问卷。通过首页“待办”页或者菜单栏“改进(A)”下的“满意度评价”列表可查看需要处理的事项，如图 9-3-15 所示。

单击“待办”列表中的事项，系统打开新页。在新页中查看该事项的详细信息。如图 9-3-16 所示。

图 9-3-14　满意度评价—审核—发送

图 9-3-15　首页—待办—下发问卷

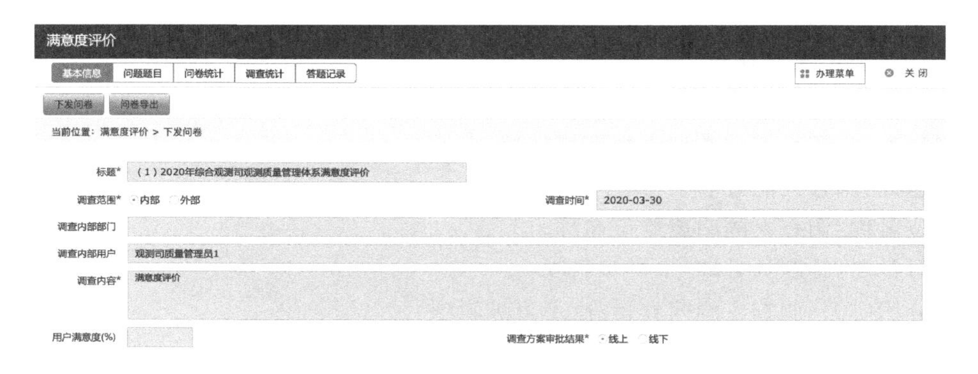

图 9-3-16　满意度评价—下发问卷

【下发问卷】:点击下发问卷给调查内部用户发放问卷。

【问卷导出】:以 Word 形式导出本次满意度评价问卷。

【办理菜单】:点击该菜单,选择以下菜单项:

● 【发送】:发送到流程下一环节;

● 【退回】:退回到流程上一环节;

● 【流程图】:图形化展示当前流程状态。

若当前满意度评价，调查范围为“外部”则不需要进行“调查人员接收问卷”这一步。由下发问卷的处理人进行添加调查人员信息，点击“答题记录”进行添加，如图 9-3-17 所示。

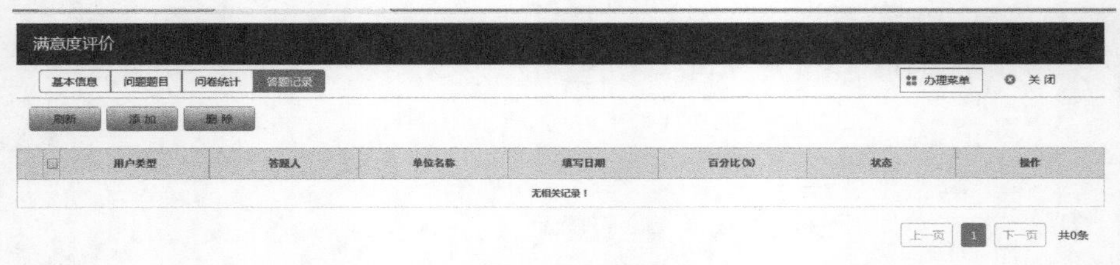

图 9-3-17　满意度评价—答题记录列表页

【刷新】：刷新答题记录的列表数据。

【添加】：添加调查人员的信息。

点击“添加”按钮，如图 9-3-18 所示。

×
保存
用户类型*　内部　外部
答题人*　单位名称*
填写日期　百分比(%)
状态*　未提交　已提交
附件　上传文件

图 9-3-18　满意度评价—答题记录详情页

【删除】：勾选所要删除项后，点击“删除”，可删除所选调查人员的信息。

【保存】：保存答题人信息。

【右上角图标】：关闭该页。

新建答题人时，“＊”标识并可以编辑的项为必填项。

● 用户类型：调查人的类型为内部或外部。

● 答题人：调查人的姓名。

● 单位名称：调查人的归属单位名称。

● 填写日期：答题的日期（不可编辑项）。

● 百分比（%）：调查人的问卷得分（不可编辑项）。

● 状态：调查人是否提交问卷（不可编辑项）。

● 附件：上传文件。

保存之后自动关闭当前页，返回到列表，如图 9-3-19 所示。

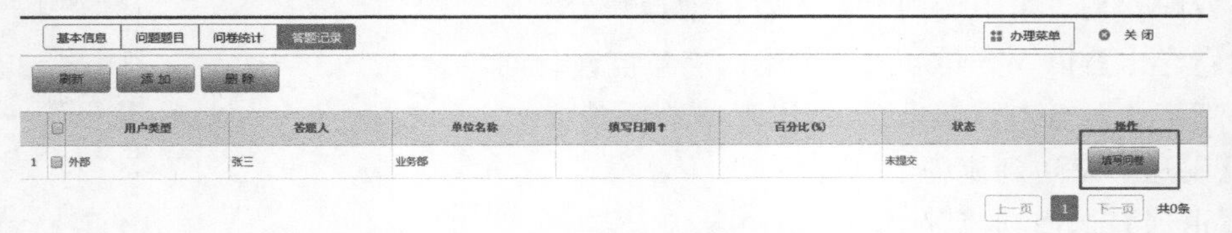

图 9-3-19　满意度评价—答题记录列表页

【填写问卷】:填写答题人的问卷信息。

填写完答题人问卷后,继续查看“查看答题记录并办结”这一步骤即可。

9.3.5　调查人员接收问卷

在“质量管理员”点击下发问卷后,被调查人进行登录系统。通过首页的“待办”下查看需要处理的事项。如图 9-3-20 所示。

图 9-3-20　首页—待办

单击“待办”列表中的事项,系统打开新页。在新页中查看该事项的详细信息。如图 9-3-21 所示。

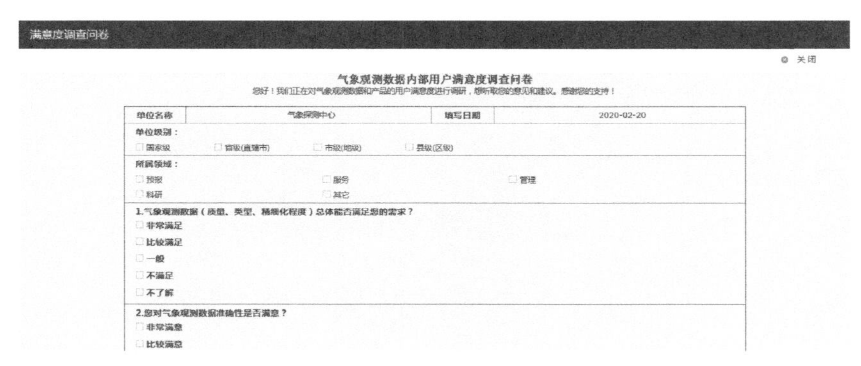

图 9-3-21　满意度评价—答题

【关闭】:关闭当前页。

【提交】:在问卷的最底部,进行提交填写问卷的信息。

问卷填写完成后,点击“提交”按钮,提示信息“提交成功”。点击“确定”关闭当前页面,如图 9-3-22 所示。

图 9-3-22　满意度评价—发送

9.3.6 查看答题记录并办结

“质量管理员”查看本次答题情况，通过首页的“待办”或者菜单栏“改进(A)”下的“满意度评价”列表查看需要处理的事项。如图 9-3-23 所示。

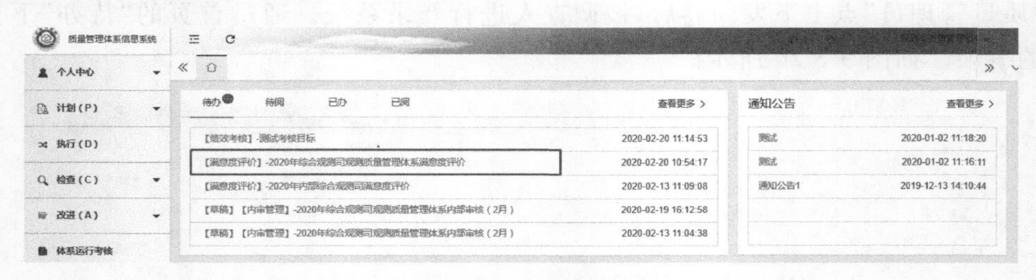

图 9-3-23　满意度评价—我的待办

单击“待办”列表中的事项，系统打开新页。在新页中查看该事项的详细信息。如图 9-3-24 所示。

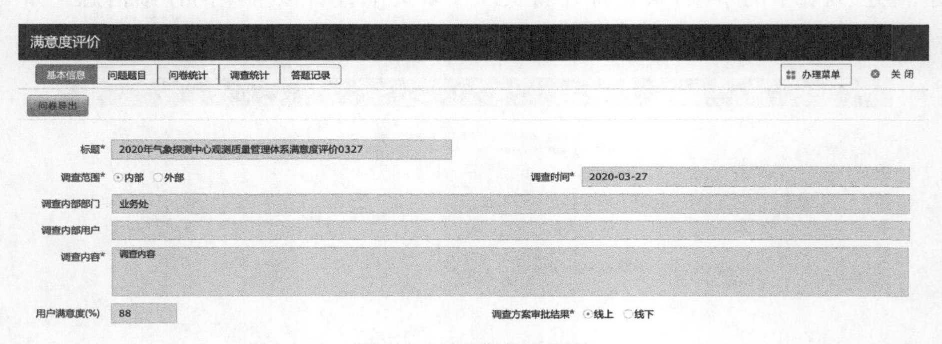

图 9-3-24　满意度评价

【问卷导出】：以 Word 形式导出本次满意度评价问卷。

【办理菜单】：点击该菜单，选择以下菜单项：

● 【发送】：发送到流程下一环节；

● 【退回】：退回到流程上一环节；

● 【流程图】：图形化展示当前流程状态。

点击“问卷统计”，可查看本次满意度评价，每道题的选项的填写百分比，如图 9-3-25 所示。

点击“调查统计”，可按外供方名称及单位名称查看本次外供方调查满意度情况信息，如图 9-3-26 所示。

点击“答题记录”，可查看本次满意度评价所调查人员的答题信息，如图 9-3-27 所示。

【查阅问卷】：查看答题人的答题信息。

【导出问卷】：以 Word 文件形式，导出答题人的答题信息。

选择“办理菜单”的“发送”菜单项，在打开的对话框，点击“确定”提交办结本次满意度评价。如图 9-3-28 所示。

【确定】：办结当前审核流程。

【取消】：关闭当前对话框。

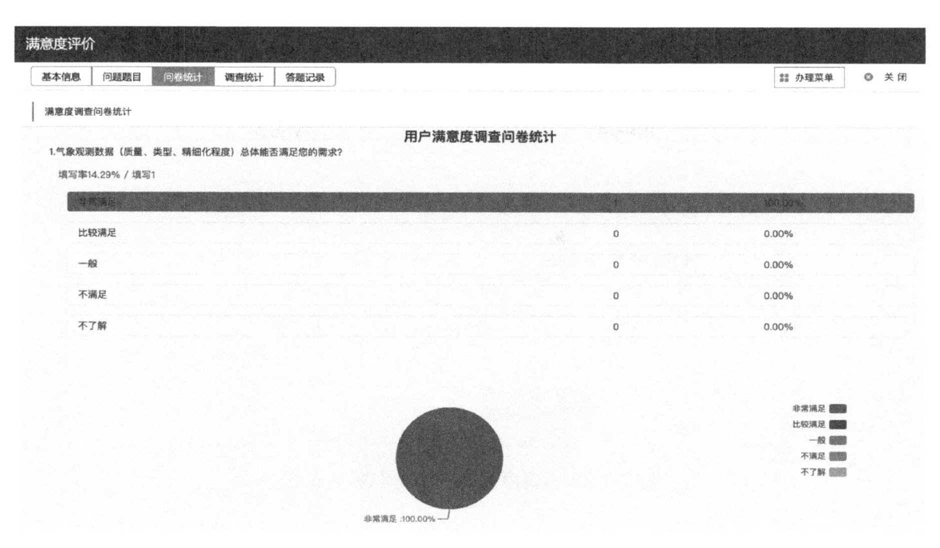

图 9-3-25　满意度评价—统计页

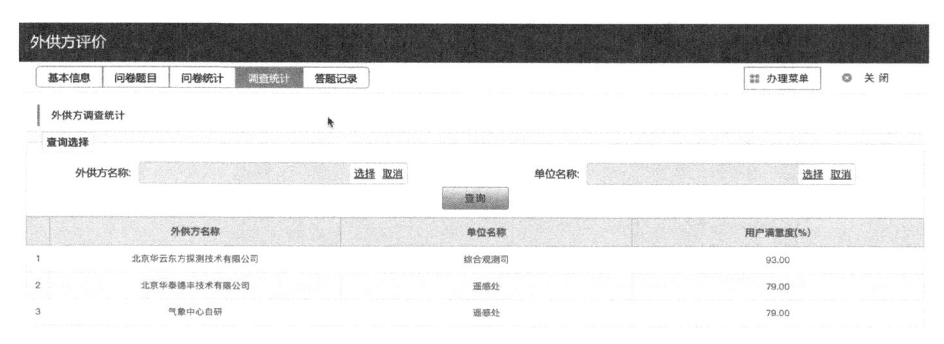

图 9-3-26　外供方评价—调查统计页

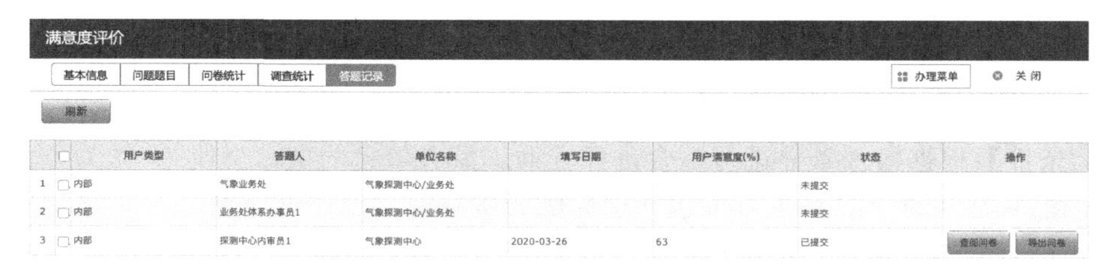

图 9-3-27　满意度评价—答题记录

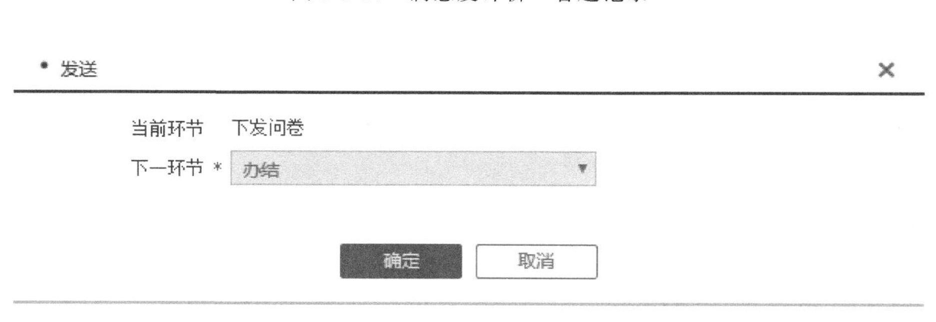

图 9-3-28　满意度评价—审核—办结

退回当前申请，选择“办理菜单”，点击“退回”菜单项。在打开的对话框中点击“确定”提交，如图 9-3-29 所示。

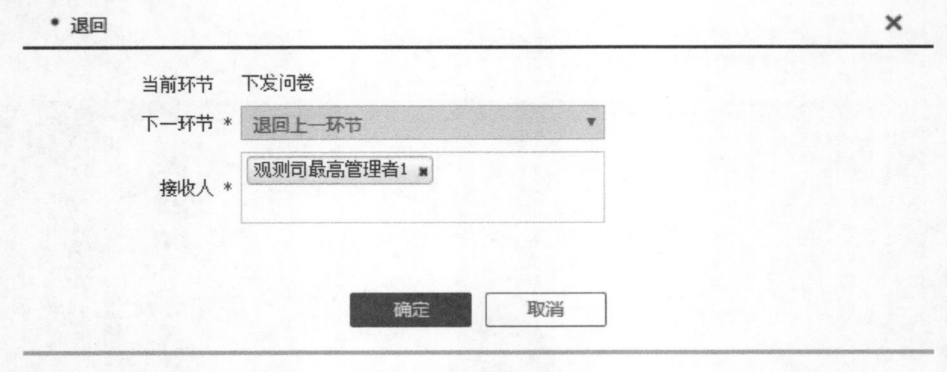

图 9-3-29　满意度评价—审核—发送

9.3.7　查看满意度评价

选择菜单栏“改进(A)”的“满意度评价”中“满意度评价(国家级)”标签，登录用户为国家级，列表则展示所有单位满意度评价信息，如图 9-3-30 所示。

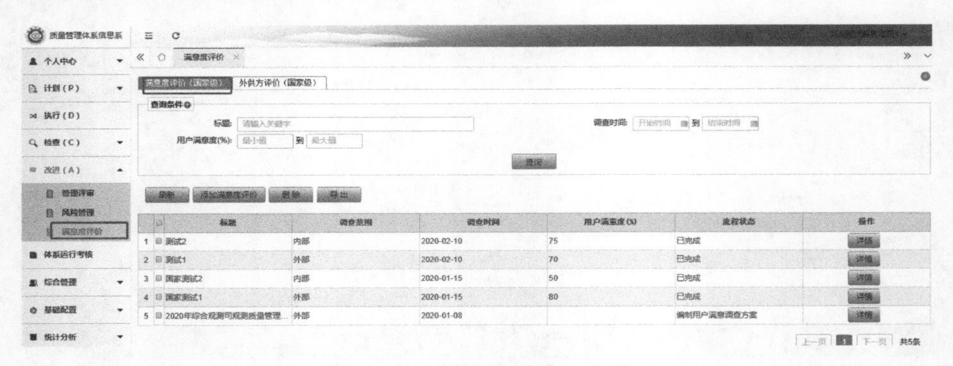

图 9-3-30　满意度评价—查看

【查询条件】:根据输入条件进行组合条件查询。没有信息的空白字段，不作为条件。

● 标题:标题关键字。系统查询包含该标题的所有满意度评价信息。

● 调查时间:选择调查时间的时间段。系统查询包含该时间段的所有满意度评价信息。

● 用户满意度(%):选择用户满意度的值。系统查询包含该得分的所有满意度评价信息。

【查询】:点击该按钮，系统按条件进行查询并分页显示结果。

在列表中双击满意度评价项，系统打开“满意度评价”页显示详细信息。系统根据当前用户权限及流程流转状态显示可访问的功能按钮及“办理菜单”的菜单项。选择“办理菜单”的“流程图”菜单项可查看流程的流转信息。

9.4　外供方评价

9.4.1　管理流程

“质量管理员”角色用户编制外供方调查方案，“管理者代表”角色用户审批。审批通过后，“质量管理员”角色用户下发问卷，接收人进行答题提交。提交后，“质量管理员”角色用户办结外供方调查。业务流程如图 9-4-1 所示。

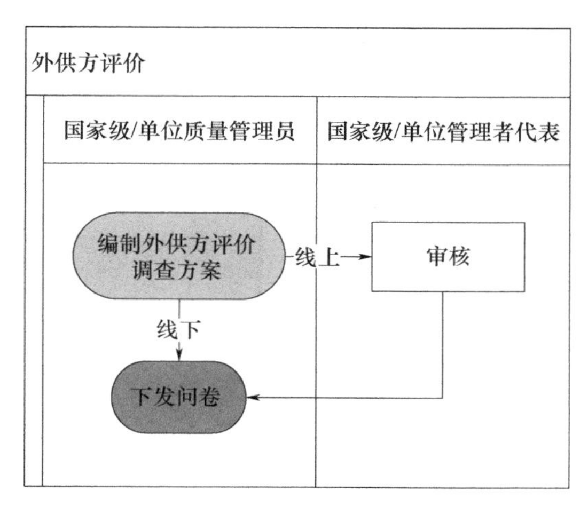

图 9-4-1　外供方评价业务流程

9.4.2　编制外供方调查方案

“质量管理员”角色用户基于当年实际工作和调查的需要编制外供方调查方案。选择菜单栏“改进(A)”并单击，系统显示当前用户可访问的所有功能菜单。选择菜单“外供方评价”并单击。如图 9-4-2 所示。

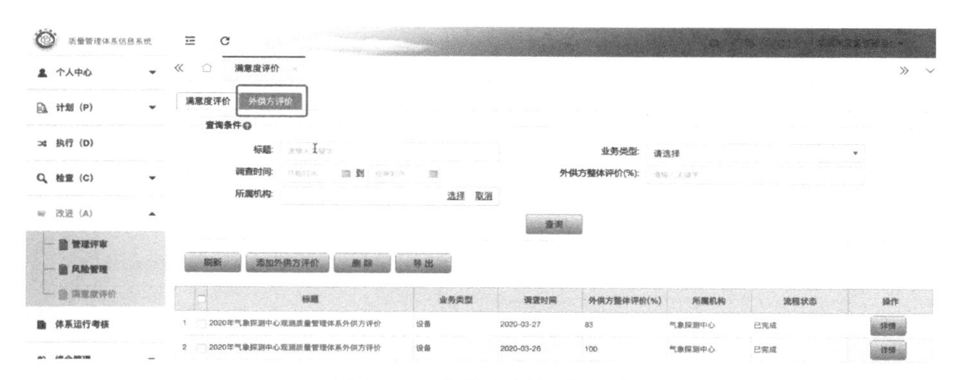

图 9-4-2　外供方评价列表页

【刷新】：更新外供方评价列表。

【添加外供方评价】：添加新的外供方评价。

【删除】：勾选所要删除项后，点击“删除”，可删除所选审核计划。只有“流程状态”为“编制外供方调查方案”才允许删除操作。

【导出】：以 Excel 文件形式导出外供方评价列表信息。

点击“添加外供方评价”按钮。如图 9-4-3 所示。

【保存待发】：保存外供方评价信息。

【关闭】：关闭该页。

新建外供方评价时，“ * ”标识的为必填项。

图 9-4-3　外供方评价—添加

- 标题:新建外供方评价标题。
- 业务类型:选择外供方评价的类型。
- 调查时间:执行外供方评价的调查时间。
- 调查部门:选择调查的部门。
- 调查用户:选择调查的用户。
- 调查内容:外供方评价的内容描述。
- 审核流程:"线下"为在本系统外执行审批流程;"线上"为在本系统中执行审批流程。
- 审批文件:"线下"审批的"留痕"文件。

信息填写完成后,点击"保存待发"按钮保存信息。如图 9-4-4 所示。

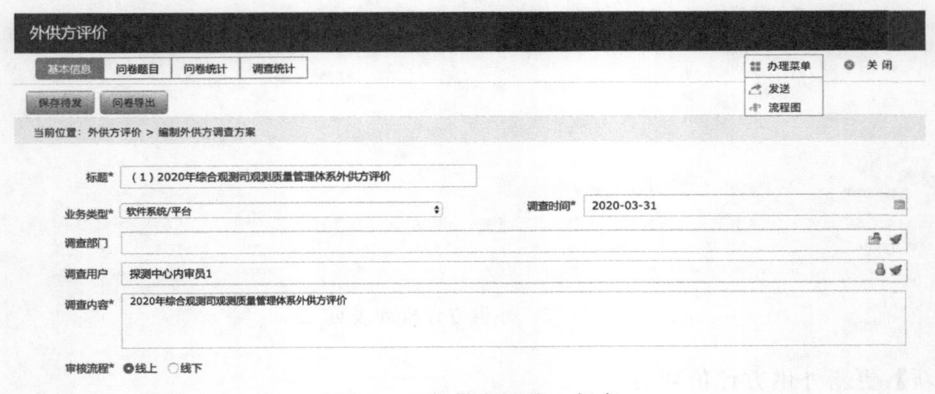

图 9-4-4　外供方评价—保存

【保存待发】:保存信息草稿,该流程的状态为"编制外供方调查方案"。

【问卷导出】:以 Word 形式导出本次外供方调查问卷。

【关闭】:关闭当前页。

【办理菜单】:点击该菜单,选择以下菜单项:

- 【发送】:发送到流程下一环节;
- 【流程图】:图形化展示当前流程状态。

选择"办理菜单"的"流程图"菜单项查看流程流转信息,需要查看流程图的各个节点的办理信息时，点击每个节点，下面列表就会展示对应节点信息。如图 9-4-5 所示。

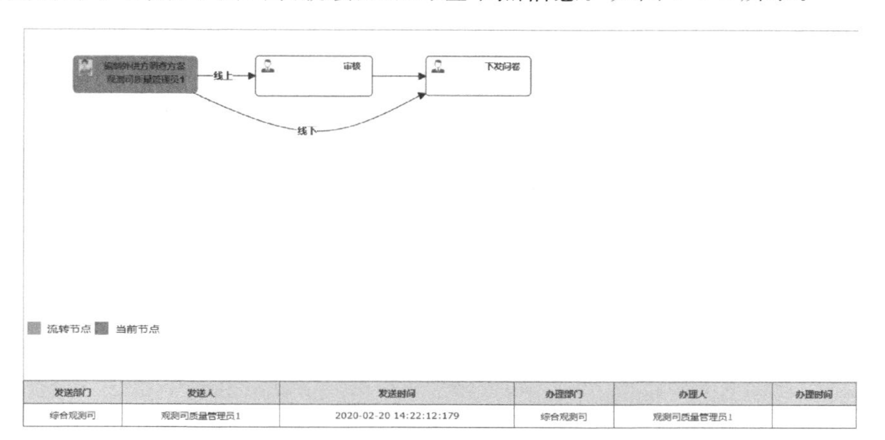

图 9-4-5　外供方评价—办理—流程图

打开“外供方评价”页，点击“问卷题目”，可以查看到本次外供方调查的问卷题目，如图 9-4-6 所示。

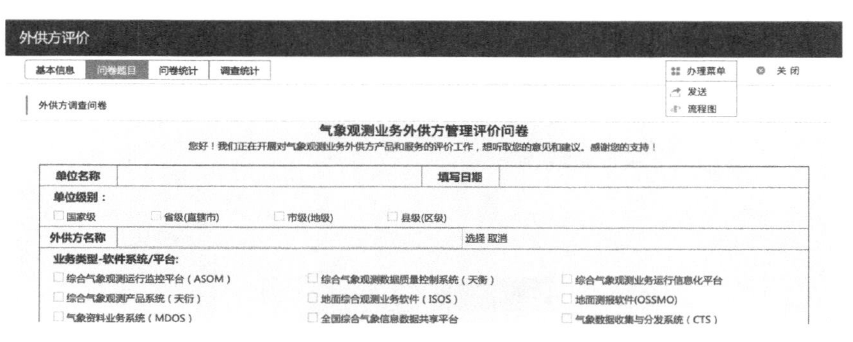

图 9-4-6　外供方评价—问卷题目

打开“外供方评价”页，点击“问卷统计”，可以查看到本次外供方调查的问卷每道题填写百分比，每提交一次都会进行实时计算每道题的百分比，同时可针对外供方名称或单位名称进行查询，如图 9-4-7 所示。

外供方评价

基本信息　问卷题目　问卷统计　调查统计　办理菜单　关闭

外供方评价问卷统计

外供方管理评价问卷统计

外供方名称:　选择 取消

单位名称:　---全部---

评价内容（通用部分）

1.您对于外供方的公司信誉与公司实力是否满意?

填写率0.0% / 填写0

非常认可	0	0.00%
比较认可	0	0.00%
基本认可	0	0.00%
还需改进	0	0.00%
不涉及	0	0.00%

图 9-4-7　外供方评价—问卷统计页

打开“外供方评价”页，点击“调查统计”，可以查看各单位填报满意度情况，并可根据外供方名称（即参与问卷调查的单位或部门）或单位名称进行查询，如图 9-4-8 所示。

用户满意度分值计算公式：用户满意度（以单位或部门为单位）＝单位调查人数分数总和/单位调查人数。

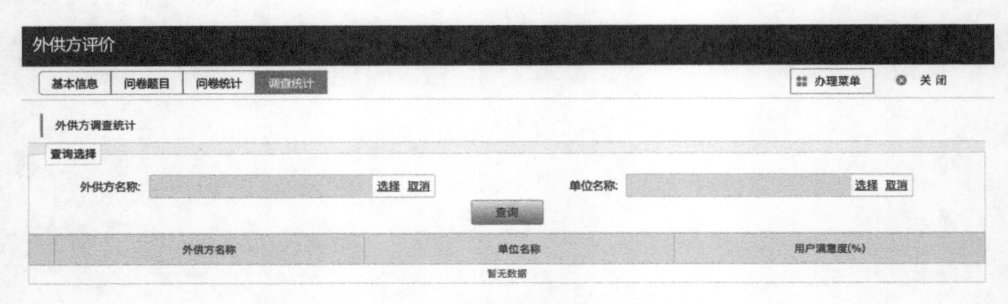

图 9-4-8　外供方评价—调查统计页

添加外供方调查方案后，选择“办理菜单”的“发送”菜单项，在系统弹出的对话框中选择下一环节及接收人，点击“确定”提交。如图 9-4-9 所示。

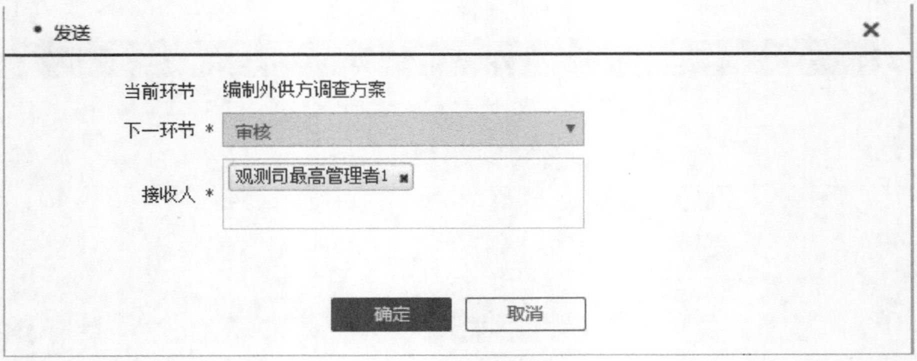

发送
当前环节　编制外供方调查方案
下一环节 *　审核
接收人 *　观测司最高管理者1
确定　取消

图 9-4-9　外供方评价—审核

【确定】：发送到流程下一环节。

【取消】：关闭当前对话框。

● 当前环节：流程的当前环节。

● 下一环节：流程下一步送交的环节。

● 处理人：进行选择下一环节的处理人。

9.4.3　审核外供方调查方案

在“国家级质量管理员”提交了外供方调查方案后，审批人进行审核、批准。通过首页的“待办”或者菜单栏“改进(A)”下的“外供方评价”列表查看需要处理的事项。如图 9-4-10 所示。

单击“待办”列表中的事项，系统打开新页。在新页中查看该事项的详细信息。如图 9-4-11 所示。

【问卷导出】：以 Word 文件形式导出问卷。

【关闭】：关闭该页。

【办理菜单】：点击该菜单，选择以下菜单项：

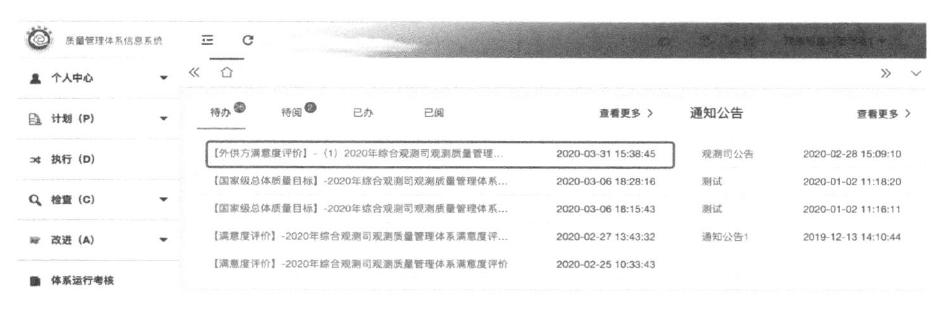

图 9-4-10　首页—待办—审核外供方调查方案

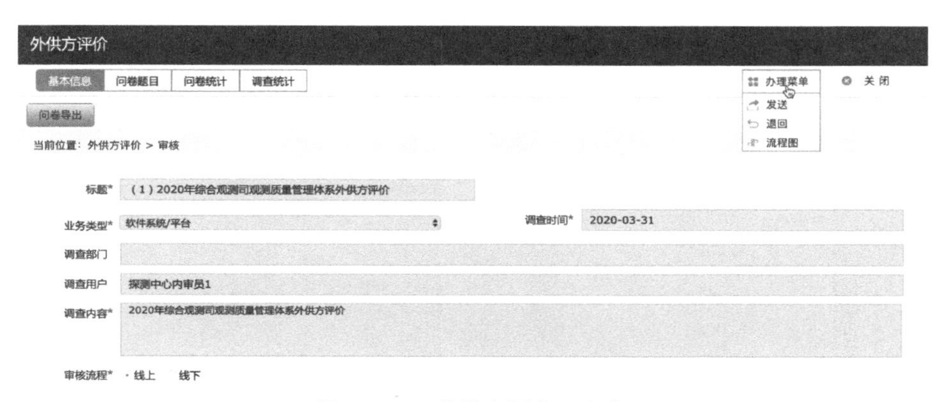

图 9-4-11　外供方评价—审核

●【发送】：发送到流程下一环节；

●【退回】：退回到流程上一环节；

●【流程图】：图形化展示当前流程状态。

选择“办理菜单”的“发送”菜单项，在打开的对话框中选择提交下一环节，填写审核意见。点击“确定”提交。如图 9-4-12 所示。

图 9-4-12　外供方评价—审核—发送

【确定】:发送到流程下一环节。

【取消】:关闭当前对话框。

● 当前环节:流程的当前环节。

● 下一环节:流程下一步送交的环节。

● 接收人:进行选择下一环节的处理人。

退回当前申请,选择“办理菜单”,点击“退回”菜单项。在打开的对话框中点击“确定”提交,如图 9-4-13 所示。

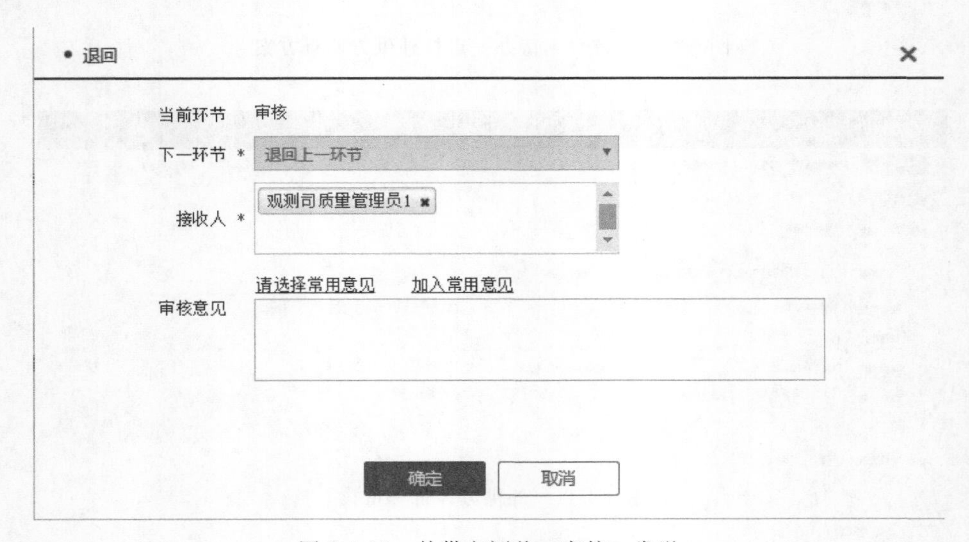

图 9-4-13 外供方评价—审核—发送

9.4.4 下发问卷

在最高管理者审核通过后,质量管理员进行下发问卷。通过首页“待办”页或者菜单栏“改进(A)”下的“外供方评价”列表可查看需要处理的事项,如图 9-4-14 所示。

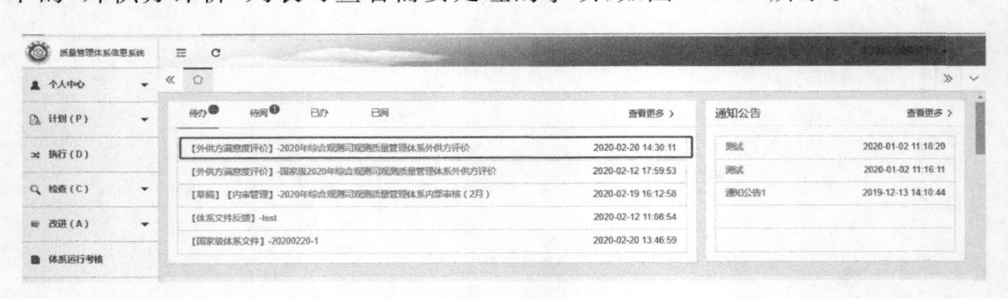

图 9-4-14 首页—待办—下发问卷

单击“待办”列表中的事项,系统打开新页。在新页中查看该事项的详细信息。如图 9-4-15 所示。

【下发问卷】:点击下发问卷给调查用户发放问卷。

【问卷导出】:以 Word 形式导出本次外供方调查问卷。

【办理菜单】:点击该菜单,选择以下菜单项:

●【发送】:发送到流程下一环节;

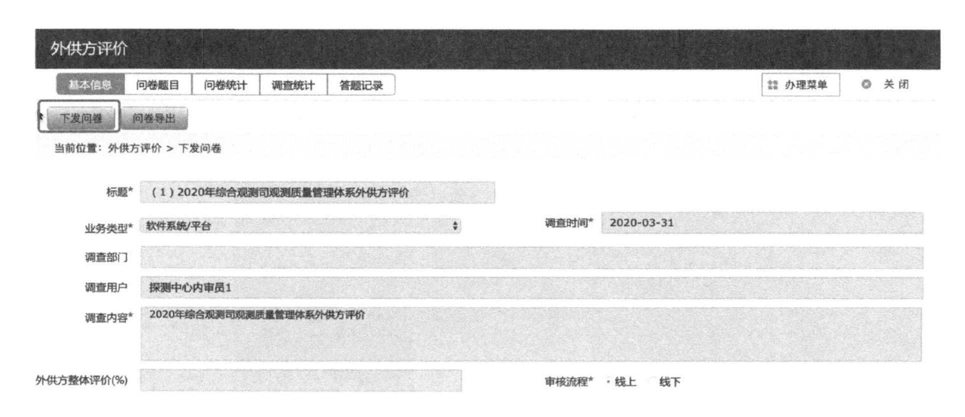

图 9-4-15　外供方评价—下发问卷

● 【退回】：退回到流程上一环节；

● 【流程图】：图形化展示当前流程状态。

9.4.5　调查人员接收问卷

在“质量管理员”点击下发问卷后，被调查人进行登录系统。通过首页的“待办”下查看需要处理的事项。如图 9-4-16 所示。

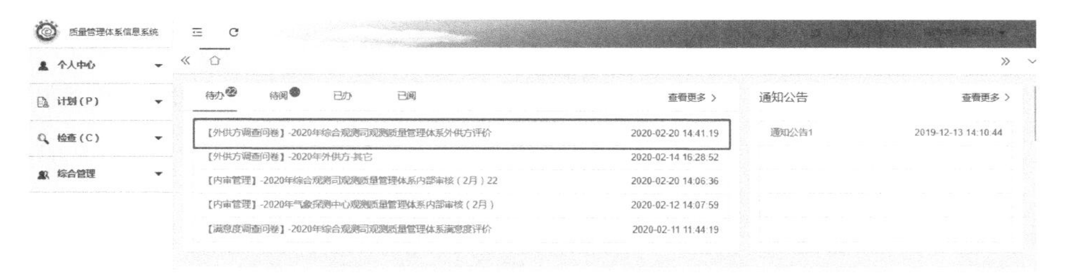

图 9-4-16　首页—待办—调查人员接收问卷

单击“待办”列表中的事项，系统打开新页。在新页中查看该事项的详细信息。如图 9-4-17 所示。

图 9-4-17　外供方评价—答题

【关闭】:关闭当前页。

【提交】:在问卷的最底部,进行提交填写问卷的信息。

问卷填写完成后,点击“提交”按钮,提示信息“提交成功”。点击“确定”关闭当前页面,如图 9-4-18 所示。

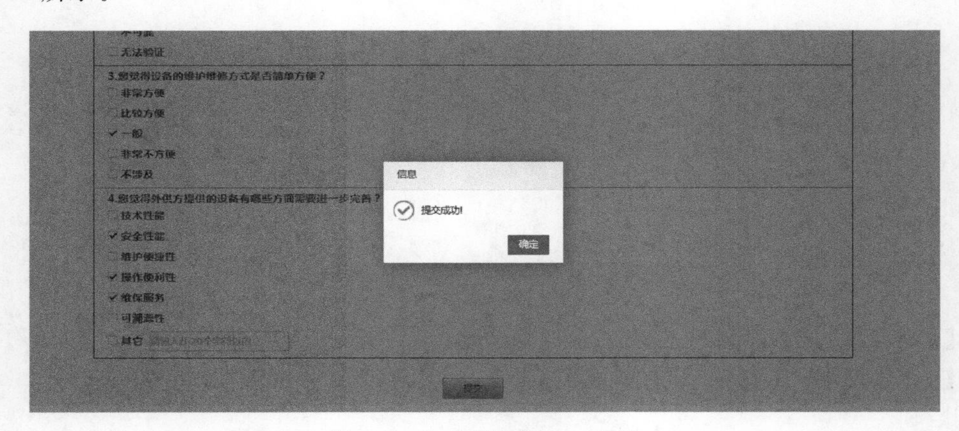

图 9-4-18 外供方评价—发送

9.4.6 查看答题记录并办结

“质量管理员”查看本次答题情况,通过首页的“待办”或者菜单栏“改进(A)”下的“外供方评价”列表查看需要处理的事项。如图 9-4-19 所示。

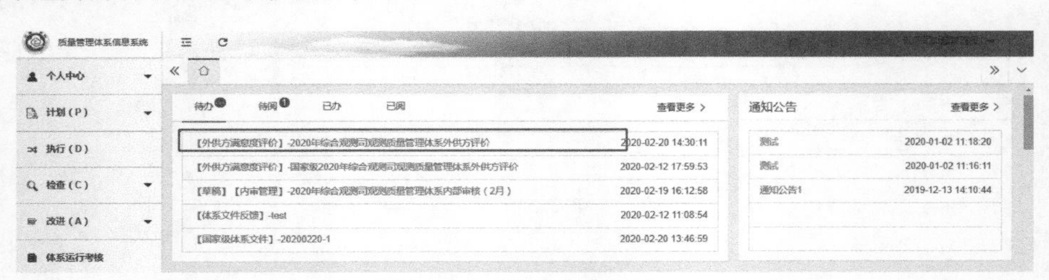

图 9-4-19 外供方评价—我的待办

单击“待办”列表中的事项,系统打开新页。在新页中查看该事项的详细信息。如图 9-4-20 所示。

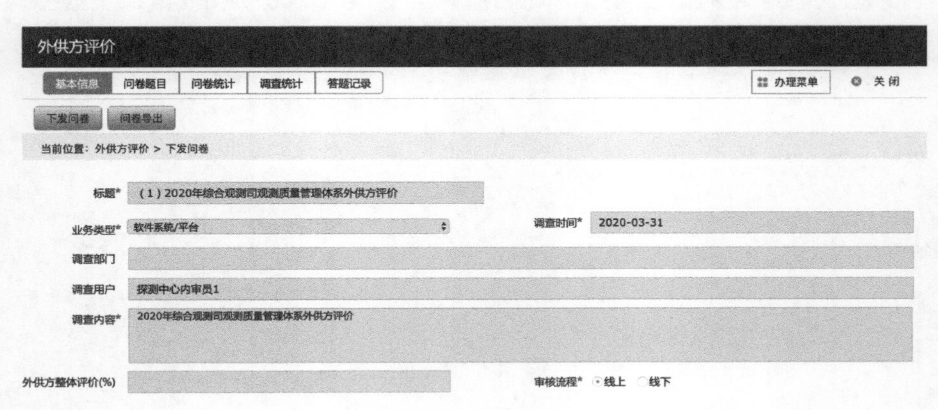

图 9-4-20 外供方评价

【问卷导出】:以 Word 形式导出本次外供方调查问卷。

【办理菜单】:点击该菜单,选择以下菜单项:

- 【发送】:发送到流程下一环节;
- 【退回】:退回到流程上一环节;
- 【流程图】:图形化展示当前流程状态。

点击“问卷统计”,可查看本次外供方调查,以及每道题各选项的填写百分比,如图 9-4-21 所示。

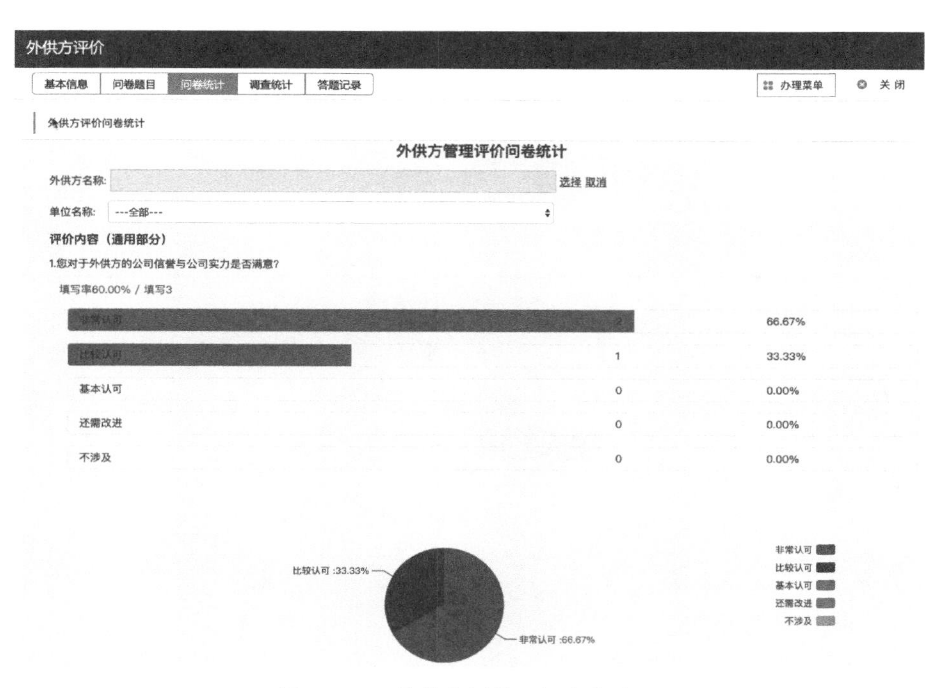

图 9-4-21　外供方评价—问卷统计页

点击“调查统计”,可按外供方名称及单位名称查看本次外供方调查满意度情况信息,如图 9-4-22 所示。

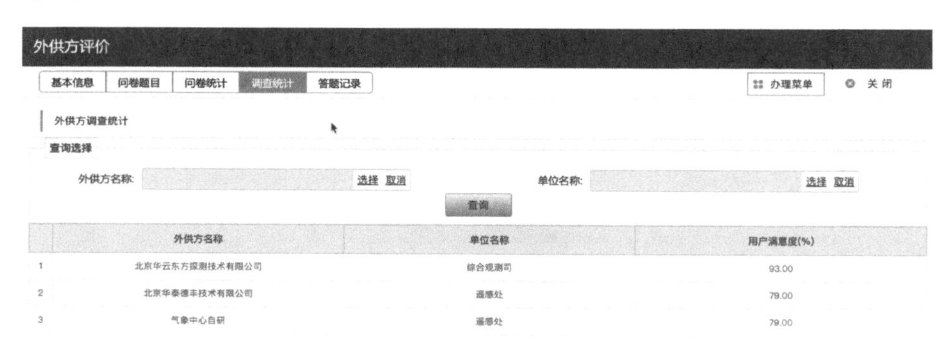

	外供方名称	单位名称	用户满意度(%)
1	北京华云东方探测技术有限公司	综合观测司	93.00
2	北京华泰德丰技术有限公司	遥感处	79.00
3	气象中心自研	遥感处	79.00

图 9-4-22　外供方评价—调查统计页

点击“答题记录”,可查看本次外供方调查所调查人员的答题信息,如图 9-4-23 所示。

【查阅问卷】:查看答题人的答题信息。

【导出问卷】:以 Word 文件形式,导出答题人的答题信息。

选择“办理菜单”的“发送”菜单项，在打开的对话框，点击“确定”提交办结本次外供方调查。如图 9-4-24 所示。

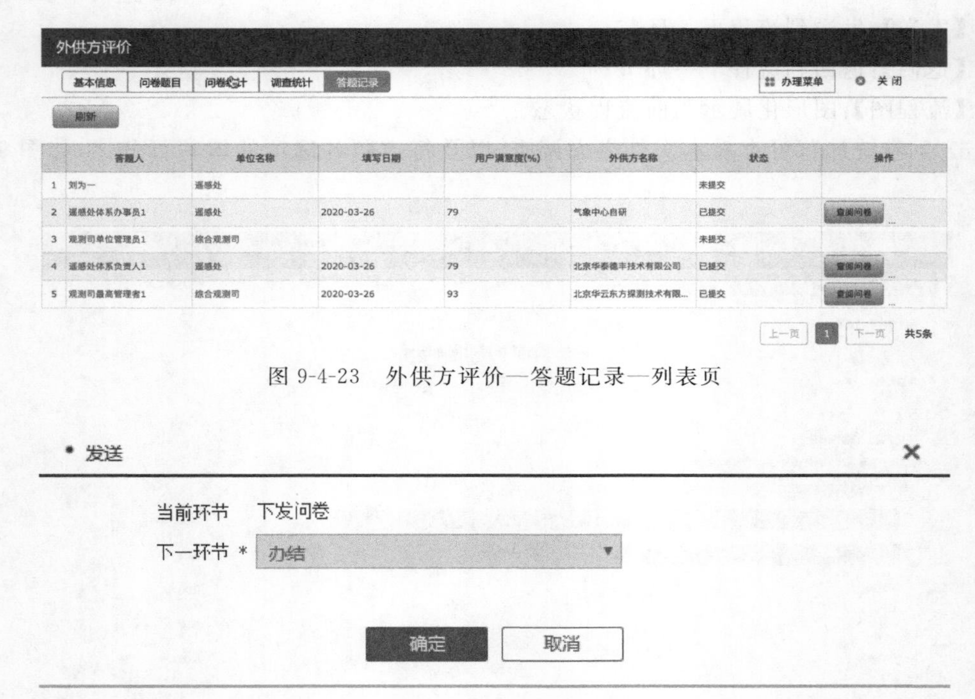

图 9-4-23　外供方评价—答题记录—列表页

图 9-4-24　外供方评价—审核—办结

【确定】:办结当前审核流程。

【取消】:关闭当前对话框。

退回当前申请，选择“办理菜单”，点击“退回”菜单项。在打开的对话框中点击“确定”提交，如图 9-4-25 所示。

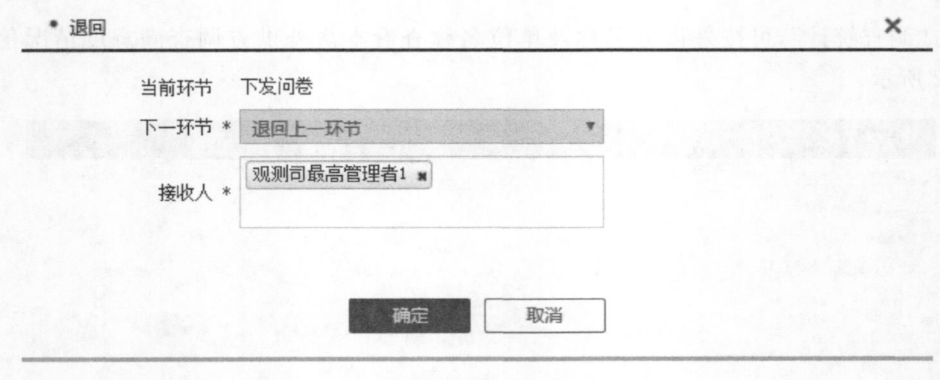

图 9-4-25　外供方评价—审核—发送

9.4.7　查看外供方评价

选择菜单栏“改进(A)”的“满意度评价”中“外供方评价(国家级)”标签，登录用户为国家级，列表则展示所有外供方评价信息，如图 9-4-26 所示。

【查询条件】:根据输入条件进行组合条件查询。没有信息的空白字段，不作为条件。

图9-4-26 外供方评价—查看

● 标题:标题关键字。系统查询包含该标题的所有外供方评价信息。

● 业务类型:选择某种业务类型。系统查询属于该业务类型的所有外供方评价信息。

● 调查时间:选择调查时间的时间段。系统查询包含该时间段的所有外供方评价信息。

● 用户满意度(%):选择用户满意度的值。系统查询包含该得分的所有外供方评价信息。

【查询】:点击该按钮,系统按条件进行查询并分页显示结果。

在列表中双击外供方评价项,系统打开"外供方评价"页显示详细信息。系统根据当前用户权限及流程流转状态显示可访问的功能按钮及"办理菜单"的菜单项。选择"办理菜单"的"流程图"菜单项可查看流程的流转信息。

第 10 章　综合管理

10.1　通知公告

在系统中可针对接收单位/部门或者接收人发送通知公告，通知公告在用户首页“通知公告”页中展示。编辑发送通知公告，选择菜单栏“综合管理”的“通知公告”菜单项并单击，如图 10-1-1 所示。

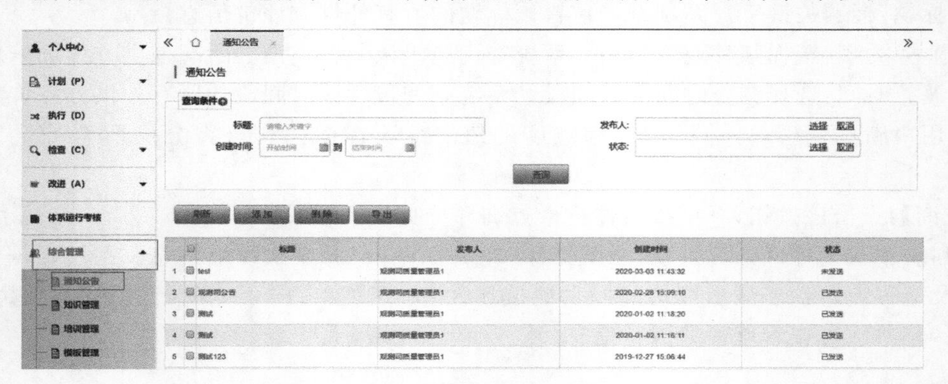

图 10-1-1　通知公告—查看

【查询条件】:通知公告列表查询条件。没有信息的空白字段，不作为查询条件。

● 标题:通知公告标题中包含信息。

● 发布人:通知公告发布人(单选)。

● 创建时间:通知公告创建时间的开始时间及接收时间。

● 状态:通知公告发布状态。

【查询】:根据“查询条件”查询通知公告:“接收人”为当前用户或“接收部门”为当前用户所属部门的已发布通知公告，以及当前用户起草的通知公告。

【刷新】:刷新当前列表的数据信息。

【添加】:添加公告数据信息。

【删除】:已发布的公告信息，暂时不可删除。

【导出】:以 Excel 文件形式导出通知公告列表信息。

点击“添加”按钮，如图 10-1-2 所示。

【保存】:保存编制的数据信息。

【关闭】:关闭当前页。

新建公告时，“ * ”标识的为必填项。

● 标题:通知公告标题。

● 内容:公告内容描述。

● 附件:可上传附件。

● 接收人:接收通知公告的用户(可多选)。

图 10-1-2　通知公告—添加信息

● 接收部门：接收通知公告的部门（可多选）。

编制信息完成后，点击“保存”按钮，如图 10-1-3 所示。

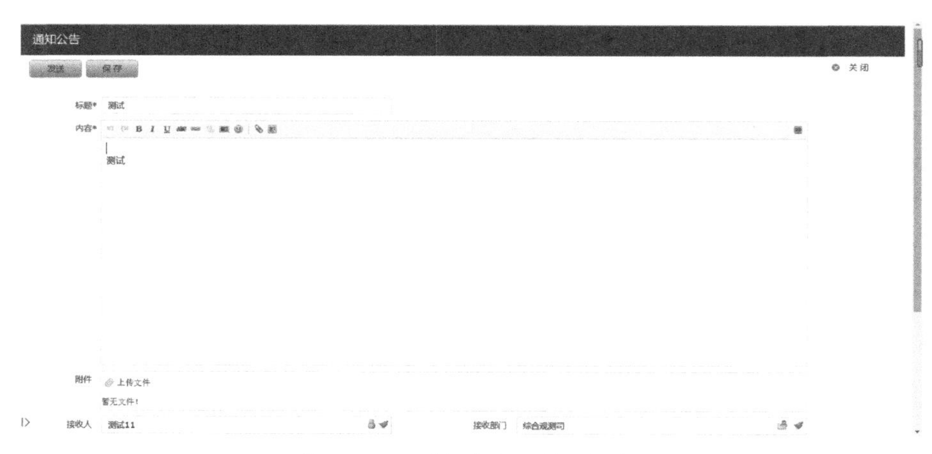

图 10-1-3　通知公告—基本信息

【发送】：发送通知公告给“接收人”和“接收部门”的所有用户。

【保存】：保存通知公告信息。

【关闭】：关闭当前页。

“通知公告”页的“通知公告记录”显示已阅读该通知公告的用户等信息。点击“刷新”按钮更新“通知公告记录”列表，如图 10-1-4 所示。

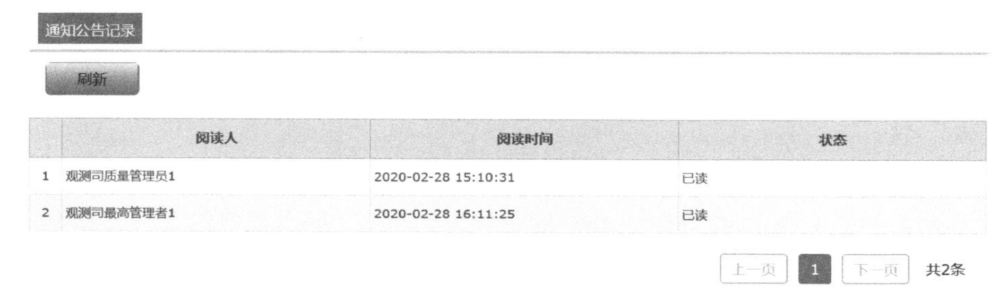
通知公告记录

刷新

	阅读人	阅读时间	状态
1	观测司质量管理员1	2020-02-28 15:10:31	已读
2	观测司最高管理者1	2020-02-28 16:11:25	已读

上一页　1　下一页　共2条

图 10-1-4　通知公告—通知公告记录

“接收人”或者“接收部门”的所有用户登录系统后，可直接在主界面的“通知公告”查看最新的公告信息，点击“更多”查看公告列表信息。

10.2 知识管理

10.2.1 管理流程

系统中所有用户可上传知识，单位知识管理员审核通过后发布知识。根据已发布知识的允许访问范围（全国或本单位），有知识访问权限的用户可以检索和查看知识。如图 10-2-1 所示。

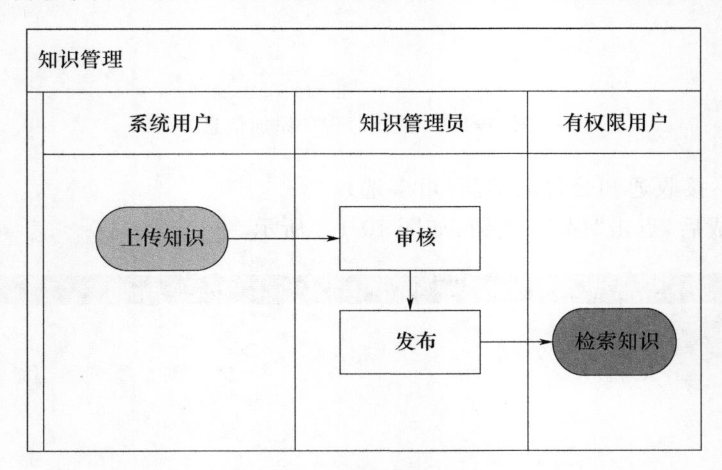

图 10-2-1 知识管理流程

10.2.2 上传知识

选择菜单栏“综合管理”的“知识管理”菜单项并单击，如图 10-2-2 所示。

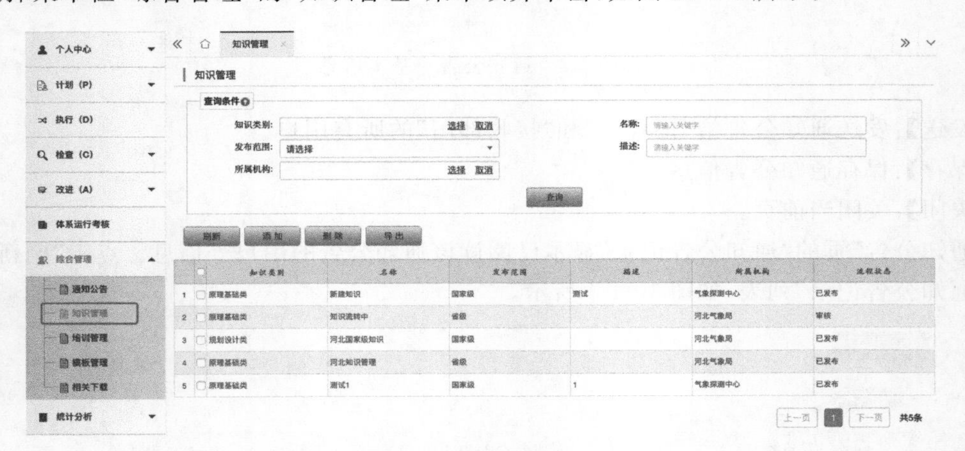

图 10-2-2 综合管理—知识管理

【查询条件】：知识列表查询条件。没有信息的空白字段，不作为查询条件。

- 知识类别：知识分类。
- 名称：知识名称包含信息。

● 发布范围：知识发布范围，分为国家级和省级。

● 描述：知识描述包含信息。

● 所属机构：所属机构选择。

【查询】：根据“查询条件”查询当前用户可访问的知识：发布范围为“国家级”及当前用户所属单位的已发布知识，以及当前用户起草的知识。

【刷新】：更新知识列表。

【添加】：添加新的知识信息。

【删除】：勾选所要删除项后，点击“删除”，可删除所选知识信息。

【导出】：以 Excel 文件形式导出知识管理列表信息。

点击“添加”按钮，系统打开“知识管理”页，如图 10-2-3 所示。

图 10-2-3　知识管理信息

【保存】：保存信息草稿。

【关闭】：关闭当前页。

新建知识时，“ * ”标识的为必填项。

● 知识类别：知识所属分类。

● 名称：知识名称。默认名可修改。

● 发布范围：“省级”为本单位（直属单位、各省（区、市）气象局）用户访问，“国家级”为全国用户访问。

● 描述：上传知识的摘要。

● 附件：上传文件。

信息填写完成后点击“保存”按钮，可对当前信息进行保存。选择“办理菜单”，点击“发送”菜单项提交，如图 10-2-4 所示。

图 10-2-4　知识管理信息—办理菜单

在系统弹出的对话框中选择下一环节及接收人，点击“确定”提交，如图 10-2-5 所示。

【确定】：发送到流程下一环节。

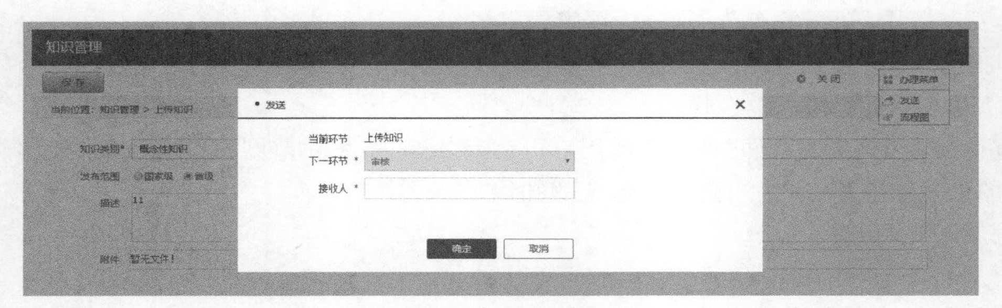

图 10-2-5　知识管理—发送

【取消】:关闭当前对话框。

● 当前环节:流程的当前环节。

● 下一环节:流程下一步送交的环节。

● 接收人:进行选择下一环节的处理人。

10.2.3　审核知识

在编制人员上传知识后,审批人进行审核、批准。通过首页“待办”页查看需要处理的事项,如图 10-2-6 所示。

待办　待阅　已办　已阅　通知公告　查看更多 >

工作事由	创建单位	上一环节	上一处理人	时间
【知识管理】-test513	综合观测司	上传知识	观测司质量管理员1	2020-05-13 15:3...
【管理评审】-观测司测试1	综合观测司	上传评审材料	观测司质量管理员1	2020-05-11 15:4...
【管理评审】-管理评审3	综合观测司	上传评审材料	观测司质量管理员1	2020-05-08 15:2...

图 10-2-6　首页—待办—审核知识

单击“待办”列表中的事项,系统打开新页。在“知识管理”页中查看该事项的详细信息,如图 10-2-7 所示。

图 10-2-7　知识管理—审核—办理菜单

【关闭】:关闭当前页。

【办理菜单】:点击该菜单,选择以下菜单项:

●【发送】:发送到流程下一环节;

●【退回】:退回到流程上一环节;

●【流程图】:图形化展示当前流程状态。

选择“办理菜单”,点击“发送”菜单项。在打开的“发送”对话框中选择提交下一环节。点击“确定”按钮提交,如图 10-2-8 所示。

图 10-2-8　管理评审—审批—发送

【确定】:发布知识。

【取消】:关闭当前对话框。

- 当前环节:流程的当前环节。
- 下一环节:流程下一步送交的环节。

退回当前申请,选择“办理菜单”,点击“退回”菜单项。在打开的对话框中点击“确定”提交,如图 10-2-9 所示。

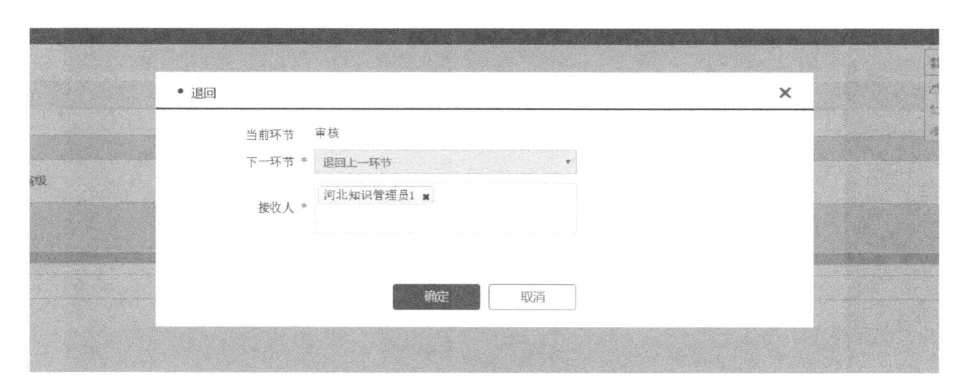

图 10-2-9　管理评审—审批—退回

10.3　相关下载

相关下载提供了系统各模块附件集中展示及下载。选择菜单栏“综合管理”的“相关下载”菜单项,如图 10-3-1 所示。

【查询条件】:文件列表查询条件。没有信息的空白字段,不作为查询条件。

- 文件名称:文件名包含信息。
- 模块名称:系统功能模块名。
- 创建人:文档创建人。
- 所属部门:文档创建人所属部门。
- 上传时间:上传时间范围选择。

【查询】:根据“查询条件”查询下载文档。

图 10-3-1　相关下载—查看

【刷新】:刷新当前列表的数据信息。

【下载】:点击下载按钮,可下载对应数据文件。

点击“下载”按钮,如图 10-3-2 所示。

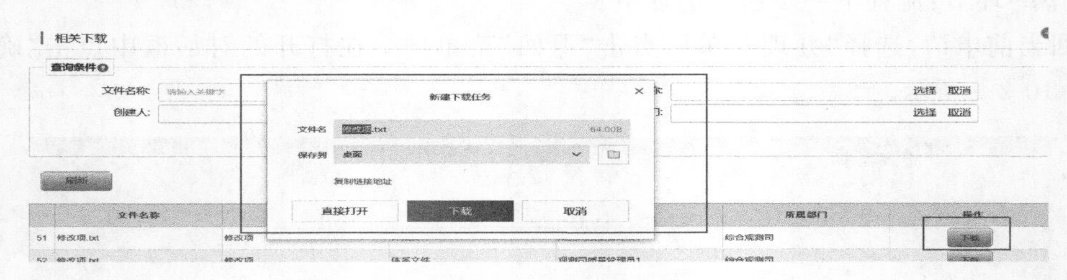

图 10-3-2　相关下载—下载文件

第 11 章　系统管理

11.1　机构管理

“国家级系统管理员”和“单位系统管理员”角色用户维护所属单位的机构部门信息，包括组织架构、部门信息等。选择菜单栏“系统管理”→“组织管理”→“机构管理”的“机构管理(含下级)”菜单项并单击，如图 11-1-1 所示。

图 11-1-1　机构管理(含下级)

【刷新】：刷新机构列表。

【添加】：添加新的机构。

【保存】：保存列表上修改的信息。

【删除】：勾选所要删除的项后，点击“删除”，可删除所选机构。

【查询】：根据条件查询机构。

11.2　用户管理

“国家级系统管理员”和“单位系统管理员”角色用户维护所属单位用户信息，包括用户基本信息、用户角色等。选择菜单栏“系统管理”→“组织管理”→“用户管理”中的“用户管理(含下级)”菜单项并单击，如图 11-2-1 所示。

【刷新】：刷新当前列表信息。

【添加】：添加数据。

【保存】：保存列表上修改的信息。

【删除】：勾选所要删除项后，点击“删除”，可删除所选数据。

【查询】：根据不同的条件进行筛选。

图 11-2-1　用户管理(含下级)

其他按钮非开发人员禁用。

点击“添加”按钮,如图 11-2-2 所示。

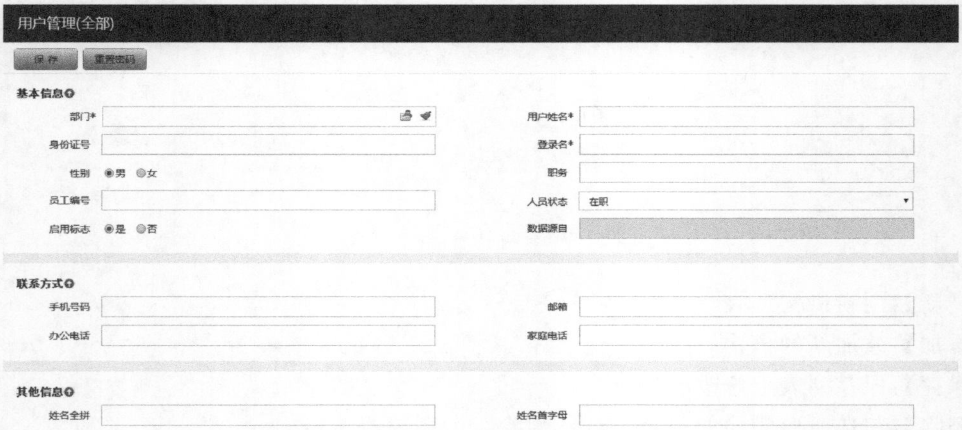

用户管理(全部)

保存　重置密码

基本信息

部门*　用户姓名*

身份证号　登录名*

性别 ◉男 ○女　职务

员工编号　人员状态 在职

启用标志 ◉是 ○否　数据源目

联系方式

手机号码　邮箱

办公电话　家庭电话

其他信息

姓名全拼　姓名首字母

图 11-2-2　用户管理(含下级)基本信息

【保存】:保存当前编辑的信息。

【重置密码】:重置用户密码,将用户密码重置为默认密码 tczx1234。

其他按钮非开发人员禁用。

新建用户时,“ * ”标识的为必填项。

● 部门:用户所属部门。

● 用户姓名:用户姓名。

● 身份证号:用户身份证号码。

● 登录名:用户登录名,一般为“用户姓名”全拼。

● 性别:用户性别。

● 职务:用户职务。

- 员工编号：用户员工编号。
- 人员状态：用户所在部门的状态。
- 启用标志：用户是否有效。
- 数据源自：默认禁用，不需填写。
- 手机号码：用户手机号码。
- 邮箱：用户常用邮箱。
- 办公电话：用户办公电话。
- 家庭电话：用户家庭电话。
- 姓名全拼：用户姓名全拼。
- 姓名首字母：用户姓名首字母。

编辑完成，点击“保存”按钮保存信息。在列表页双击用户所在行，系统打开该部门“用户管理（含下级）”页以修改编辑、查看用户信息，如图 11-2-3 所示。

图 11-2-3　用户管理（含下级）—基本信息

“所属角色”页提供用户角色管理，如图 11-2-4 所示。

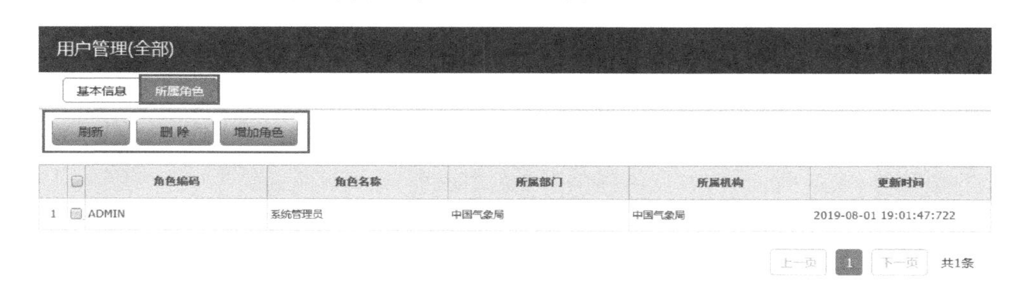

图 11-2-4　用户管理（全部）—所属角色

【刷新】：刷新当前列表信息。

【删除】：勾选所要删除项后，点击“删除”，可删除所选用户已有角色。

【增加角色】：给用户添加新角色。

点击“增加角色”按钮，系统弹出角色选择对话框，如图 11-2-5 所示。

图 11-2-5 用户管理(含下级)—分配角色

勾选所需角色,点击“确定”按钮保存信息,该用户拥有增加的新角色,如图 11-2-6 所示。

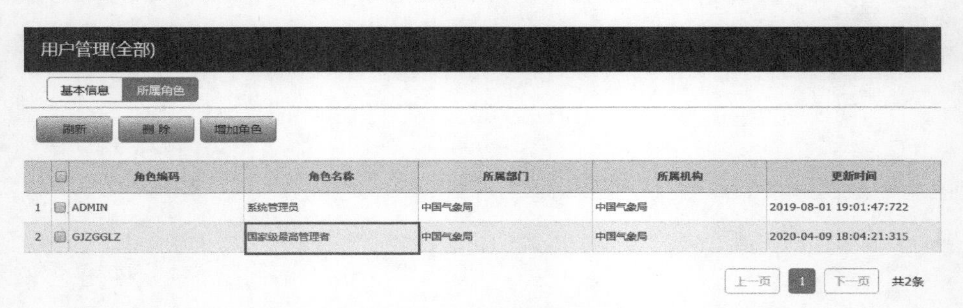

图 11-2-6 用户管理(含下级)—增加角色

气象观测质量管理体系信息系统在前期使用中遇到的问题已整理在附录 C,系统使用人员遇到问题时,可根据整理的问题解答,进行系统相关使用。

附　　录

附录A　国家、省、地(市)、县(台站)四级业务分工

根据《综合气象观测业务运行信息化平台管理规定(试行)》(气测函〔2020〕104号),质量管理体系模块是为全国观测业务质量管理体系(以下简称质量管理体系)业务运行提供支撑,涉及国、省、地、县四级,各级任务分工如下。

(一)国家级

1. 中国气象局综合观测司(以下简称观测司)负责质量管理体系相关工作及观测司内部质量管理体系的运行工作,具体包括:

(1)观测司内各种质量管理数据的填报,包括观测司业务过程的上传和用户角色的分配。

(2)观测司体系文件修订需求的收集、修订和发布。

(3)发布全国审核方案和审核计划,组织全国质量管理体系审核(内部审核、管理评审和外部审核等)报告上传。

(4)组织国家级内审员的培训及管理。

(5)全国质量管理体系运行考核评价、用户满意度和外供方评价报告编制与发布。

(6)全国质量管理体系运行中共有风险应对措施的制定。

(7)全国质量管理体系知识库的更新和维护管理等。

2. 国家级各气象观测业务单位按照各自负责领域开展质量管理体系相关工作,在系统里负责填报本单位各种质量管理数据,具体包括:

(1)填报业务过程和分配用户角色。

(2)依据观测司发布的体系文件和各类规章、规范及标准,结合本单位业务需求,编制、审核、修订、发布本单位体系文件,并组织宣贯和实施。

(3)年度体系文件修订需求收集及修订后体系文件的发布,并负责向观测司反馈观测司体系文件及各类规章、规范及标准的“废、改、立”建议。

(4)年度质量目标的制定与发布,并组织目标的分解。

(5)按质量管理体系要求开展审核相关工作(内部审核、管理评审和外部审核等),根据审核结果进行整改及审核报告上传。

(6)过程风险识别、风险评价以及风险库的更新。

(7)组织本单位及辖区各单位开展用户满意度和外供方评价,并进行评价结果的汇总和录入。

(8)本单位内审员信息的维护与管理。

(9)组织本单位质量管理体系运行情况评价。

(10)中国气象局气象探测中心负责质量管理体系信息系统维护、信息系统使用的培训。

（二）省级

省级各气象观测业务单位按照各自负责领域开展质量管理体系相关工作，在系统里负责填报本单位各种质量管理数据，具体包括：

(1)填报业务过程和分配用户角色。

(2)依据观测司发布的体系文件和各类规章、规范及标准，结合本级业务需求，编制、审核、修订、发布各自体系文件，并组织宣贯和实施。

(3)反馈观测司体系文件及各类规章、规范及标准的“废、改、立”建议、质量管理体系运行中的共性问题。

(4)本单位年度质量目标的制定与发布，并组织分解省级质量目标。

(5)按质量管理体系要求开展审核相关工作(内部审核、管理评审和外部审核等)，根据审核结果进行整改及审核报告上传。

(6)过程风险识别、风险评价以及风险库的更新。

(7)按质量体系管理分工要求，组织开展用户满意度和外供方评价，并进行评价结果的汇总和录入。

(8)本级组织架构信息、人员信息维护和填报。

(9)本单位及辖区区域体系运行工作进行考核评价。

(10)基于质量管理体系信息系统做好本地化应用。

（三）地(市)级

地(市)级各气象观测业务单位按照各自负责领域开展质量管理体系相关工作，在系统里负责填报本单位各种质量管理数据，具体包括：

(1)组织本级及辖区各单位体系文件修订并上传，反馈体系文件修订需求、体系运行问题及各类规章、规范和标准“废、改、立”建议。

(2)组织本单位及辖区各单位分解年度质量目标。

(3)完成本单位及辖区内质量管理体系审核(内部审核、外部审核)，上传审核发现、整改结果。

(4)本单位年度过程风险识别和风险评价。

(5)按质量体系管理分工要求，组织开展用户满意度和外供方评价，并进行评价结果的汇总和录入。

(6)本级组织架构信息、人员信息维护和填报。

(7)本单位及辖区区域体系运行工作进行考核评价。

（四）县(台站)级

县(台站)级各气象观测业务单位按照各自负责领域开展质量管理体系相关工作，在系统里负责填报本单位各种质量管理数据，具体包括：

(1)本单位体系文件修订并上传，反馈体系文件修订需求、体系运行问题及各类规章、规范和标准存在问题。

(2)年度质量目标分解。

(3)审核(内部审核、管理评审和外部审核等)整改结果上传。

(4)本单位年度过程风险识别和风险评价。

(5)用户满意度评价结果上传。

(6)本级组织架构信息、人员信息维护和填报。

附录B 角色定义说明

气象观测质量管理体系信息系统(QMS)基于ISO 9001质量管理体系标准要求以及气象系统的组织管理体系,定义了系统管理员、质量管理员、最高管理者、管理者代表、内审员、体系负责人、质量员等角色。用户在QMS中的权限由其配置的角色决定,一个用户可配置多个角色。以下是各角色定义以及在QMS中的体系业务职责。

1. 管理部门角色

系统管理员

单位系统管理员为各省级单位、国家级业务单位质量管理体系信息系统信息技术负责人。在系统中主要负责组织用户和业务流程管理。组织用户管理包括组织机构管理、用户管理、用户角色管理等。业务流程管理包括业务流程创建、接口参数定义等。

质量管理员

质量管理员一般为各省级单位观测处或国家级直属业务单位业务处具体承担体系的工作人员。质量管理员全面负责本省级单位或国家级直属业务单位的质量管理体系相关工作,包括体系相关业务流程及支持业务流程的基础配置管理。质量管理员负责系统中PDCA业务流程的发起和信息录入,包括:

- 体系文件编制任务发起、发布体系文件;
- 业务流程执行;
- 外部审核录入;
- 内审方案发起;
- 管理评审发起、管理评审过程信息录入及管理评审报告发布;
- 风险库管理、风险应对计划发起和发布;
- 用户满意度和外供方评价调查发起及问卷下发;
- 知识审核及发布;
- 培训需求发起、发布培训需求、编制培训计划、记录培训过程。

单位质量管理员负责管理本单位业务流程,国家级质量管理员负责管理QMS系统使用的业务基础配置,如标准条款、体系文件类型等。

最高管理者

最高管理者为省(区、市)气象局局长及各国家级直属业务单位主要负责人,在系统中可查看本省级单位体系相关业务流程的信息,包括P—体系文件管理,D—业务流程执行情况,C—内审管理、外部审核,A—管理评审、风险管理、满意度评价,体系运行考核、综合管理—通知公告、知识管理、培训管理、模板管理、相关下载,统计分析—体系文件管理、内审管理、外部审核、管理评审、风险管理、用户满意度、外供方评价。

管理者代表

管理者代表为省(区、市)气象局体系分管领导及各国家级直属业务单位体系分管领导,在系统中负责本省级单位体系相关业务流程的审批,包括体系文件发布、管评计划和管评报告发布、风险应对计划、用户满意度调查方案、外供方评价调查方案、培训需求等。

内审员

内审员包括省级内审员和国家级内审员，在系统中主要负责录入核查记录、不符合项、改进建议项、发布内审报告。国家级内审员在系统中可参加全国任意省级单位内审，省级内审员可参加本省内审。

2. 省级职能部门及市级角色

部门体系负责人

部门体系负责人：为各地市、县和各处室领导，在体系中负责本部门体系相关业务审批，包括体系文件初审。

部门质量员

部门质量员：为各地市、县和处级等单位具体从事体系工作的人员。在体系中负责本部门体系相关工作，包括体系文件编制、内审不符合项及改进建议项的整改措施录入。

附录C　常见问题解答

C.1　系统

(1)登录时,系统提示用户密码错误,怎么办?

答:如果用户在登录时,提示密码错误,请先检查密码是否输入错误,默认密码为“tczx1234”,若密码无误,则需要“单位系统管理员”在系统管理—组织管理—用户管理中,选择该用户账号,双击后进入用户管理详细页,点“重置密码”按钮进行重置,如附图C-1所示。

附图C-1　重置密码

(2)在导航栏,是否可以增加“单击右键”——全部关闭、关闭当前功能,或者增加一键关闭所有功能按钮。

答:工作区右上角,点击向下的图标“∨”,显示可以按照需要选择关闭当前标签页/关闭其他标签页/关闭全部标签页(附图C-2)。

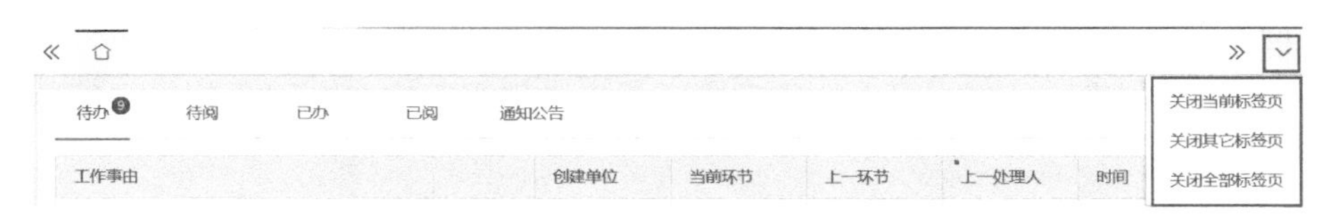

附图C-2　关闭功能按钮

(3)已上传的文件点“查看”,能否改成直接弹出Word界面,而不是下载到文件?

答:打开是在Word控件中打开,系统一期还未继承插件,所以暂时为下载方式。

(4)添加附件时,反应比较慢,大概需要10秒左右的时间才弹出路径窗口?

答:响应时间和附件大小、网络有关。

C.2　个人中心

(5)个人中心授权管理授权后,“我的委托”不显示委托信息?

答:“我的委托”是我被授予的委托,不是我授权的委托。委托信息在“管理委托”中显示。

(6)查询条件:开始时间和结束时间都有两个时间控件,重复。

答:不是重复,2个时间控件是选取的开始/结束时间的时间段。

(7)委托成功后,用被授权人的账号登录,看不到委托相关信息?

答:被授权人从“我的委托”菜单中看到的是委托人的待办事项。

C.3 体系文件

(8)“业务处质量员”想要新建体系文件,如何创建?

答:“质量员”只能通过接受“质量管理员”提交的编制/修订待办任务后,才能创建编制体系文件。

(9)添加体系文件时,“版本”填写“2018版/1次”,校验未通过?

答:“版本”的文本框中仅可填写长度不超过255位的有效数字。

(10)质量管理员编制体系文件,发布后怎么又回到质量管理员再发布?

答:选择“线下审批”跳过领导审核就直接到发布环节,所以自己发布。

(11)单位质量管理员添加体系文件和质量目标后,点发布,可选择的还是“单位质量管理员”?

答:选择“线下审批”跳过领导审核就直接到发布环节,所以自己发布。

(12)体系文件统一管理,相似的业务能不能规范统一?

答:建议使用“知识管理”功能,将国家级推荐的体系文件范本发布到全国范围。

C.4 内审管理

(13)是不是各省(区、市)只有“质量管理员”才可以操作内审,其他角色只能看内审信息?

答:质量管理员发起,内审员参与内审。

(14)审核组长能使用哪些功能?根据《管理体系审核指南》,审核计划是由审核组长编制的。

答:审核组长工作有编制审核计划,添加审核安排、内审日程,上传审核报告,审核小组组长提交的核查记录、不符合项、改进与建议项、审核整改措施等。

(15)内审工作实际运用中,当天的各项内容是否必须当天完成?因为都是内网运行,是否不方便当天填写?

答:核查记录可以每天填写,可以最后一天填写,然后再提交给小组组长。

(16)审核组长和小组组长只负责审定内审结果吗?

答:审核组长和小组组长除了负责审定内审结果,也要根据内审计划提交审核记录。

(17)制定内审计划:审核组长不能作为小组组长?

答:审核组长可以作为小组组长。审核组长要定义为内审员后,才能设置成小组组长。

(18)录入审核日程:增加内审日程不能选择多个单位?

答:多个单位添加多个日程,按时间分段。

(19)录入核查记录:提交一条审核记录后就不容许再提交?

答:核查记录的状态为“讨论稿”和“草稿”。核查记录为“讨论稿”时,小组成员均可以查看到该核查记录,创建人和小组组长可以编辑(修改、删除)该核查记录。核查记录全部录入后,再提交给小组组长审核。

(20)录入核查记录:核查记录、不符合项管理和改进建议项应能勾选需要发送的条目,分批次发送?

答:不符合项改进与建议项中有受审核部门代表,发送下一步送交这些人员。

(21)录入核查记录:选中一条核查记录“开不符合项”,然后提交,提示“一条存在必填项未填写,无法提交”,怎么回事?

答:核查记录“开不符合项”后,点“不符合项”选项,刷新后新增一条复制的不符合项信息,双击该条记录,打开详细页填写必填项后保存,再提交下一步即可。

(22)小组组长审核:小组组长审核时,提交下一步,提示还有内审员没有提交核查记录,不能提交下一步怎么办?

答:必须所有小组的内审员都提交给小组组长后,小组组长审核点“发送”才可提交成功。请未提交的内审员登录系统,处理“当前环节”为“录入核查记录”的待办,提交核查记录给小组组长。内审员可以不用添加核查记录,直接点击“发送”,如附图 C-3 所示。

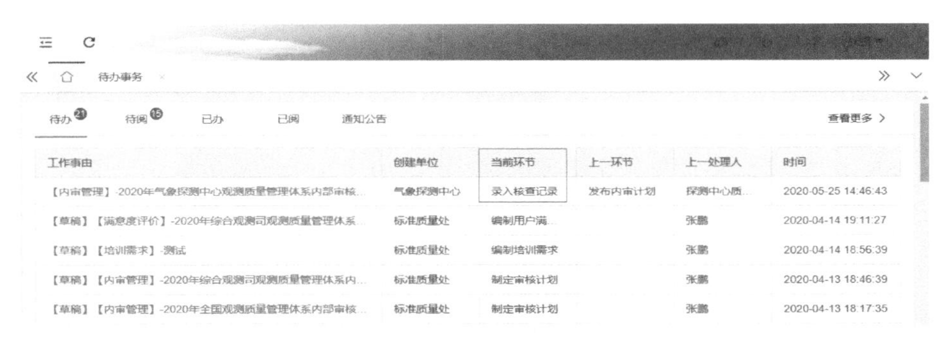

工作事由	创建单位	当前环节	上一环节	上一处理人	时间
【内审管理】-2020年气象探测中心观测质量管理体系内部审核...	气象探测中心	录入核查记录	发布内审计划	探测中心质...	2020-05-25 14:46:43
【草稿】【满意度评价】-2020年综合观测司观测质量管理体系...	标准质量处	编制用户满...		张鹏	2020-04-14 19:11:27
【草稿】【培训需求】-测试	标准质量处	编制培训需求		张鹏	2020-04-14 18:56:39
【草稿】【内审管理】-2020年综合观测司观测质量管理体系内...	标准质量处	制定审核计划		张鹏	2020-04-13 18:46:39
【草稿】【内审管理】-2020年全国观测质量管理体系内部审核...	标准质量处	制定审核计划		张鹏	2020-04-13 18:17:35

附图 C-3　待办—当前环节—录入检查记录

小组内核查记录提交情况可通过在流程图中检查是否所有内审员已提交记录(附图 C-4)。

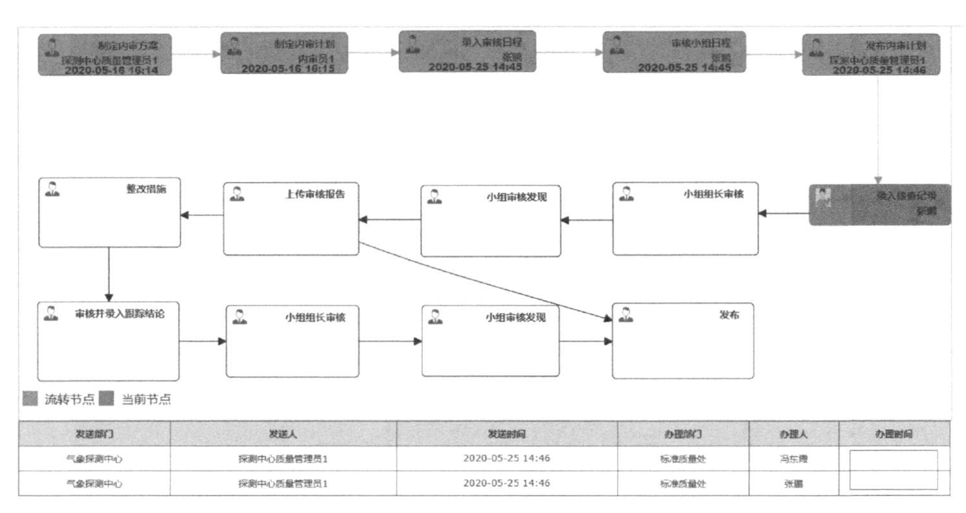

发送部门	发送人	发送时间	办理部门	办理人	办理时间
气象探测中心	探测中心质量管理员1	2020-05-25 14:46	标准质量处	冯东霞	
气象探测中心	探测中心质量管理员1	2020-05-25 14:46	标准质量处	张鹏	

附图 C-4　流程图中查原内审员提交记录

(23)小组审核发现:小组审核发现是起什么作用,似乎在这一环节中,内审组长无法修改任何信息?

答:各小组组长审核完后,内审组长再次对所有核查记录进行审核,上传审核结果才能进行下一步。如有不符可选择退回上一步,可以修改核查记录、不符合项、改进与建议项信息。

(24)小组审核发现:小组审核发现中,审核组长确定不合格项,怎么操作?

答:在"基本信息"的审核计划下方部分,上传审核结果(必填项)。

C.5 管理评审

(25)统计:已添加管理评审,但统计分析—管理评审里统计依然为0?

答:管理评审统计是根据评审开始、结束时间统计的,默认是当前年的,请确认添加的管评年份。

C.6 满意度管理

(26)内部用户满意度调查应增加手动填报功能,因为不是所有的用户在一体化平台都建有账号,如气象台。

答:用户没有账号的,建议先在一体化平台上创建账号。

(27)质量管理员下发调查问卷之后,接收用户接收到的问卷在"首页—已办"中,而不是在待办,而且只能填写不能保存提交?

答:问卷已办结,所以未提交的无法再填写。

(28)外供方评价放在"满意度评价"模块里合适吗?还是说把外供方单独放出来?

答:暂定为现在的模块,待收集意见后统一讨论,如果有必要,可调整。

C.7 基础配置

(29)单位质量管理员登录后,左侧菜单栏中只有2项(附图C-5),与用户手册中的多项不一样?

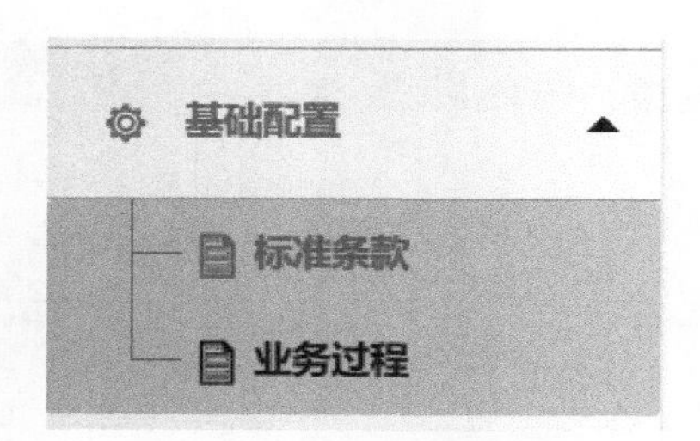

附图C-5 质量管理员登录系统后左侧菜单栏只有2项

答:"单位质量管理员"在基础配置下,有查看标准条款,添加本省业务过程的权限,基础配置中其他的过程,由"国家级质量管理员"操作管理。用户在系统中的权限,由分配的用户角色决定。

(30)如何进行业务过程管理?

答:业务过程为质量管理体系中的管理过程和业务过程,按省级单位(包括中国气象局各直属业务单位)管理。国家级管理员可以查看国家级和省级的所有业务过程,省级管理员可以查看本省的所有业务过程。选择菜单栏"基础配置",选择"业务过程"菜单项并单击,如附图C-6所示。

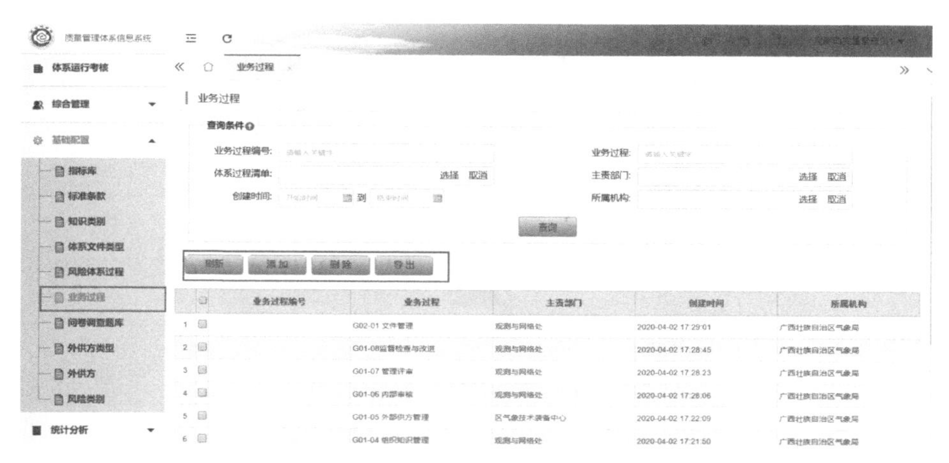

附图 C-6 业务过程管理—添加

【刷新】:刷新当前列表信息。

【添加】:添加业务过程。

【删除】:勾选所要删除项后,点击“删除”,可删除所选的业务过程。

【导出】:勾选要导出的业务过程,选择导出字段,以 Excel 文件形式导出业务过程管理列表信息。

点击“添加”按钮,系统打开“业务过程管理”页。信息填写完成后,点击“保存”保存信息,如附图 C-7 所示。

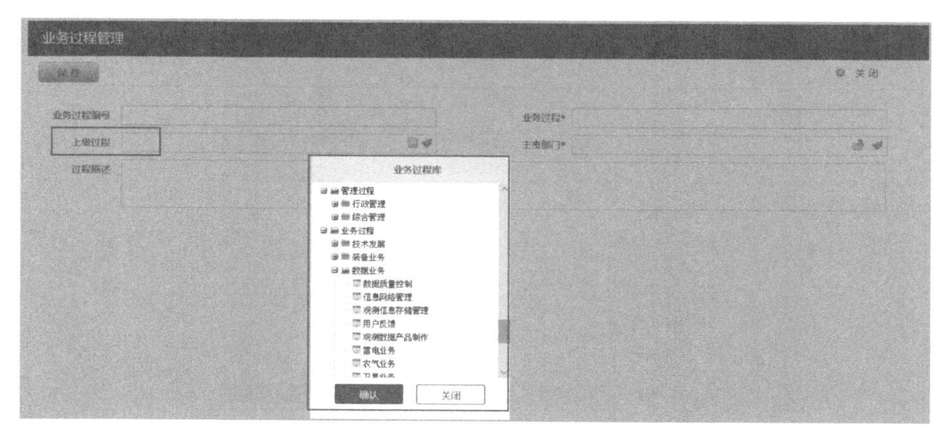

附图 C-7 业务过程管理—保存

【保存】:保存业务过程。

【关闭】:关闭当前页。

● 业务过程编号:业务过程的编号。如果没有可不填写。

● 业务过程:业务过程名称(必填项)。同级中名称不可与其他过程重复。

● 上级过程:当前业务过程所属的上一级过程。若当前为“业务类别”,则不选择上级过程;若当前为一级过程,则上级过程选相对应的“业务类别”;若当前为二级过程,则上级过程选相对应的“一级过程”;以此类推。

● 主责部门:业务过程主责部门(必选项,可多选)。

● 过程描述：业务过程描述。

保存成功后，可在指标库管理列表查看已保存的内容，如附图 C-8 所示。

附图 C-8　业务过程管理—查看

双击列表中的一条过程数据，可打开当前过程的详细页，进行修改后保存。

根据“业务过程编号”“业务过程”“体系过程清单”“主责部门”“创建时间”“所属机构”查询业务过程。点击“查询”按钮，查询结果显示在列表中，如附图 C-9 所示。

附图 C-9　业务过程管理—查询条件

【查询条件】：根据输入条件进行组合条件查询。没有信息的空白字段，不作为条件。

● 业务过程编号：业务过程编号关键字。系统查询包含该业务过程编号的所有业务过程信息。

● 业务过程：业务过程关键字。系统查询包含该关键字的所有业务过程信息。

● 体系过程清单：选择业务过程库的树状结构节点。系统查询该节点和节点下的所有业务过程信息。

● 主责部门：选择主责部门（可多选）。系统查询包含所选部门的所有业务过程信息。

● 创建时间：选择创建时间的时间段。系统查询包含该时间段的所有业务过程信息。

● 所属机构：业务过程所属省级单位（包括中国气象局各直属事业单位）。选择所属机构，系统查询该机构的所有业务过程信息。

【查询】：点击该按钮，系统按条件进行查询并分页显示结果。

C.8　业务过程

(31)基础配置中的业务过程是否要录入所有的业务过程？

答：录入体系文件质量手册中“管理体系过程清单”，包括管理过程、业务过程和支撑过程。

(32)增加业务过程，保存后必须退出才能成功？

答：添加过程后须刷新内审页面，再选择过程。

(33)业务过程管理的具体作用是什么？在体系文件管理中也有程序文件了，这里还要此功能模块吗？

答：业务过程管理是用于内审/外审中过程的维护。

C.9　组织管理

(34)各省级单位的部门为什么添加了“中心领导”或“局领导层”？

答：在“检查—内部管理”中系统会自动统计生成《不符合项分布表》。《不符合项分布表》均有“局领导层”或“中心领导层”等，所以需要在省级单位下增加部门“局领导层”或“中心领导层”。

管理员在各中心增加“中心领导”部门，省气象局增加“局领导层”部门，将省级单位领导如局长、副局长等放在这个部门下。

(35)机构管理：添加或删除某部门时，系统存在漏洞，偶尔成功，大部分不成功？新建市级下属机构后，系统更新较慢，添加新用户也相应延迟？

答：部门操作存在缓存，需要稍等一会刷新，左侧才会出现。

(36)用户管理：省级单位如何配置用户角色？

答：“单位系统管理员”角色用户维护本省用户角色。通过选择菜单栏“系统管理”→“组织管理”→“用户管理”打开用户管理页。如附图 C-10 所示，双击用户名，在用户管理详细页的“所属角色”标签页完成用户权限授权初始化工作。

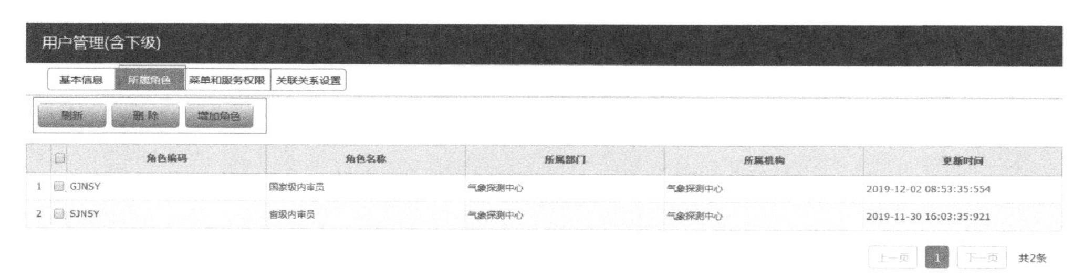

附图 C-10　“所属角色”标签页完成用户授权

【刷新】：刷新当前列表信息。

【删除】：勾选所要删除项后，点击“删除”，可删除所选用户已有角色。

【增加角色】：给用户添加新角色。

点击“增加角色”按钮，系统弹出角色选择对话框，如附图 C-11 所示。

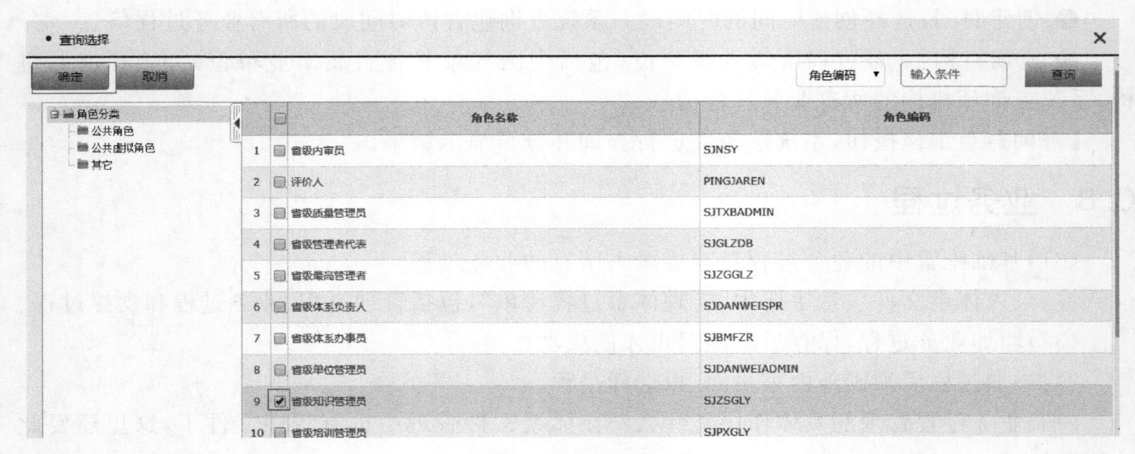

附图 C-11　增加角色

勾选所需角色，点击“确定”按钮保存信息，该用户拥有增加的新角色，如附图 C-12 所示。

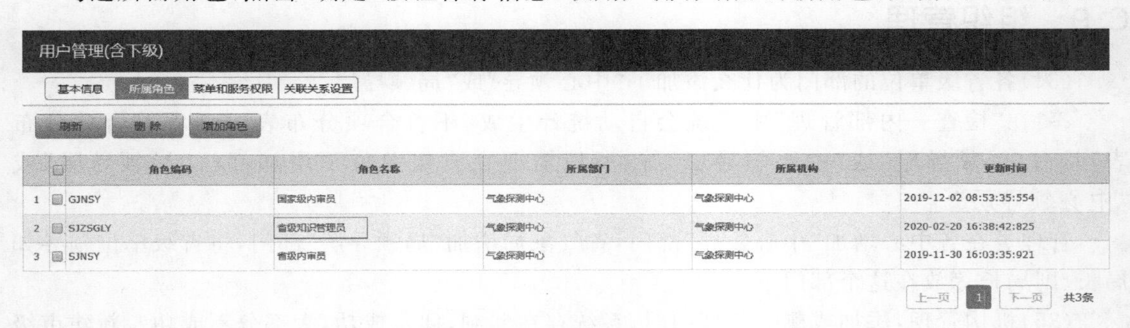

附图 C-12　增加角色—确定

(37)用户管理：新建用户未配置角色，再次进入后就不能重新配置角色了，要删除后新建才行？

答：“单位系统管理员”可以在系统管理—组织管理—用户管理中，双击该用户进入用户管理详细页，在“所属角色”中给用户添加角色，如附图 C-13 所示。

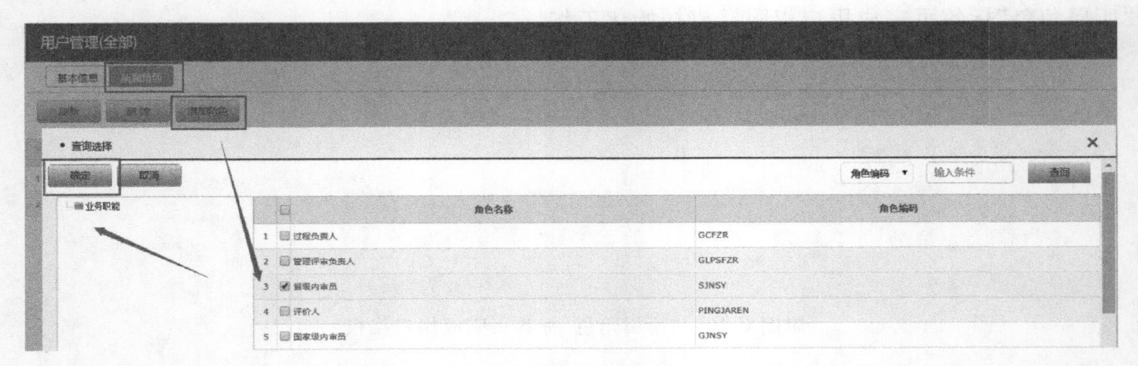

附图 C-13　用户管理—所属角色—添加角色

(38)用户管理：如果人员调动工作了，该用户所属单位是省级，系统管理员可以修改还是探测中心修改？

答：人员组织在一体化平台中修改。一体化平台中有省级管理员，本省内可以调整。

(39)角色管理：如何查询本省某个角色的用户？

答："单位系统管理员"维护所属单位的用户角色信息。选择菜单栏系统管理—组织管理—角色管理下的"角色管理"菜单项，可在右侧打开"角色管理"列表页，如附图 C-14 所示。

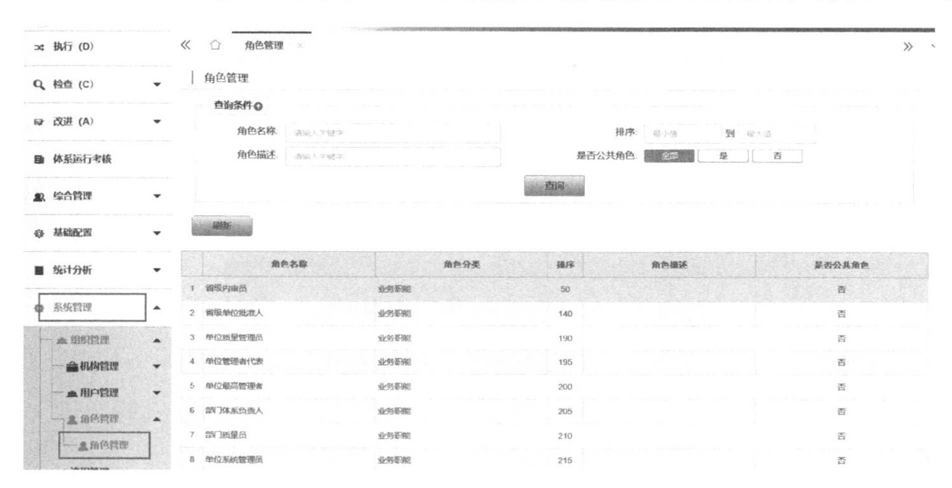

附图 C-14　"角色管理"列表页

【刷新】：刷新角色列表。

【查询】：根据条件查询角色。

以"省级内审员"为例，在列表中，双击角色名称为"省级内审员"所在的行，系统打开省级内审员的"角色管理"的"基本信息"详细页，查看该角色的详细信息，如附图 C-15 所示。

附图 C-15　省级内审员—角色管理—基本信息

点击"角色用户表"，可查看该角色的用户列表，如附图 C-16 所示。

附图 C-16　"角色用户表"查看用户列表

【刷新】:刷新当前列表信息。

【删除】:勾选所要删除项后,点击“删除”,可删除所选用户的当前角色权限。

【添加用户】:给角色添加用户。

【查询】:根据选择的查询项,输入条件后点击该按钮,系统按条件进行查询并分页显示结果。

C.10 流程管理

(40)流程管理中的业务流程,删除连线后,再想连线非常困难,非常不方便操作,流程节点如“发布任务”无法配置实施人员?

答:操作手册中加强操作说明,业务流程是作为同步记录数据,所以没有选择角色。